全国信息技术职业能力培训指定教材

AutoCAD 2010
基础教程与上机实验指导

主 编 赵卫东

副主编 卫 刚 邹 翾

U0325827

同济大学 出版社
TONGJI UNIVERSITY PRESS

内 容 提 要

　　本书作为全国信息技术职业能力培训指定教材，全面介绍了使用 AutoCAD2010 软件进行二维绘图与编辑的知识与方法。全书分为两篇，上篇基础教程，主要包括 AutoCAD2010 的界面及其基本操作、绘制二维图形过程中常用的绘图命令和编辑命令、参数化绘图、视图操作与图层控制、文字的输入编辑与表格的绘制、尺寸标注、图块与外部参照、设计中心、模型空间与图纸空间、图纸的打印输出及与外部的交互等。下篇上机实验指导，通过建筑绘图和机械制图中的典型实例，帮助读者理解各命令的使用过程和操作技巧。

　　本书采用"基础知识＋实例讲解"的方式，循序渐进，使初学者能由浅入深掌握软件的使用，坚持与应用相结合，通过实例的讲解和联系，使读者能够举一反三，学以致用。本书可作为职业学校计算机辅助设计课程指导教材，也可作为广大制图爱好者及各行各业初学者自学使用。

图书在版编目(CIP)数据

AutoCAD 2010 基础教程与上机实验指导/赵卫东主
编.--上海:同济大学出版社,2010.11
全国信息技术职业能力培训指定教材
ISBN 978-7-5608-4409-1

Ⅰ.①A…　Ⅱ.①赵……　Ⅲ.①计算机辅助设计—应用
软件,AutoCAD 2010—技术培训—教材　Ⅳ.①TP391.72

中国版本图书馆 CIP 数据核字(2010)第 163198 号

AutoCAD 2010 基础教程与上机实验指导

赵卫东　主编

责任编辑　朱　勇　　责任校对　徐春莲　　封面设计　陈益平

出版发行　同济大学出版社　　www.tongjipress.com.cn
　　　　　（地址:上海市四平路 1239 号　邮编:200092　电话:021－65985622）
经　　销　全国各地新华书店
印　　刷　同济大学印刷厂
开　　本　787mm×1092mm　1/16
印　　张　18
印　　数　5 101—7 200
字　　数　449 000
版　　次　2010 年 11 月第 1 版　　2013 年 9 月第 2 次印刷
书　　号　ISBN 978-7-5608-4409-1

定　　价　32.00 元

人有一技之长，则可以立身；国有百技所成，则民有所养。教育乃国之大计，然回顾我国千年之教育，皆以"传道授业解惑"为本，"技"之传播游离于外，致使近代我国科技远远落后于列强，成为侵略挨打之对象。洋务运动以来，随着"师以夷之长技以制夷"口号的提出，我国职业教育才逐步兴起。

职业教育"意在使全国人民具有各种谋生之才智技艺，必为富国富民之本"。近年来，随着改革开发的逐步深入，职业教育在我国受到空前重视，迎来了历史上最好的发展阶段，为我国的现代化建设输送了大量的人才，为国家的富强、兴盛做出了巨大贡献。然而，目前在生产一线的劳动者素质偏低、技能型人才紧缺等问题依然十分突出，大力发展职业教育，培养专业技能型人才，仍是我国当前一项重要方针。近年来，偶有所闻的大学生"回炉"，凸显出广大民众、企业对个人职业技能培养的认识正逐步加深，职业教育已成为我国教育系统的重要组成部分，是助力我国经济腾飞不可或缺的一翼。

纵观全球，西方各国的强盛，离不开其职业教育的发展。西方职业教育伴随着工业化进程产生、发展和壮大，在德、法、日等国家，职业教育已得到完善的发展。尤其在德国，职业教育被誉为其经济发展的"秘密武器"，已经形成了完整的体系，其培养的人才活跃在各行各业生产第一线，成为德国现代工业体系的中坚力量。在日本，职业专修学校已与大学、短期大学形成三足鼎立之势，成为高中生接受高等教育的第三条渠道。

在西方国家，职业教育的终身化和全民化趋势越来越明显。职业教育不再是终结性教育而是一种阶段性教育。"加强技术和职业教育与培训，将其作为终身教育的一个重要的内在组成部分；提供全民技术和职业教育与培训"已成为联合国教科文组织两项重要战略目标。

职业教育是科学技术转化为生产力的核心环节，与时代技术的发展结合紧密。进入 21 世纪，信息技术已经成为推动世界经济社会变革的重要力量。信息技术应用于企业设计、制造、销售、服务的各个环节，大大提高了其创新能力和生产效率；信息技术广泛运用于通讯、娱乐、购物等，极大地改变了个人的生活方式。信息技术渗透到现代社会生产、生活的每一个环节，成为这个时代最伟大的标志之一。信息技术已成为人们所必须掌握的一项基本技能，对提高个人就业能力、职业前景、生活质量有着极大的帮助。从国家战略出发，大力推进信息技术应用能力的培训已成为当务之急。我国职业教育应紧随历史的步伐，充当技术应用的桥梁，积极推进信息技术应用能力的培训，为国家培养社会紧缺型人才。

"十年树木，百年树人"，人才的培养不在一朝一夕。"工欲善其事，必先利其器"，做好人才培养工作，师资、教材、环境的建设都不可缺少。积极寻求掌握先进技术的合作伙伴，建立现代培训体系，实施系统的培养模式，编写切合实际的教材都是目前可取的手段。

为了更好地推进信息技术人才培养这项工作，作为主管部门，教育部于 2009 年 11 月与全球二维和三维设计、工程及娱乐软件公司 Autodesk 在北京签署《支持中国工程技术教育创新的合作备忘录》。备忘录签署以来，教育部有关部门委托企业数字化技术教育部工程研究中

心,联合 Autodesk 公司开展了面向职业院校的培训体系建设、专业软件赠送、专业师资培养、培训课程建设等工作,为信息技术人才培养工作的开展打下良好的基础。

本系列教材正是这项工作的一部分。本系列教材包括部分专业软件的操作,与业务结合的应用技能,上机指导等。教材针对软件的特点,根据职业学校学生的理解程度,以软件的具体操作为主,通过"做中学"的方式,帮助学生掌握软件的特点,并能灵活使用。本系列教材的出版将对信息技术职业能力培训体系的建设,职业学校相关课程的教学,专业人才的培养有切实的帮助。

吴启迪

2010.10.

　　2009年11月,教育部与全球二维和三维设计、工程及娱乐软件公司欧特克在北京签署《支持中国工程技术教育创新的合作备忘录》。根据该备忘录,双方将通过开展一系列全面而深入的合作,进一步提升中国工程技术领域教学和师资水平,促进新一代设计创新人才成长,推动中国设计创新领域可持续发展,借此为国家由"中国制造"向"中国设计"发展战略的实现贡献力量。根据该备忘录,双方共同建立全国信息技术职业能力培训网络,面向全国中等职业学校开展信息技术培训。

　　为了统一教学标准,提高教学质量,全国信息技术职业能力培训网络统一制定了各课程的教学大纲及考核大纲,并编写统一教材,本书及配套的上机实验指导就是这套系列教材的一部分。本套教材将根据软件的特点和中等职业学校师生的特点,采用循序渐进的方式,使初学者能由浅入深地掌握软件的使用;坚持与应用相结合,通过实例的讲解,使学员能够举一反三,学以致用,掌握软件的实际操作。

　　CAD（Computer Aided Design）是指计算机辅助设计,是计算机技术的一个重要的应用领域,在建筑设计和机械设计中都有广泛的应用。AutoCAD是美国欧特克公司开发的一个交互式辅助设计软件,是用于二维及三维设计、绘图的系统工具,用户可以使用它来创建、浏览、管理、打印、输出、共享富含信息的设计图形,在国内外都有良好的用户基础。自AutoCAD1.0版本在1982年推出以来,欧特克公司不断追求技术的革新与功能的完善,已经对Auto-CAD软件进行了多次升级,使其集成平面制图、三维造型、渲染着色、互联网发布等重要功能,功能更加强大,操作更加方便。AutoCAD是目前世界上应用最广的CAD软件,市场占有率位居世界第一。AutoCAD软件具有如下特点:具有完善的图形绘制功能;具有强大的图形编辑功能;可以进行多种图形格式的转换,具有较强的数据交换能力;可以采用多种方式进行二次开发或用户定制。

　　AutoCAD 2010与以前的版本相比,增加了不少新的功能,包括新的自由形态设计工具,新的PDF导入、下衬及增强的发布功能,以及基于约束的参数化绘图工具。其中,新的强大的参数化绘图功能是AutoCAD软件的一个重要更新,它可让用户通过基于设计意图的图形对象约束来大大提高设计效率。用户可通过几何约束和尺寸约束建立、维持对象间、对象上的关键点或坐标系间的几何关联。几何约束和尺寸约束确保在对象修改后还保持特定的关联及尺寸。具体的使用方法读者可通过本书详细了解。

　　本书作为全国信息技术职业能力培训指定教材,全面介绍了使用AutoCAD 2010软件进行二维绘图与编辑的知识与方法。全书分为两篇,上篇基础教程,主要包括AutoCAD 2010的界面及其基本操作、绘制二维图形过程中常用的绘图命令和编辑命令、参数化绘图、视图操作与图层控制、文字的输入编辑与表格的绘制、尺寸标注、图块与外部参照、设计中心、模型空间与图纸空间、图纸的打印输出及与外部的交互等。下篇上机实验指导,通过建筑绘图和机械制

图中的典型实例,帮助读者理解各命令的使用过程和操作技巧。

　　本书由全国信息技术职业能力培训网络组织教师编写,赵卫东主编。参加编写的有:卫刚、邹翾、吴利瑞、傅炜、王妍、彭瑞、居上、潘康康、王瑞。本书在编写过程中得到了全国信息技术职业能力培训网络各培训中心老师的关心与支持,他们提出了很多宝贵意见,在此对他们表示衷心的感谢。

　　由于作者水平有限,编写时间仓促,本书必有不足之处,欢迎广大读者批评指正,为本书下次改版提供宝贵的意见和建议。

编　者

2010 年

目 录

序

前言

上篇 基础教程

下篇 上机实验指导

上篇　基础教程

第 1 章 AutoCAD 2010 基础

学习目标

• 了解 AutoCAD 2010 版软件的界面组成,不同坐标系的作用和区别,不同选择方式的区别。

• 理解直角坐标系和极坐标系的概念,相对坐标的含义。

• 掌握打开、保存文件的操作;启动、中断、退出命令的方式;点的输入方式和绘图对象的选择,网格、捕捉等常用工具的设置。

• 熟练掌握命令的启动和退出,点的输入和实体的选择是使用 AutoCAD 绘图、编辑命令的基础。

1.1 启动 AutoCAD 2010

安装 AutoCAD 2010 后,系统会自动在 Windows 的桌面上生成对应的快捷方式图标,如图 1-1-1 所示。双击该图标,就可以启动 AutoCAD 2010。还可通过点击任务栏上的"开始"按钮,在弹出的菜单中选择:所有程序→Autodesk→AutoCAD 2010-Simplified Chinese→AutoCAD 2010 来启动。

安装 AutoCAD 2010 后,通过初始设置,可以在首次启动 AutoCAD 2010 之前执行以下的基本自定义和配置。

图 1-1-1 图 标

1.1.1 图形环境自定义

如图 1-1-2 所示,可以选择用户所从事的行业,如果是常规设计,则选择"其他"。

1.1.2 优化默认工作空间

如图 1-1-3 所示,工作空间将基于任务的工具组织到用户界面中,从而通过添加基于任务的功能区面板和选项板扩展工作空间。

1.1.3 指定图形样板文件

如图 1-1-4 所示,可以使用 AutoCAD 的默认图形样板文件,或使用现有图形样板文件,还可以根据最能描述用户从事的工作所属的行业指定要使用的默认图形样板。

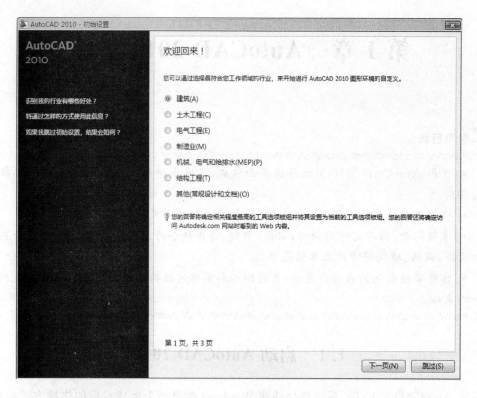

图 1-1-2　初始设置

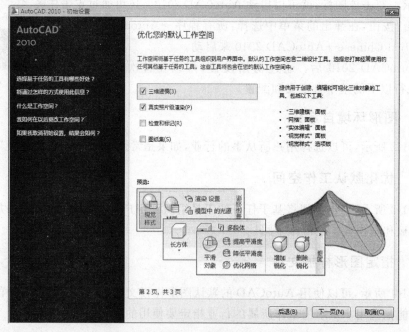

图 1-1-3　工作空间

图 1-1-4　图形样板文件

1.2　AutoCAD 2010 的界面组成

启动 AutoCAD 2010 后,将进入如图 1-1-5 所示的工作界面。

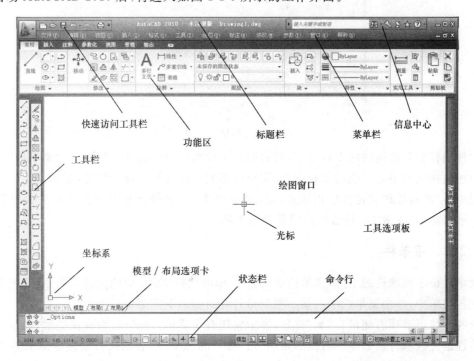

图 1-1-5　界面组成

AutoCAD 2010 的工作界面由标题栏（包括快速访问工具栏和信息中心）、菜单栏、工具栏、功能区、工具选项板、绘图窗口、光标、坐标系、模型/布局选项卡、命令行、状态栏等组成。

1.2.1 标题栏

标题栏位于工作界面的最上方，中间显示文件名，单击左端的软件图标会弹出一个下拉菜单，如图 1-1-6 所示。该下拉菜单中除了打开、保存、关闭等操作外，还有"选项"按钮，单击该按钮弹出"选项"窗口，在"显示"选项卡内可完成修改绘图窗口的颜色和调整十字光标大小等操作，如图 1-1-7 所示。

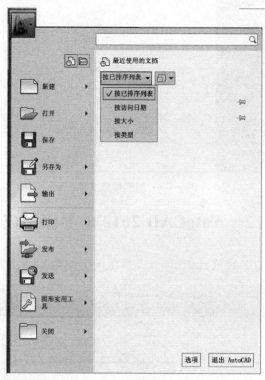

图 1-1-6　标题栏菜单

软件图标旁是快速访问工具栏，在其右端的下拉菜单内可选择"隐藏/显示菜单栏"。标题栏偏右还包括信息中心。使用信息中心，用户可以通过输入短语搜索信息，显示 Autodesk"速博应用中心"面板以访问速博应用服务，显示"通讯中心"面板以获取与产品相关的更新和通告。还可以显示"收藏夹"面板以访问保存的主题。

1.2.2 菜单栏

菜单栏位于标题栏的下方，菜单栏中集合了 AutoCAD 2010 中的大部分命令，这些命令被放置在各菜单中，单击菜单栏中的某一项就可打开对应的下拉菜单。

有的下拉菜单项右侧带有"▶"符号，表示它还有子菜单。命令后带有快捷键，表示直接按该快捷键也可以执行该命令。右侧后带有"…"符号的菜单项，表示执行该命令时会弹出一个对话框。如果菜单项呈灰色，表示该命令在当前状态下不可用。

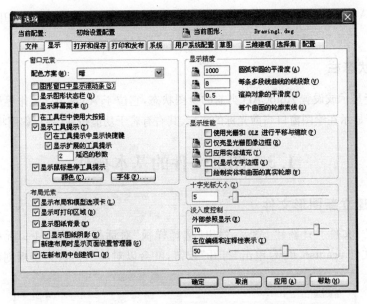

图 1-1-7 选 项

1.2.3 工具栏

除了从菜单栏选择命令外,通过单击工具栏上的按钮也是执行 AutoCAD 命令的一种方法。工具栏是可变动的,绘图时可根据需要打开或关闭相应的工具栏,并将其拖到绘图窗口的适当位置。

1.2.4 功能区

功能区包括常用、插入、注释、参数化、视图、管理、输出等多项选项卡,用户可以创建和修改功能区面板来组织常用命令,从而达到快速访问命令的目的。合理组织功能区之后,即无需显示过多工具栏。

1.2.5 工具选项板

工具选项板提供了一种用来组织、共享和放置块、图案填充及其他工具的有效方法。还可以包含由第三方开发人员提供的自定义工具。例如,用户选择从事行业为"土木工程",则展开工具选项板出现如图 1-1-8 所示内容。

1.2.6 模型/布局选项卡

模型/布局选项卡用于模型空间与图纸空间之间的切换。

1.2.7 命令行

命令行是键盘输入命令、数据等信息显示的地方。通过菜单和工具栏执行的操作也在命令行中显示。键盘输

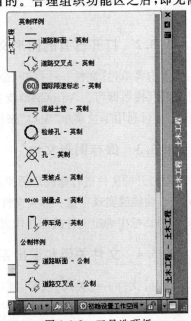

图 1-1-8 工具选项板

7

入命令是执行 AutoCAD 命令的又一种方法,用户可通过快捷键 Ctrl＋9 打开或关闭命令行窗口。

1.2.8　状态栏

状态栏用于显示或设置 AutoCAD 当前的绘图状态,它位于 AutoCAD 工作界面的最底部。状态栏的左边用于显示在绘图窗口当前光标的坐标,其右有若干功能按钮,各自作用将稍后介绍。

1.3　图形文件的基本操作

1.3.1　建立新图形文件

点击菜单栏[文件]→[新建]命令,弹出"选择样板"对话框,如图 1-1-9 所示,建议初学者选择默认样板文件 acadiso.dwt,单击"打开"按钮,就会以对应的样板为模板创建新文件。

图 1-1-9　建立新文件

1.3.2　打开已有的图形文件

点击菜单栏[文件]→[打开]命令,弹出"选择文件"对话框,选择要打开的图形文件后,单击"打开"按钮即可。AutoCAD 支持多个文件操作,可以同时打开多个文件。当有多个文件打开时,可利用下拉菜单"窗口"来控制文件的排列形式。

1.3.3　保存图形文件

对打开的文件进行修改之后要保存,可以从"文件"菜单或标准工具栏中选择"保存",或者用 Ctrl＋S 快捷键实现存盘。如果文件要存成另外一个文件名,则用"文件"菜单的"另存为"进行操作,在对话框中确定文件的保存位置和名称后,单击"保存"按钮,就可实现文件的换名保存。

1.3.4　文件关闭和退出系统

选择[文件]→[关闭]或者[窗口]→[关闭]可关闭当前文件;选择[窗口]→[全部关闭]可关闭所有打开的文件;选择[文件]→[退出]即可退出 AutoCAD 系统。

1.4　坐　标　系

1.4.1　绝对坐标系

绝对坐标是指相对于当前坐标系原点的坐标,其坐标形式有直角坐标和极坐标等。

直角坐标以笛卡儿坐标(X,Y,Z)的形式表现一个点的位置。绘制二维图形时,只需输入 X、Y 坐标,参照点为坐标原点$(0,0)$,默认时位于图形屏幕的左下角。使用键盘输入点的坐标时,X 和 Y 之间使用半角逗号",",隔开,不能加括号。例如,点的坐标为$(6,8)$,则输入:

$$6,8$$

极坐标以$(R<a,Z)$的形式表现一个点的位置,R 是点在 XOY 坐标平面上的投影到原点的距离,a 为两点连线与 X 轴正向的夹角,其角度方向以逆时针为正。绘制二维图形时,只需输入 R、a 数值,中间用"<"隔开。如,某点到原点的距离是 50,该点与原点的连线与 X 轴正向夹角为 $30°$,则输入:

$$50<30$$

1.4.2　相对坐标系

相对于前一点的坐标称为相对坐标,也有直角坐标和极坐标的形式。其输入格式与绝对坐标相似,但要求在坐标前加一个"@"符号。例如,已知前一个点的绝对坐标为$(80,60)$,输入新点的相对坐标为"@10,30",则新确定点的绝对坐标为$(90,90)$。

1.5　几种辅助绘图的操作

1.5.1　设置绘图界限

绘图界限是根据实际的绘图需要来设定的。为了打印时便于设置出图比例,绘图时最好采用 1∶1 的比例,因此,应合理设置绘图界限。例如,一张建筑图的最大尺寸可能是 10 000,那么绘图区域的长就必须大于 10 000,否则图形就画不下。但如果要画一张机械图,最大尺寸可能只有 15,那么绘图区域的长应设置为比 15 大一些,而不能设置为 10 000,否则因为画的图形太小,在绘图区内根本看不见。

(1) 命令执行方式。

命令:LIMITS(或者选择菜单:[格式]→[图形界限])

重新设置模型空间界限:

指定左下角点或[开(ON)/关(OFF)]<0.0000,0.0000>:(直接回车,确定左下角)

指定右上角点<420.0000,297.0000>:(输入右上角点的坐标,如使用默认界限就直接回车)

(2) 为便于将所设图形界限全部显示在屏幕上,建议执行"ZOOM"命令的"全部(A)"选项。

命令:Z

ZOOM

指定窗口的角点,输入比例因子(nX 或 nXP),或者:

[全部(A)/中心(C)/动态(D)/范围(E)/上一个(P)/比例(S)/窗口(W)/对象(O)]<实时>:a

正在重新生成模型。

1.5.2　鼠标各键的使用

鼠标用于控制 AutoCAD 的光标和屏幕指针,其各键一般是这样定义的:

(1) 左键。为拾取键,单击用于选择对象,或者从菜单或工具栏中选择命令;当单击在绘图区的空白处时,命令行提示"选择对角点:",移动鼠标再次单击,可以框选对象。

(2) 右键。绘图时相当于回车,在绘图区外相当于弹出快捷菜单。

(3) 滚轮。滚动滚轮相当于动态缩放 ZOOM 命令,按住滚轮移动鼠标相当于 PAN 命令。

1.5.3　正交方式的使用

按 F8 键,系统提示"正交开",则表示系统处于正交方式,反复按 F8 键则在正交开和正交关之间切换。在正交状态下,如果绘制直线,则直线只能是水平线或垂线,这对于绘制建筑图纸尤其有用。

1.5.4　捕捉和栅格的使用

按 F7 键或者在状态栏按下"栅格"按钮,则启动栅格功能,在绘图区内可以看到点阵,其作用类似于手绘图时的坐标纸。选择下拉菜单[工具]→[草图设置],或者在状态栏"栅格"按钮上单击鼠标的右键,从弹出的菜单上选择"设置",将弹出"草图设置"对话框,如图 1-1-10 所示。在"捕捉和栅格"选项卡内的栅格区,可以设置 X 方向、Y 方向的栅格间距,默认间距为 10。

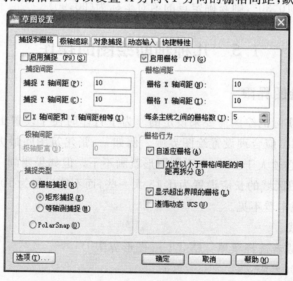

图 1-1-10　草图设置

按 F9 键或在状态栏上单击"捕捉"按钮可快速执行捕捉命令。在图 1-1-10"捕捉和栅格"选项卡内的捕捉区,可以设置 X 方向、Y 方向的捕捉间距,默认间距为 10。捕捉功能可使光标按指定的步距移动,以便提高绘图的精度。该功能启用后,光标将跳跃式移动,通常将捕捉与栅格配合使用。捕捉间距和栅格间距是两个不同的概念,两者值可以相同,也可以不同;可以同时打开,也可以单独打开。绘图时应根据需要打开和关闭捕捉和栅格命令。

1.5.5　对象捕捉的使用

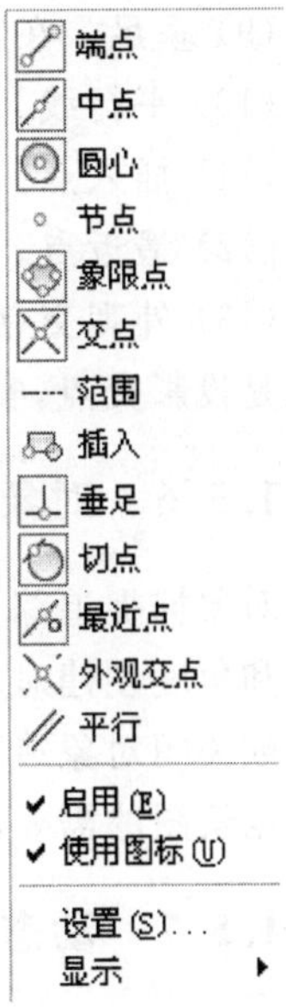

使用对象捕捉可以使用户在绘图过程中直接利用光标来准确定位目标点,如圆心、端点、垂足等等。用户可以通过"对象捕捉"工具栏或对象捕捉菜单,启用临时对象捕捉功能,如图 1-1-11 所示。如果要设置自动对象捕捉模式,则选择下拉菜单:[工具]→[草图设置],或在状态栏"栅格"按钮上单击鼠标的右键,从弹出的菜单上选择"设置",将弹出"草图设置"对话框,在"对象捕捉"选项卡内,如图1-1-12所示,可进行设置。按 F3 键或在状态栏上单击"对象捕捉"按钮,可启用或关闭对象捕捉。

常用对象捕捉模式分类如下:

(1)端点。捕捉直线、多段线或弧线的端点。

(2)中点。捕捉直线、多段线或弧线的中点。

(3)交点。捕捉图形之间的交点。

(4)圆心。捕捉圆或圆弧的圆心。捕捉时光标指向圆或圆弧本身则出现十字交叉点表示的圆心,然后再将光标移动到圆心单击,如果直接指向圆心处捕捉不到圆心。

(5)节点。捕捉用点命令绘制的点,这种点可称为"自由节点"。

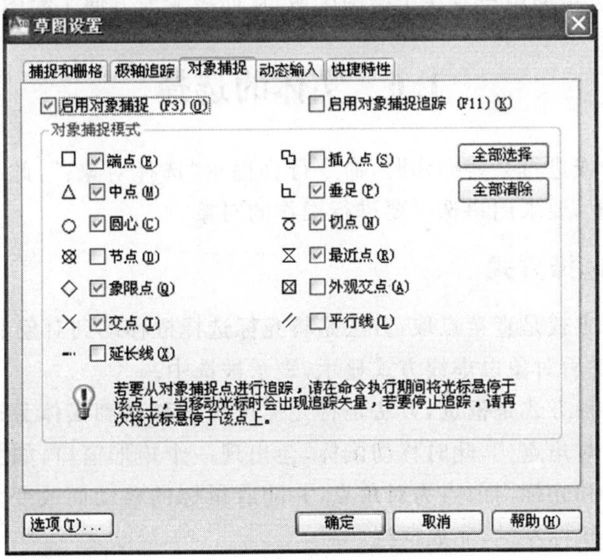

图 1-1-11　捕捉菜单

图 1-1-12　捕捉设置

(6)象限点。捕捉圆、圆弧或圆环上的四分象限点。

(7)延长线(范围)。在某个图形对象的延长线上捕捉一个点,如图 1-1-13 所示。

(8)切点。在圆或圆弧上捕捉一点,使该点与已确定的另外一点连线与该圆或圆弧相切。

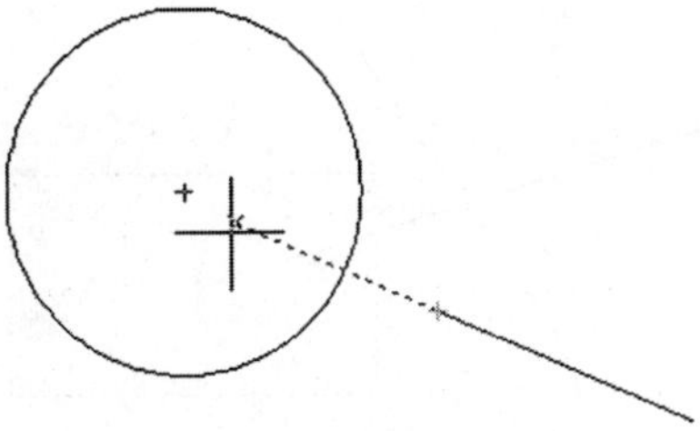

图 1-1-13　延长线捕捉

（9）垂足。在实体上捕捉一点，从当前已选点到捕捉点的连线与实体垂直。

（10）平行线。从当前已选点作一条直线，与某一条直线平行。

（11）插入点。捕捉文本或图块的插入点。

（12）最近点。捕捉图形对象上离光标最近的点。

（13）外观交点。针对三维图形，捕捉空间中两个图形对象在某个视图平面上的交点，该交点是投影交点，实际可能并不存在。

1.5.6　对象捕捉追踪

对象捕捉追踪是自动对象捕捉和极轴追踪的综合，有助于通过追踪一些特殊点，以精确的位置和角度创建对象。绘图过程中，用户可按 F11 键或单击状态栏上的"对象追踪"按钮，来启用或关闭对象追踪功能。使用对象捕捉追踪功能时，应首先启用极轴追踪和自动对象捕捉，并根据绘图的需要设置好极轴追踪的增量角和自动对象捕捉的默认捕捉方式。

1.5.7　动态输入设置

按 F12 键，或在状态栏上单击"动态输入"按钮可启用或关闭动态输入。使用动态输入时，需按 Tab 键进入下一字段的输入。使用动态输入功能可以在指针位置处按命令行的提示输入相对坐标等信息。动态输入有指针输入（输入坐标值）和标注输入（输入距离和角度）两种。启用动态输入，可帮助用户专注于绘图区域，从而极大地方便了绘图。

1.6　实体的选择

当输入某些命令或进行某些操作时，命令行会提示"选择对象："，此时十字光标变成了一个小方框，称为选择框，要求用户选择要进行操作的对象。

1.6.1　实体选择方式

选择实体的一种方式是直接点取，方法是将光标选择框移动到对象上，该对象以高亮度方式显示，单击鼠标左键后对象以虚线方式显示，表示被选中。

选取实体的另一种方式是框选，方法是将光标选择框移动到实体旁边的空白处单击鼠标左键，系统提示"指定对角点："，此时移动鼠标，会出现一个矩形窗口，如图 1-1-14 所示。该窗口以前一个选择的点和光标当前点为对角点，并随着鼠标的移动而改变大小。将窗口框住需选择的对象再次单击鼠标左键，完成框选。

要注意的是框选的方向不同选中的对象也可能不同。当矩形窗口定义时移动光标的方向是从左向右，则窗口为实线，框内为蓝色，完全处于窗口以内的对象被选中；若矩形窗口定义时移动光标的方向是从右向左，则窗口为虚线，框内为绿色，完全处于窗口以内的对象及与窗口边界相交的对象都被选中。

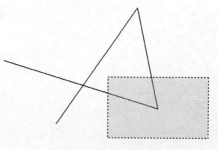

图 1-1-14　框　选

1.6.2　扣除模式与加入模式

在系统提示"选择对象："后，进行多个实体的选择，如果想扣除其中的某个或某些实体，则键盘输入 R 并回车，此时系统提示"删除对象："即可以进行扣除操作，删除多余选出的实体；若要返回加入模式，则在"删除对象："提示下键盘输入 A 并回车即可。

1.6.3　重复选择对象

在新的命令中，如果想重复选择前一个命令中选择的实体对象，则在提示"选择对象："后键盘输入 P 并回车，则前一个命令中选择的对象变为虚线，表示选中，然后还可以继续选择其他的实体，若不用选择其他实体，则直接回车。

1.6.4　命令的重复、撤消和重新执行

重复执行命令可通过在"命令："提示下直接回车或单击鼠标右键来实现。

撤消前一个命令操作的方法是在"命令："提示下输入 U 并回车，或者用 Ctrl＋Z 组合键。

在执行撤消命令 UNDO 后，如果要恢复前一个命令操作，重新执行的命令是 REDO，或者用 Ctrl＋Y 组合键。要说明的是 REDO 命令只有紧跟在 UNDO 命令后才能起作用。

1.6.5　夹点的操作

利用 AutoCAD 的夹点功能，可以很方便地对实体进行拉伸、移动、旋转、缩放和镜像等操作。

在未执行任何命令时选择某实体，则该实体上会出现若干个小方格，这些小方格称为该实体的特征点。在实体旁边还会出现一个窗口，显示实体的颜色、图层等特征，如图 1-1-15 所示。选取一个特征点作为编辑操作的基点，通过直接回车或者按鼠标右键出现如图 1-1-16 所示的选择菜单，选择某一项命令，就可以利用夹点功能对所选实体进行操作了。

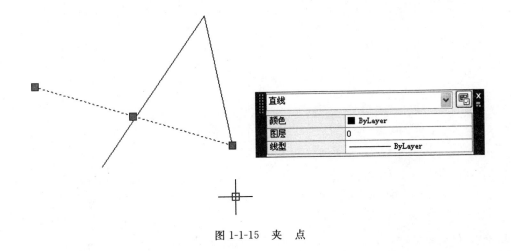

图 1-1-15　夹　点

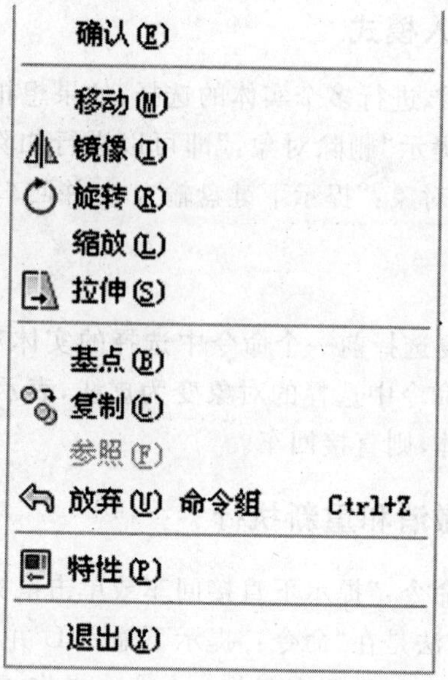

确认 (E)
移动 (M)
镜像 (I)
旋转 (R)
缩放 (L)
拉伸 (S)
基点 (B)
复制 (C)
参照 (F)
放弃 (U) 命令组   Ctrl+Z
特性 (P)
退出 (X)

图 1-1-16   夹点快捷菜单

第2章 二维图形绘制

学习目标

- 了解 AutoCAD 绘图命令交互方式的特点。
- 理解各命令的作用和区别。
- 掌握各绘图命令的操作方式。
- 通过各绘图命令的操作,进一步熟悉点的输入方式,包括坐标输入、特殊点的捕捉等,记忆一些常用命令的快捷键能够加快操作速度。

　　点、线、圆、多边形等是二维图形中常见的几何元素,AutoCAD 中提供了大量的绘图命令进行这些基本图形元素的绘制。熟悉使用这些命令是快速准确绘图的基础,而对坐标系和坐标输入方法的理解是绘图和编辑命令的基础,可结合本书第1章内容加深理解。

2.1 绘 制 点

　　在 AutoCAD 中绘制点前,通常需要进行点样式的设定。

设置点样式的步骤为:

选择[常用]→[实用工具]→[点样式]命令。

视图区内弹出如图 1-2-1 所示的"点样式"对话框。对话框中列出了可用来表示点的图

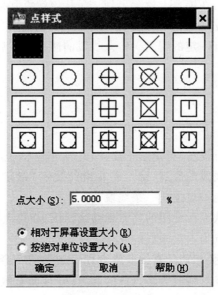

图 1-2-1 点样式

形,只需用鼠标左键单击其中一个,即选中该图形作为点的式样。黑底显示的样式为当前样式或选中的样式。

点显示时的大小可通过对话框下部的几个控件设置。

"点大小"设置点的显示大小,相对于屏幕或以绝对单位指定一个大小。如果选中"相对于屏幕设置大小",则按屏幕尺寸的百分比设置点的显示大小。当进行缩放时,点的显示大小并不改变。如果选中"按绝对单位设置大小",则按"点大小"下指定的实际单位设置点显示的大小。当进行缩放时,AutoCAD 显示的点的大小随之改变。

设置点样式后,可使用"单点"、"多点"等命令进行点的绘制。

2.1.1　单点

命令格式

菜单:[绘图]→[点]→[单点]

命令名称:POINT

输入一点,即可在屏幕上得到一个按设定的样式显示的点。点的输入方式参见第 1 章。

2.1.2　多点

命令格式

菜单:[绘图]→[点]→[多点]

此时连续输入多个点(输入方法同单点),即可连续生成多个点对象,直到按 Esc 键退出此命令。

2.2　绘　制　线

直线命令是 AutoCAD 最常使用的命令之一,使用该命令可以在输入的两点之间绘制一条线段。输入第一个端点后,在屏幕上就会出现一条从该端点到鼠标当前位置的直线,并会随鼠标的移动而移动,称为橡皮筋线。与橡皮筋线同时出现的还有线段长度及与 0 方向夹角的提示,对下一点坐标的输入有一定的帮助。输入线段的两个端点后,可确定一条直线。

命令格式

工具栏:![line icon]

菜单:[绘图]→[直线]

命令名称:LINE

启动直线命令后,命令行提示"指定第一点:",此时可输入一个点或按回车键。

如果输入一个点,即为线段的起点,命令行中继续提示"指定下一点或［放弃(U)］:",此时再输入一个点,则该点与上一点连成一条线段。

如果直接回车,则表示从上次绘图的终点处继续绘图,如果上一次的绘图操作中画了一条线段,则以上一条线段的终点为本次画线的起点。

连续绘图对于绘制与圆弧相切的直线非常方便。如果前一命令画了一段圆弧,启动直线命令后直接回车,则圆弧的终点将成为新直线的起点,并且新直线将与该圆弧相切,此时输入直线长度后,即可得到一条与圆弧相切,且长度为输入值的线段,如图 1-2-2(a)所示。

在连续作图方式下,如果在输入第一点时输入"@",此时将从上次作图的终点开始画线,但方向上并不与上次图形在交点处相切,如图 1-2-2(b)所示。

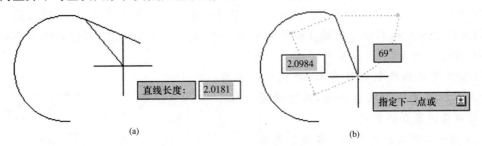

图 1-2-2　圆弧后连续画线

　　直线命令在画出一段后,会自动以该段终点为下一条线段的起点,开始绘制下一条线段。这样连续输入多个点,可以绘制一系列连续的直线段,但每条线段均为独立的图形元素,可以通过编辑命令单独进行编辑。

　　如果在画线过程中输错了某一点,不必退出画线命令,可以输入"U",则放弃上一步中输入的点,即可删除最后一段,重新输入端点。

　　要结束画线命令,根据在此命令中所画的线段是否闭合,可以有两种不同的方式。如果画一段或多段所画线段不闭合,则按回车键或 Esc 键或在右键菜单中选择"确定"退出画线命令。

　　如果画多段且首尾相连,则输入"C",即可形成一个闭合的线段环。同时退出本次画线命令。只有在绘制了一系列线段(两条以上)之后,才能使用"闭合"选项。

【实例】

　　运用直线命令,绘制如图 1-2-3 所示的图形。

图 1-2-3　直线命令示例

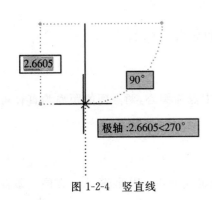

图 1-2-4　竖直线

　　(1)首先绘制左侧边长为 5 的正方形。

　　启动直线命令,用鼠标在绘图区点取一点作为起点,向下移动鼠标,如图 1-2-4 所示图形,此时只需输入 5,即可得到一条边长为 5 的竖直线。

　　按照同样的方法,分别向右、向上移动鼠标,同样输入 5,即可得到正方形下方和右方的两条边,最后输入字母"C",线段连回到起点,得到上方的一条边。如果在绘制前面三条边的过程中,曾经退出过直线命令,则不能用"C"选项得到最后一条边,用鼠标控制方向再输入长度的方法即可。

（2）绘制中间的斜边长为5的直角三角形。

启动直线命令，用鼠标输入上方的起点后，用极坐标方法绘制边长为5的斜边，此斜边终点到起点的距离为5，斜边与起始方向的夹角为－60（逆时针方向为正，顺时针方向为负），如图1-2-5所示。因此，终点坐标为：@5＜－60°。

两条直角边的绘制比较容易，将鼠标向左移动，输入2.5，可得水平的直角边，再直接输入"C"选项，即可得到竖直的直角边。

（3）绘制右侧的边长为5的等边三角形。

此实例练习键盘输入坐标的方法，以对直角坐标系和极坐标系有一个更好的理解。

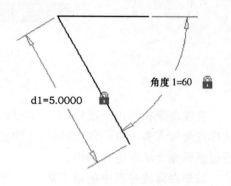

图1-2-5　极坐标画线

启动直线命令后，首先用鼠标点取确定上面的一点，然后绘制右侧的一条边，此边长度为5，与起始方向的夹角为－60°，因此第二点坐标为@5＜－60°。

然后绘制下方的水平线，除了前面介绍的鼠标和键盘输入相结合的方式，也可以直接用用键盘输入坐标，此第三点相对于前一点的坐标在直角坐标系下为：@－5,0（沿 X 轴反方向移动5个单位）。用极坐标下的相对坐标为：@5＜180°（与前一点距离为5，与 X 轴正向夹角为180°）。

第三条边可用"C"选项直接完成，如果要输入坐标，则终点相对于起点在极坐标系下为：@5＜60°。

2.3　绘　制　圆

圆是二维图中常见的元素，AutoCAD 2010 中画圆命令可通过6种方式画出我们所需要的圆，分别为：

2.3.1　圆心,半径

这是最常用的画圆方法，此时只需输入圆心和半径，就可画出一个圆。

2.3.2　圆心,直径

同上一种方法类似，此时输入圆心和直径，同样也可以画出一个圆。

2.3.3　两点

此时输入两点，作为直径的两个端点，即以这两点的中点为圆心，两点间的距离为直径可唯一的确定一个圆。

2.3.4　三点

根据几何原理，不在同一条直线上的三点可唯一的确定一个圆。因此，输入不在同一条直线上的三个点必能得到经过这三点的一个圆。

2.3.5　相切,相切,半径

此时选择两个与要做的圆相切的对象,一般在靠近切点处选择,再输入半径值即可以得到一个与两个所选元素相切,并以输入值为半径的圆。有时,有不止一个圆符合条件,此时 AutoCAD 绘制出切点与选定点最近的圆。同时,这种方法并不能保证做出一个圆,如果半径值不合理就可能作不出一个圆。

2.3.6　相切,相切,相切

选择三个与要作的圆相切的对象,如果有一个圆与所选三个元素都相切,则画出这个圆。这种方法也不能确保肯定能画出一个圆。

【实例】

1. 绘制图 1-2-6 所示三角形的外接圆与内切圆。

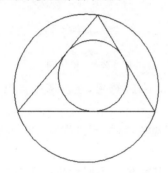

图 1-2-6　外接圆与内切圆

用直线命令绘制三角形后,启动画圆命令的"三点"选项,依次捕捉三角形的三个顶点,即可得到外侧的外接圆。

再启动画圆命令的"相切,相切,相切"选项,依次选择三角形的三条边,即可得到内侧的内切圆。

2. 绘制如图 1-2-7 所示的相切圆。

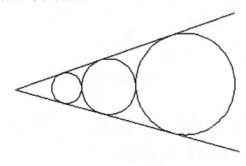

图 1-2-7　相切圆

用直线命令绘制两条直线。

启动画圆命令的"相切,相切,半径"选项,依次选择两条直线,再输入"1"作为半径,可首先得到中间的一个圆。

再启动画圆命令的"相切,相切,相切"选项,点取第一个圆的左侧,并点取两条直线在第一个圆左侧的部位,此时可得到内侧的小圆。

再启动画圆命令的"相切,相切,相切"选项,点取第一个圆的右侧,并点取两条直线在第一个圆右侧的部位,此时可得到外侧的大圆。

3．绘制如图 1-2-8 所示的圆。

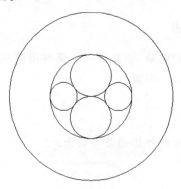

图 1-2-8　相切圆

首先,启动画圆命令的"圆心,半径"选项,在屏幕上点取一点作为圆心,输入"5"作为半径,得到外侧的大圆。

启动画圆命令的"圆心,直径"选项,捕捉大圆的圆心作为圆心,输入"5"作为直径,得到第二个圆。

启动画圆命令的"两点"选项,捕捉第二个圆的圆心作为第一点,向下移动鼠标,捕捉到向下极轴与圆的交点(即象限点)作为第二点,如图 1-2-9 所示,即可得到第三个圆。用同样的方法绘制上方同样大的一个圆。

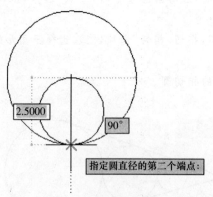

图 1-2-9　两点法画圆

最小的两个圆用"相切,相切,相切"方法绘制。

2.4 绘制圆弧

圆弧同样也为常见的图形之一,三个参数可确定一条圆弧。AutoCAD 2010 中提供了多达 11 种方法来画圆弧。用户如果对所用的参数有较好的理解,则能较好的掌握 11 种画圆弧的方式。其中,起点、端点、圆心、半径较容易理解。

角度是指圆弧的圆心角,缺省情况下,AutoCAD 将按逆时针方向绘制圆弧,输入正值的角度,将按逆时针方向绘制圆弧;输入负值,则按顺时针方向绘制圆弧。

长度是指起点到终点的直线距离,即弧的弦长。圆弧的弦长必定小于或等于直径。如果输入的弦长为正值,则画出沿逆时针方向得到的满足条件的第一条圆弧,即小于半圆的弧,也称之为劣弧;如果输入的弦长为负值,则画出另一条大于半圆的弧,也称之为优弧。如果输入的弦长绝对值等于直径,无论正负,均沿逆时针方向画出半圆。如果输入的弦长绝对值大于直径,无论正负,均作不出圆弧。

以下是菜单中的 11 种方式。

2.4.1 三点

依次输入不在同一条直线上的三点,即可画出一条以第一个点为起点,经过第二个点,并以第三个点为终点的圆弧。顺时针、逆时针均可。

2.4.2 起点、圆心、端点

依次输入圆弧的起点、圆心、终点,即可得到一条圆弧。当输入圆心后,移动鼠标时可清楚地看到缺省情况下将画出一条沿逆时针方向生长的圆弧。端点只确定圆弧的终止角度,该点并不一定在圆弧上。

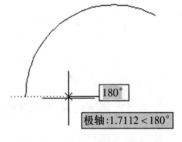

图 1-2-10 圆弧的端点

如图 1-2-10 所示,输入端点时,端点与圆心的连线确定圆弧的终止方向,此时也可直接输入一个角度,此角度为圆弧终止方向在极坐标系下的角度,而非圆弧的圆心角。

2.4.3 起点、圆心、角度

依次输入圆弧的起点、圆心和圆心角,即可得到一条圆弧。

2.4.4 起点、圆心、长度

依次输入圆弧的起点、圆心和弦长,即可得到一条圆弧。如图 1-2-11 所示,两个圆弧均为半径为 5 的圆弧,左侧圆弧弦长为 5,右侧弦长为－5,两个圆弧均沿逆时针方向绘制。

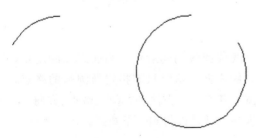

图 1-2-11 圆弧的弦长

2.4.5　起点、端点、角度

依次输入圆弧的起点、终点、圆心角,即可得到一条圆弧。

2.4.6　起点、端点、方向

依次输入圆弧的起点、终点和起点处的切线方向即可得到一条圆弧。切线方向为切线与X轴正向所成的角度(即切线的极轴方向),它将决定圆弧的方向。输入方向时,既可以输入角度值,也可以输入一个点,这时起点到该点的连线即为圆弧在起点处的切线。

2.4.7　起点、端点、半径

依次输入圆弧的起点、终点、半径,即可得到一条圆弧。注意半径的绝对值必须大于等于起点端点距离的一半。如果半径为正数,则圆弧的圆心角小于 180°;如果半径为负数,则圆弧的圆心角大于 180°。圆弧也按照逆时针方向绘制。如图 1-2-12 所示,两条圆弧均以右侧点为起点,端点在起点左侧 5 个单位,半径均为 6,半径输入"6"得到左侧圆弧,输入"−6"得到右侧圆弧。

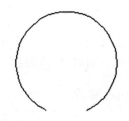

图 1-2-12　圆弧的半径

2.4.8　圆心、起点、端点

依次输入圆弧的圆心、起点、终点,即可得到一条圆弧。

2.4.9　圆心、起点、角度

依次输入圆弧的圆心、起点、圆心角,即可得到一条圆弧。

2.4.10　圆心、起点、长度

依次输入圆弧的圆心、起点、弦长,即可得到一条圆弧。

2.4.11　连续

连续画弧方式就是以前一个命令所绘制的直线或圆弧的端点作为当前圆弧的起点,并以前一图形终点处的切线方向为新圆弧起点处的切线方向。这时只需指定新圆弧的终点,就可创建一条与前一步绘制的直线或圆弧相切的圆弧。其实这一方法和"起点、端点、方向"是一样的,只不过起点和方向已经确定,因此只需要输入终点就可以得到一条圆弧。

【实例】

1. 绘制如图 1-2-13 所示的图形。

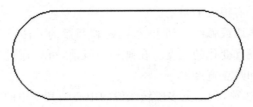

图 1-2-13　跑　道

启动画线命令,从右向左绘制上方长度为 5 的水平线。

运用圆弧的"连续"选项,输入终点时,向下移动鼠标,输入距离"3",如图 1-2-14 所示。也可直接在命令行中输入坐标"@0,−3"或"@3<−90"。

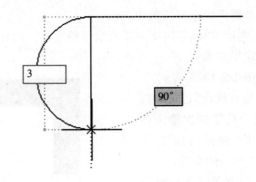

图 1-2-14　连续法绘制圆弧

启动画线命令,起点直接回车(连续绘图),输入长度"5",即得到下面的水平线。

再次启动圆弧的"连续"选项,捕捉上方线段右侧的端点作为圆弧的终点即可得到右侧圆弧。

2. 绘制如图 1-2-15 所示的图形。

用画线命令绘制一条长度为 5 的直线。两条圆弧可用多种方法绘制。

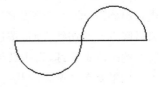

右侧的圆弧可用"起点、端点、角度"方法,圆弧起点为线段右侧端点,圆弧端点为线段中点,角度为 180°。

图 1-2-15　连续圆弧

左侧圆弧用"连续"选项绘制最方便,直接捕捉线段左侧端点为圆弧端点即可。如果作图过程中断,需要单独绘制左侧圆弧,可用"起点、端点、方向",以线段中点为圆弧起点,左侧端点为圆弧终点,方向为−90°。

2.5　多段线

运用前面学习的直线和圆弧命令我们可以方便地绘制连续的图形,但每一部分都是独立的图形元素,而多段线命令可以绘制组合成一个实体的连续图形,所绘制的多段线由相连的直线段或弧线序列组成,作为单一对象使用。使用多段线时,还可以分别编辑每一段、设置各段的宽度、使各段的始末端点具有不同的线宽,或者封闭、打开多段线。绘制弧线段时,弧线的起点是前一段的端点。可以指定弧的角度、圆心、方向或半径。因此,熟悉前面的直线和圆弧命令对熟练使用多段线命令有很大的帮助。

多段线由相连的直线段或弧线序列组成,画线和圆弧的方法可参考前面的直线和圆弧命令。多段线每一段都可设置变化的宽度。在画每一段前,可以通过半宽(H)或者宽度(W)选项设置该段的起点宽度和终点宽度。

输入"H",进入半宽选项,指定宽多段线线段的中心到其一边的宽度。需要确定每一段起点和端点处的半宽。操作如下:

命令行提示"指定起点半宽<当前值>:",输入一个值或按回车键表示输入当前值。

命令行提示"指定端点半宽 <起点宽度>:",输入一个值或按回车键表示终点半宽与起点半宽相同。

起点半宽将成为缺省的终点半宽。终点半宽在再次修改半宽之前将作为所有后续线段的统一半宽。宽线段的起点和终点位于直线的中心点。

如果输入"W",则进入宽度选项,指定下一条直线段的宽度。同样需要指定每一段起点与端点处的宽度。方法与指定半宽类似。

半宽与宽度的区别如图 1-2-16 所示。

多段线的每一段可以是直线段,也可以是圆弧。缺省方式是画直线。只需依次输入各段端点即可,如果要切换到画圆弧,则需输入"A"。此时命令行中的提示相应的变为:

"指定圆弧的端点或〔角度(A)/圆心(CE)/闭合(CL)/方向(D)/半宽(H)/直线(L)/半径(R)/第二点(S)/放弃(U)/宽度(W)〕:"

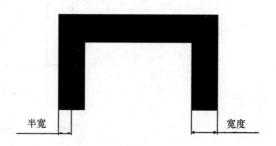

图 1-2-16　多段线的宽度与半宽

圆弧的画法很多,可参见前面圆弧命令中各参数的含义。缺省情况为输入端点,按连续方式画出圆弧,即以多段线前一端点为本段圆弧的起点,前一段直线或圆弧在该点的方向为本段圆弧起点处的切线方向,按连续方式绘制圆弧只需输入一个端点即可。如果所绘制的圆弧与前面的一段不连续,需用其他方式,此时圆弧起点已确定,需另外输入圆弧的两个参数。

如果要在画圆弧的状态下切换到画直线段。需输入"L"。画直线时,可以直接输入线段终点,也可以再输入"L",即进入直线的长度选项。输入长度后,就按前一线段相同的角度并按指定长度绘制直线段。如果前一线段为圆弧,AutoCAD 将绘制一条直线段与弧线段相切。

另外,在画多段线的过程中,如果前面输入的参数出错,输入"U"选择"放弃"选项,即可以删除最近一次添加到多段线上的直线段或圆弧段。

和画直线命令一样,当多段线中段数超过两段时,输入"C"选择闭合选项,可使多段线首尾相连,并结束多段线命令。如果多段线不需闭合,则在画完最后一段后,按回车键或 Esc 键结束。

创建多段线之后,可用 PEDIT 命令进行编辑或使用 EXPLODE 命令将其分解成单独的直线段和弧线段。在分解带有线宽的多段线时,线宽恢复为 0,分解为不带线宽的直线段或圆弧,分解后的各段将根据先前的宽多段线的中心重新定位。

【实例】

绘制如图 1-2-17 所示的带有宽度的多段线。

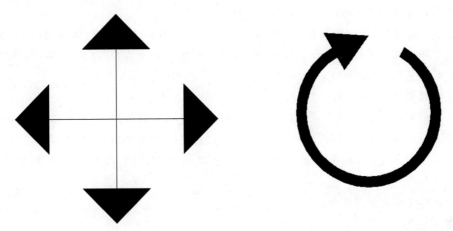

图 1-2-17　带有宽度的多段线

(1) 绘制平移命令的图标。

命令:PLINE↓

指定起点:100,300↓

(当前线宽为 0.0000)

指定下一点或［圆弧(A)/闭合(C)/半宽(H)/长度(L)/放弃(U)/宽度(W)]:W↓

指定起点宽度＜0.0000＞:0↓

指定端点宽度＜0.0000＞:100↓

指定下一点或［圆弧(A)/闭合(C)/半宽(H)/长度(L)/放弃(U)/宽度(W)]:@50,0↓

指定下一点或［圆弧(A)/闭合(C)/半宽(H)/长度(L)/放弃(U)/宽度(W)]:W↓

指定起点宽度＜100.0000＞:0↓

指定端点宽度＜0.0000＞:↓

指定下一点或［圆弧(A)/闭合(C)/半宽(H)/长度(L)/放弃(U)/宽度(W)]:@200,0↓

指定下一点或［圆弧(A)/闭合(C)/半宽(H)/长度(L)/放弃(U)/宽度(W)]:W↓

指定起点宽度＜0.0000＞:100↓

指定端点宽度＜100.0000＞:0↓

指定下一点或［圆弧(A)/闭合(C)/半宽(H)/长度(L)/放弃(U)/宽度(W)]:@50,0↓

指定下一点或［圆弧(A)/闭合(C)/半宽(H)/长度(L)/放弃(U)/宽度(W)]:↓

命令:PLINE↓

指定起点:@-150,150↓

当前线宽为 0.0000

指定下一点或［圆弧(A)/闭合(C)/半宽(H)/长度(L)/放弃(U)/宽度(W)]:W↓

指定起点宽度＜0.0000＞:0↓

指定端点宽度 <0.0000>：100 ↓

指定下一点或 [圆弧(A)/闭合(C)/半宽(H)/长度(L)/放弃(U)/宽度(W)]：@0,－50↓

指定下一点或 [圆弧(A)/闭合(C)/半宽(H)/长度(L)/放弃(U)/宽度(W)]：W↓

指定起点宽度 <100.0000>：0↓

指定端点宽度 <0.0000>：↓

指定下一点或 [圆弧(A)/闭合(C)/半宽(H)/长度(L)/放弃(U)/宽度(W)]：@0,－200↓

指定下一点或 [圆弧(A)/闭合(C)/半宽(H)/长度(L)/放弃(U)/宽度(W)]：W↓

指定起点宽度 <0.0000>：100↓

指定端点宽度 <100.0000>：↓

指定下一点或 [圆弧(A)/闭合(C)/半宽(H)/长度(L)/放弃(U)/宽度(W)]：@0,－50↓

指定下一点或 [圆弧(A)/闭合(C)/半宽(H)/长度(L)/放弃(U)/宽度(W)]：↓

学习了阵列命令后，也可只画出图中的四分之一箭头，进行环形阵列复制得到同样的图形。

(2) 绘制旋转命令的图标。

命令：PLINE↓

指定起点：700,400↓

指定下一点或 [圆弧(A)/闭合(C)/半宽(H)/长度(L)/放弃(U)/宽度(W)]：W↓

指定起点宽度 <10.0000>：15↓

指定端点宽度 <15.0000>：↓

指定下一点或 [圆弧(A)/闭合(C)/半宽(H)/长度(L)/放弃(U)/宽度(W)]：A↓

指定圆弧的端点或[角度(A)/圆心(CE)/闭合(CL)/方向(D)/半宽(H)/直线(L)/半径(R)/第二点(S)/放弃(U)/宽度(W)]：Ce↓

指定圆弧的圆心：@100<240↓

指定圆弧的端点或 [角度(A)/长度(L)]：A↓

指定包含角：－300↓

指定圆弧的端点或[角度(A)/圆心(CE)/闭合(CL)/方向(D)/半宽(H)/直线(L)/半径(R)/第二点(S)/放弃(U)/宽度(W)]：W↓

指定起点宽度 <15.0000>：60↓

指定端点宽度 <60.0000>：0↓

指定圆弧的端点或[角度(A)/圆心(CE)/闭合(CL)/方向(D)/半宽(H)/直线(L)/半径(R)/第二点(S)/放弃(U)/宽度(W)]：L↓

指定下一点或 [圆弧(A)/闭合(C)/半宽(H)/长度(L)/放弃(U)/宽度(W)]：采用"自"捕捉方式

_from 基点：捕捉圆心

_cen 于 <偏移>：@0,110↓

指定下一点或 [圆弧(A)/闭合(C)/半宽(H)/长度(L)/放弃(U)/宽度(W)]：↓

2.6 椭圆和椭圆弧

椭圆是我们日常经常见到的图形元素,理解椭圆在几何意义上的几个参数对我们掌握 AutoCAD 绘制椭圆的方法有很大的帮助。如图 1-2-18 所示,椭圆有两根相互垂直的轴线,较长的轴称为长轴,是椭圆中距离最远的两点的连线,较短的轴称为短轴。从圆心出发,到轴线的端点连线称为半轴,分别为长半轴和短半轴。当长轴和短轴长度相等时就是一个圆。

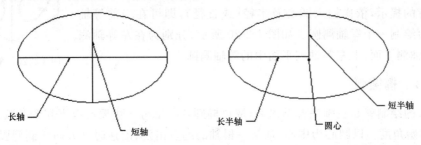

图 1-2-18 椭圆的轴

椭圆(ELLIPSE)命令既可以画一个完整的椭圆,也可以画椭圆的一部分,即椭圆弧。画椭圆时,关键是确定两根轴的位置和长度。AutoCAD 中提供了以下方法来绘制椭圆,分别为:

2.6.1 轴、端点

在 AutoCAD 中绘制椭圆时,并不区分长轴和短轴。绘制时首先确定一根轴的两个端点,另一根轴必定跟第一根轴垂直,这时只要再输入另一根半轴的长度即可,也可输入一点,该点到圆心的距离即为另一根半轴的长度(各参数如图 1-2-19 左所示)。输入另一根半轴的长度时,还可以先输入"R",再输入一个角度值,即按旋转方式输入,则另一根半轴长度等于第一根半轴长度乘以所输入角度的余弦值。如果输入 0,则两根轴长度相等,画出一个圆。角度越接近于 90°,椭圆越扁。

2.6.2 中心

在这种方法中,首先确定椭圆的圆心,即两根轴的交点,然后输入第一根轴的一个端点,即首先确定一根半轴的方向和长度。同样另一根轴必定跟第一根轴垂直,最后只要再输入另一根半轴的长度即可,如图 1-2-19 右所示。

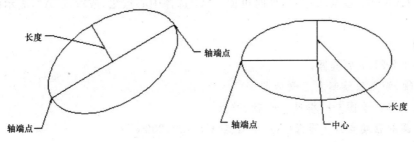

图 1-2-19 椭圆的画法

2.6.3 等轴测圆

当 SNAP 的"样式"选项设置为"等轴测"时可绘制等轴测椭圆。此时在当前等轴测绘图平面绘制一个等轴测圆。

当 SNAP 的"样式"选项设置为"等轴测"时,在命令行中输入 EL-LIPSE 启动椭圆命令,此时命令行中提示"指定椭圆轴的端点或［圆弧(A)/中心点(C)/等轴测圆(I)："输入"I"选择"等轴测圆"方式,然后根据命令行的提示,依次输入圆心及半径(或直径),即可在当前等轴测绘图平面绘制一个等轴测圆。如图 1-2-20 所示,分别为在左等轴测平面、右等轴测平面、上左等轴测平面中的等轴测圆。

图 1-2-20 等轴测圆

2.6.4 椭圆弧

椭圆弧的绘制就是在画完椭圆以后,取该椭圆的一部分。主要有以下几个参数:

(1) 起始角度。以圆心为中心,从第一根轴的起点出发,沿逆时针方向转到圆弧起点转过的角度。

(2) 终止角度。以圆心为中心,从第一根轴的起点出发,沿逆时针方向转到圆弧终点转过的角度。需要注意椭圆弧的起始角度和终止角度都是从第一根轴起点出发转过的角度,而不是从坐标轴零方向转过的角度。

(3) 包含角度。终止角度与起始角度的差,即椭圆弧所夹的圆心角。

(4) 参数。用来确定椭圆弧的起点角度。AutoCAD 使用以下矢量参数方程式创建椭圆弧:

$$p(u) = c + a\cos(u) + b\sin(u)$$

其中,c 是椭圆的中心点;a 和 b 分别是椭圆的半长轴和半短轴;u 为夹角。

确定椭圆弧时,需要根据所知的条件和命令行的提示,输入相应的选项和所需的数据即可画出所需的椭圆弧。

命令格式

工具栏: ⬭

菜单:[绘图]→[椭圆]

命令行:ELLIPSE

如果通过工具栏或命令行启动该命令,缺省方式为轴-端点法,命令行提示"指定椭圆的轴端点或 ［圆弧(A)/中心点(C)：",此时可输入"C"选择中心点法,或输入"A",表示画椭圆弧。

【实例】

绘制图 1-2-21 中的椭圆。

(1) 用轴、端点法绘制左上侧椭圆。

下拉式菜单:[绘图]→[椭圆]→[轴、端点]

指定椭圆的轴端点或［圆弧(A)/中心点(C)：<u>50,200</u>↓

指定轴的另一个端点:<u>@200,0</u>↓

指定另一条半轴长度或［旋转(R)：<u>50</u>↓

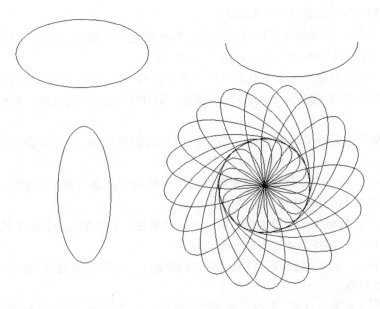

图 1-2-21 椭圆和椭圆弧

(2) 绘制右上侧的椭圆弧。

下拉式菜单:[绘图]→[椭圆]→[椭圆弧]

指定椭圆的轴端点或 [圆弧(A)/中心点(C)]：A↓

指定椭圆弧的轴端点或 [中心点(C)]：300,200↓

指定轴的另一个端点：@200,0↓

指定另一条半轴长度或 [旋转(R)]：50↓

指定起始角度或 [参数(P)]：0↓

指定终止角度或 [参数(P)/包含角度(I)]：180↓

(3) 用中心法绘制左下侧椭圆。

下拉式菜单:[绘图]→[椭圆]→[中心]

指定椭圆的轴端点或 [圆弧(A)/中心点(C)]：C↓

指定椭圆的中心点：50,0↓

指定轴的端点：@40,0↓

指定另一条半轴长度或 [旋转(R)]：100↓

(4) 用环形阵列(ARRAY)命令绘制右侧图形。绘制方法详见阵列命令。

2.7 矩 形

前面我们学习了使用直线(LINE)命令来绘制一个矩形。在 AutoCAD 中,我们还可以更方便的使用矩形(RECTANG)命令直接绘制一个矩形。

命令格式

工具栏:□

下拉式菜单:[绘图]→[矩形]

命令行：RECTANG 或 RECTANGLE

根据命令行提示：直接输入矩形的两个角点即可确定一个矩形。矩形（RECTANG）命令画出来的矩形边平行于当前用户坐标系的 X 和 Y 轴。

矩形（RECTANG）命令画出来的矩形是一条多段线。在 RECTANG 命令中可以直接对这条多段线设置线宽，并进行倒角、倒圆角等操作。启动矩形命令后，可以设置相应的倒角、倒圆角等参数。

倒角和圆角的含义参见编辑命令一章中的倒角和圆角命令，在矩形命令中的设置方法如下：

（1）倒角（C）。根据命令行提示设置矩形的倒角的两个距离。如果矩形边长大于倒角距离，则作出的矩形将被倒角，就像各角被切去一块。

（2）圆角（F）。根据命令行提示指定矩形的圆角半径。如果矩形边长大于圆角半径，则作出的矩形将被倒圆角，则各角处以圆弧光滑连接。

（3）宽度（W）。为要绘制的矩形指定多段线的宽度。无论倒角与否，最后所画出来的多段线各段的宽度相等。

矩形命令中输入第一点后，命令行提示"指定另一个角点或［面积（A）/尺寸（D）/旋转（R）］："。

其中，面积（A）选项根据面积与长度或宽度创建矩形。如果前面设置了"倒角"或"圆角"参数，则面积将包括倒角或圆角在矩形角点上产生的效果。操作方法为：当命令行提示"输入以当前单位计算的矩形面积："，输入一个正值，作为矩形的面积。命令行提示"计算矩形标注时依据［长度（L）/宽度（W）］＜长度＞："，输入"L"选择长度或输入"W"选择长度。然后根据选项提示输入矩形长度或宽度，输入后，系统根据面积和长度计算宽度，或根据面积和宽度计算长度，最终确定矩形的尺寸。

输入第一点后的尺寸（D）选项将使用长和宽创建矩形。根据命令行的提示依次输入矩形的长度和宽度，即可最终确定一个矩形。

旋转（R）选项可绘制与当前坐标系不平行的矩形。输入第一点并选择此选项后，根据命令行提示输入旋转角度，则最终的矩形将以第一点为基点按逆时针旋转制定角度。输入角度后命令行再次提示"指定另一个角点或［面积（A）/尺寸（D）/旋转（R）］："，此时按前面的方法可确定矩形的尺寸。

指定了矩形的旋转角后，以后的矩形命令将缺省使用前面的旋转角，如要恢复成与坐标轴平行，需要在新的矩形命令中再次使用"旋转"选项，并将旋转角设为 0。

【实例】

绘制如图 1-2-22 所示的图形。

命令：RECTANG↓

指定第一个角点或［倒角（C）/标高（E）/圆角（F）/厚度（T）/宽度（W）］：W↓

指定矩形的宽度＜0＞：10↓

指定第一个角点或［倒角（C）/标高（E）/圆角（F）/厚度（T）/宽度（W）］：F↓

指定矩形的圆角半径 ＜0＞：100↓

指定第一个角点或［倒角（C）/标高（E）/圆角（F）/厚度（T）/宽度（W）］：50,50↓

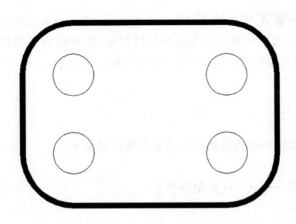

图 1-2-22 矩 形

指定另一个角点：@500,350↓

命令：CIRCLE↓

指定圆的圆心或 [三点(3P)/两点(2P)/相切、相切、半径(T)]：捕捉左上角的圆心

指定圆的半径或 [直径(D)]：40↓

命令：CIRCLE↓

指定圆的圆心或 [三点(3P)/两点(2P)/相切、相切、半径(T)]：捕捉右上角的圆心

指定圆的半径或 [直径(D)] <40.0000>：↓

命令：CIRCLE↓

指定圆的圆心或 [三点(3P)/两点(2P)/相切、相切、半径(T)]：捕捉左下角的圆心

指定圆的半径或 [直径(D)] <40.0000>：↓

命令：CIRCLE↓

指定圆的圆心或 [三点(3P)/两点(2P)/相切、相切、半径(T)]：捕捉右下角的圆心

指定圆的半径或 [直径(D)] <40.0000>：↓

2.8 等 分 点

我们通过 POINT 命令输入点的坐标可以直接生成一个或多个点。AutoCAD 中通过等分点的方法也可以方便地生成有规律排列的点。

2.8.1 定数等分

将指定个数的点等分的放置在所选对象上。

命令格式

下拉式菜单：[绘图]→[点]→[定数等分]

命令行：DIVIDE

启动该命令后，根据命令行提示"选择要定数等分的对象："，选择要等分的对象。可定数等分的对象包括线段、圆弧、圆、椭圆、椭圆弧、多段线和样条曲线等。

然后命令行中提示"输入线段数目或 [块(B)]："，可输入从 2 到 32767 的值，或输入"b"。

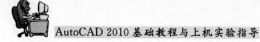

如果输入一个等分数 X,则在被选对象上生成 X-1 个点对象,这些点将该对象 X 等分。

如果输入"B",则沿选定对象以相等间距放置图块(图块的有关操作详见第 8 章)。然后输入要插入的图块名,并确定插入时是否旋转,最后输入等分数,就可在被选对象的等分点上插入指定的图块。

2.8.2　定距等分

此命令将点对象或图块按指定的间距放置在选中对象上。

命令格式:

下拉式菜单:[绘图]→[点]→[定距等分]

命令行:MEASURE

启动该命令后,根据命令行提示"选择要定距等分的对象:",选择要等分的对象。

然后命令行中提示"指定线段长度或[块(B)]:",可输入一段距离或输入"B"以定距插入图块。

输入距离后,在被选对象上,从靠近选择处最近的一端开始,按照指定的间距生成若干个点对象。

如果被选对象为闭合的多段线,测量距离要从它们的初始顶点(绘制的第一个点)处开始。

对于圆要从设置为当前捕捉旋转角的角度开始测量。一般捕捉旋转角为零,那么从圆心右侧的圆周点(即右侧象限点)开始生成点。

同样也可以沿被选对象每隔一定距离插入一个图块,操作方法同定数等分中插入图块类似。

【实例】

1. 对线段进行等分。

对长度为 25 的两条线段进行等分。上方的一条进行定数等分,等分数为 5,生成 4 个等分点。下方一条进行定距等分,靠近左侧选择该线段,距离为 10,生成 2 个等分点,右侧剩余的一段距离为 5,如图 1-2-23 所示。

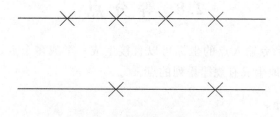

图 1-2-23　等分线段

2. 对圆进行等分。

对半径为 5 的圆进行等分。左侧的圆进行定数等分,等分数为 6,生成 6 个等分点。对右侧的圆进行定距等分,靠近右上方选择圆,距离为 3,从右侧象限点开始生成 10 个等分点,如图 1-2-24 所示。

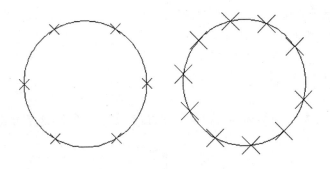

图 1-2-24   等分圆

2.9   参 照 线

前面我们学习了使用 LINE 命令绘制直线,也就是数学意义上的线段,即长度有限,有两个端点。在 AutoCAD 中还可以创建向一个或两个方向无限延伸的构造线作为绘图时的辅助线。向两个方向延伸的称为构造线;只向一个方向延伸的称为射线。

构造线和射线可以作为创建其他对象的参照。例如,可以用构造线寻找三角形的中心,准备构造同一个对象的多个视图,或创建对象捕捉所用的临时交点等。

构造线不修改图形范围。因此,它们不影响缩放或视点。和其他对象一样,参照线可以移动、旋转和复制。作图时通常把参照线放置在一个专门的参照线图层上,这样可以在打印出图之前冻结或关闭这个图层,不打印这些辅助线。

2.9.1   射线

RAY 命令创建单向无限长直线,称为射线。它通常作为辅助作图线使用。射线具有一个确定的起点并单向无限延伸。

命令格式

下拉式菜单:[绘图]→[射线]

命令行:RAY

工具栏:

操作步骤

启动射线命令后,命令行提示"指定起点:",此时输入射线的端点。

然后命令行提示"指定通过点:",此时输入射线要通过的一个点。

每输入一个点,AutoCAD 就绘制一条射线,从端点出发,并经过该点。然后继续提示输入通过点,这样可以创建多条从一个端点出发的射线。起点和通过点定义了射线延伸的方向,射线在此方向上延伸到显示区域的边界。按回车键结束命令。

【实例】

绘制如图 1-2-25 所示的三条射线。

命令:<u>RAY</u>↓

指定起点:<u>在屏幕点取一点</u>

指定通过点:<u>@1<90</u>↓

指定通过点:<u>@1<210</u>↓

指定通过点:<u>@1<330</u>↓

指定通过点:<u></u>↓

在输入后面三个通过点时,起作用的仅是方向,长度并不重要,这里为输入简便,选择 1 作为长度。

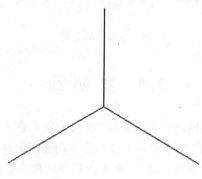

图 1-2-25　射　线

2.9.2　参照线(无限长的直线)

XLINE 命令创建的无限长直线,通常称为参照线。这类线通常也作为辅助作图线使用。

命令格式

XLINE 创建无限长的线,通常用作构造线。

工具栏:

下拉式菜单:[绘图]→[构造线]

命令行:XLINE

启动命令后,命令行提示"指定点或［水平(H)/垂直(V)/角度(A)/二等分(B)/偏移(O)］:",输入一个点或输入一个选项。此时可输入一个点,该点将作为这条命令所画的直线簇的各条直线都经过的点,输入第一点后,可按命令行的提示连续输入各条直线经过的点,依次画出多条直线,直到按回车键或退出键结束。

在输入第一点之前,也可以输入一个选项以画出特殊的直线。

(1) 水平(H)。绘制平行于 X 轴的参照线。接下来每输入一点,就可画出一条经过该点的水平线,这样可画出多条平行的水平线,直到按回车键结束。

(2) 垂直(V)。绘制平行于 Y 轴的参照线。同样每输入一点,就可画出一条经过该点的垂直线,这样可画出多条平行的竖直线,直到按回车键结束。

(3) 角度(A)。以指定的角度创建一组参照线。需首先确定角度,可以直接输入角度值,也可以按参照方式选择一条直线对象并输入与选定对象之间的夹角来确定本次所作参照线的角度。然后每输入一点,就可以画出一条经过该点并与 X 轴成制定角度的直线,直到按回车键结束。

(4) 二等分(B)。可以非常方便地绘制一个角的角平分线。根据命令行的提示依次输入角的顶点、起点、端点后，就可以绘制一条参照线，它经过选定的角顶点，并且将起点、端点分别和顶点相连的两条线之间的夹角平分。以后每输入一组起点和端点，就可画出一条经过第一点（顶点）的角平分线，直到按回车键结束。

（5）偏移（O）。创建平行于另一个对象的参照线。首先指定参照线偏离选定对象的距离，然后选择直线对象，可以选择一条直线、多段线、射线或参照线，最后指定一点以确定向哪一边偏移。连续的选择直线对象并指定要偏向的边，即可连续的作出多条参照线，直到按回车键结束。

2.10　正多边形

AutoCAD 中可以通过 POLYGON 命令方便地绘制正多边形。AutoCAD 中正确绘制正多边形需要对正多边形的内切圆和外接圆有较好的理解。每个正多边形每条边的边长必定相等，而且每个正多边形必有一个内切圆和外接圆。如图 1-2-26 所示，正多边形的每条边与内切圆相切，而且切点就是每条边的中点。在 AutoCAD 中称正多边形外切于圆。同时，正多边形的每一个顶点都在外接圆的圆周上，因此各顶点到中心的距离都等于外接圆的半径。在 AutoCAD 中称多边形内接于圆。

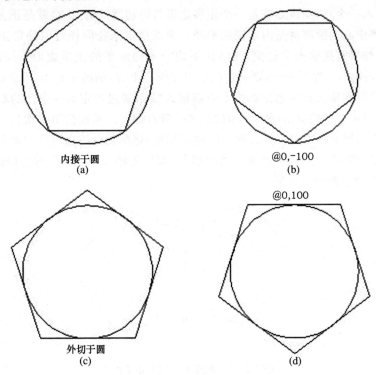

内接于圆
(a)

@0,-100
(b)

外切于圆
(c)

@0,100
(d)

图 1-2-26　正多边形与圆

在 AutoCAD 中正多边形（POLYGON）命令中可以通过边长、外接圆和内切圆来确定正多边形。

命令格式

工具栏：⬠

下拉式菜单:[绘图]→[正多边形]

命令行:POLYGON

启动命令后,命令行提示"输入边的数目<当前值>:",此时可输入一个 3 到 1024 之间的数值或按回车键直接输入当前值。

然后命令行中提示"指定多边形的中心点或 [边(E)]:",此时可输入正多边形的中心点或输入"E"。

如果输入中心点,则可由外接圆或内切圆来确定正多边形。此时命令行提示"输入选项 [内接于圆(I)/外切于圆(C)]<当前选项>:",输入"I"或"C",或按回车键直接输入当前选项。

如果选择内接于圆(I),下一步为指定外接圆的半径,可以输入一个点或输入一个半径值。如果输入一个点,则该点就是正多边形的一个端点,同时该点到中心的距离就是外接圆的半径。用点指定半径将决定正多边形的旋转角度和尺寸。如果直接输入半径值,则画出下边一条边水平的正多边形。如图 1-2-26(a)所示。如果输入@0,-100,则一个顶点在圆心的下方,如图 1-2-26(b)所示。

如果选择外切于圆(C),下一步为指定内切圆的半径,同样可以输入一个点或输入一个半径值。如果输入一个点,则该点就是一个正多边形与内切圆的切点,也就是正多边形一边的中点,同时该点到中心的距离就是内切圆的半径。用点指定半径同样可以确定正多边形的旋转角度和尺寸。如果直接输入半径值,则画出下边一条边水平的正多边形。如图 1-2-26(c)所示。如果输入@0,100 为下一点,则一边的中点在圆心上方,如图 1-2-26(d)所示。

另外,还可以在输入正多边形的中心点前输入"E",通过指定第一条边的端点来定义正多边形。只需按照命令行的提示输入一条边的两个端点即可。系统按角度增长方向生成正多边形,缺省情况下为逆时针方向。输入两点的顺序相反,将得到以该边对称的两个不同的正多边形。如图 1-2-27 所示,以 AB 两点为一边的端点,如果先输入 A 点,得到右侧的五边形,如果先输入 B 点,得到左侧的五边形。

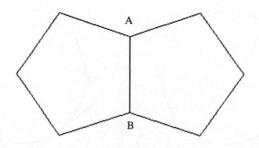

图 1-2-27 通过 E 选项作正多边形

因此,我们在绘制正多边形时,主要根据三个长度中的一个来确定多边形。如果知道边长,用"边"选项作图;如果知道中心点到正多边形顶点的距离,选用"内接于圆(I)"作图;如果知道中心点到正多边形各边中点的距离,选用"外切于圆(C)"方式作图。

通过 POLYGON 命令作出来的正多边形是一条多段线,是一个整体,可以通过 PEDIT 命令进行编辑。

【实例】

1. 绘制如图 1-2-28 所示的五角星。

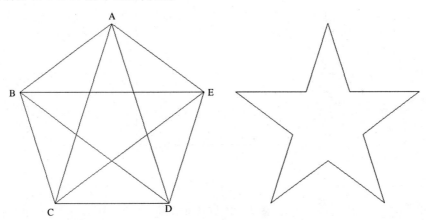

图 1-2-28　五角星

命令：POLYGON↓

输入边的数目 ＜4＞:5↓

指定多边形的中心点或［边(E)］:100,150↓

输入选项［内接于圆(I)/外切于圆(C)］＜I＞:↓

指定圆的半径:100↓

命令：LINE↓

指定第一点:捕捉 A 点

指定下一点或［放弃(U)］:捕捉 C 点

指定下一点或［放弃(U)］:捕捉 E 点

指定下一点或［闭合(C)/放弃(U)］:捕捉 B 点

指定下一点或［闭合(C)/放弃(U)］:捕捉 D 点

指定下一点或［闭合(C)/放弃(U)］:捕捉 A 点

指定下一点或［闭合(C)/放弃(U)］:↓

命令：TRIM↓

选择对象:选择刚才所画的所有线段,右键确认。

选择要修剪的对象或［投影(P)/边(E)/放弃(U)］:选择 BE 的中间部分。

选择要修剪的对象或［投影(P)/边(E)/放弃(U)］:选择 AC 的中间部分。

选择要修剪的对象或［投影(P)/边(E)/放弃(U)］:选择 BD 的中间部分。

选择要修剪的对象或［投影(P)/边(E)/放弃(U)］:选择 CE 的中间部分。

选择要修剪的对象或［投影(P)/边(E)/放弃(U)］:选择 AD 的中间部分。

选择要修剪的对象或［投影(P)/边(E)/放弃(U)］:↓

2. 绘制如图 1-2-29 所示的正方形。

(1) 画边长为 200 的大矩形。

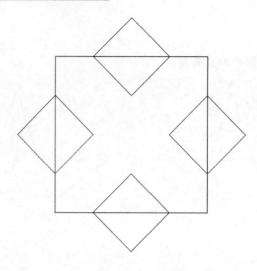

图 1-2-29　5 个正方形

命令：POLYGON↓

输入边的数目 <5>：4↓

指定多边形的中心点或 [边(E)]：E↓

指定边的第一个端点：300,200↓

指定边的第二个端点：@－200,0↓

(2)画 4 个小矩形。

命令：POLYGON↓

输入边的数目 <4>：↓

指定多边形的中心点或 [边(E)]：捕捉上边的中点。

输入选项 [内接于圆(I)/外切于圆(C)] <I>：↓

指定圆的半径：@50,0↓

命令：POLYGON↓

输入边的数目 <4>：↓

指定多边形的中心点或 [边(E)]：捕捉右边的中点。

输入选项 [内接于圆(I)/外切于圆(C)] <I>：↓

指定圆的半径：@0,50↓

命令：POLYGON↓

输入边的数目 <4>：↓

指定多边形的中心点或 [边(E)]：捕捉下边的中点。

输入选项 [内接于圆(I)/外切于圆(C)] <I>：↓

指定圆的半径：@－50,0↓

命令：POLYGON↓

输入边的数目 <4>：↓

指定多边形的中心点或 [边(E)]：捕捉左边的中点。

输入选项 [内接于圆(I)/外切于圆(C)] <I>：↓

指定圆的半径：<u>@0，－50</u>↓

2.11　实多边形

当 AutoCAD 中 FILLMODE 系统变量为开，"视图"设置为"平面视图"时，可以使用 SOLID 命令创建二维填充多边形。

命令格式

下拉式菜单：[绘图]→[表面]→[二维填充]

命令行：SOLID

操作步骤

启动命令后，命令行中提示"指定第一点："，此时输入第一点。

然后命令行提示"指定第二点："，输入第二点。前两点定义多边形的一边。

命令行提示"指定第三点："，输入第三点。前三点构成一个三角形。

命令行提示"指定第四点或 ＜退出＞："，输入第四点或按回车键。

在"第四点"提示下按回车键将创建填充的三角形，输入第四点则创建四边形区域进行填充。命令行中将重复"第三点"和"第四点"提示。连续输入第三和第四点将在一个二维填充命令中创建更多相连的填充三角形和四边形。按回车键结束 SOLID 命令。

在该命令中，必须注意点的输入顺序，如果对四边形进行填充，前三点构成一个三角形进行填充，后三点（第 2、3、4 点）构成另一个三角形进行填充。如果后面继续输入点，则第 3、4、5 点构成三角形进行填充，第 4、5、6 点构成三角形进行填充。后面以此类推。如果以此原则产生的三角形有重叠区域，该重叠区域多次填充后，与负负得正效果类似，填充两次后反而不填充。

【实例】

绘制如图 1-2-30 中间和右侧所示的填充图形。两幅图中，点的输入顺序不同，填充的结果不同。

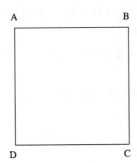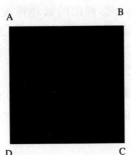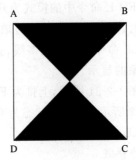

图 1-2-30　填充正方形

（1）按 A、B、D、C 顺序输入 4 个点，将完全填充矩形。

命令：<u>SOLID</u>↓

指定第一点：<u>捕捉 A 点</u>

指定第二点：<u>捕捉 B 点</u>

指定第三点：捕捉 D 点

指定第四点或＜退出＞：捕捉 C 点

指定第三点：↓

（2）按 A、B、C、D 顺序输入 4 个点，只能填充矩形的一半。

命令：SOLID↓

指定第一点：捕捉 A 点

指定第二点：捕捉 B 点

指定第三点：捕捉 C 点

指定第四点或＜退出＞：捕捉 D 点

指定第三点：↓

2.12　圆环和实心圆

AutoCAD 中通过 DONUT 命令可以绘制填充的同心圆环或实心圆。

命令格式

下拉式菜单：［绘图］→［圆环］

命令行：DONUT

启动命令后，命令行中提示"指定圆环的内径＜当前值＞："，输入内径或按回车键直接输入当前值。

然后命令行提示"指定圆环的外径＜当前值＞："，输入外径或按回车键直接输入当前值。

输入内径和外径时，可以直接输入数值，也可以输入两个点，以两点间的距离为内径或外径。如果指定内径为零，则圆环成为填充圆，即实心圆。

确定了内径和外径后，可以连续的输入圆心的位置，在不同的位置绘制大小相同的圆环，直到按回车键结束。

圆环是由宽弧线段组成的封闭多段线构成的。圆环内的填充图案取决于 FILL 命令的设置。当 FILL 命令中的模式为开（ON）时，画出的圆环将被填充。当 FILL 命令中的模式为关（OFF）时，画出的圆环将不被填充。如图 1-2-31 和图 1-2-32 所示。

FILL 命令可以控制多线、宽线、二维填充、所有图案填充和宽多段线的填充，但不影响有线宽对象的显示。

如图 1-2-31 所示，上排为 FILL 状态为 ON 时所画的有宽度的多段线、圆环和实多边形。图 1-2-32 所示为 FILL 状态为 OFF 时所画的同样图形。

FILL 命令的使用如下：

命令格式

命令行：FILL（或 'FILL 透明使用）

启动命令后，命令行中提示"输入模式［开（ON）/关（OFF）］＜当前值＞："，输入 ON 或 OFF，或按回车键。

选择开（ON），则打开"填充"模式，使对象填充可见。

选择关（OFF），则关闭"填充"模式，只显示和打印对象的轮廓。

设置填充模式后，将对以后的作图产生影响。修改"填充"模式会在图形重生成之后影响

图 1-2-31 Fill 为 on 的填充状态

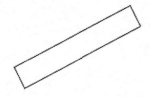 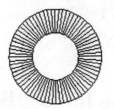 

图 1-2-32 Fill 为 off 的填充状态

现存的对象。也就是说,在设置填充模式后,如需要改变先前图形的填充状态,需要再发出 REGEN 命令。

【实例】

绘制如图 1-2-33 所示的图形。

  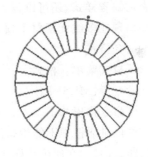

图 1-2-33 实心圆环

(1) 画实心圆。

命令:DONUT↓

指定圆环的内径 <0.5000>:0↓

指定圆环的外径 <1.0000>:100↓

指定圆环的中心点 <退出>:50,150↓

指定圆环的中心点 <退出>:↓

(2) 画圆环。

命令:DONUT↓

指定圆环的内径 <0.0000>:50↓

指定圆环的外径 <100.0000>：100↓

指定圆环的中心点 <退出>：200,150↓

指定圆环的中心点 <退出>：↓

(3) 改变填充状态后画同样的圆环。

命令：FILL↓

输入模式 [开(ON)/关(OFF)] <ON>：OFF↓

命令：DONUT↓

指定圆环的内径 <50.0000>：↓

指定圆环的外径 <100.0000>：↓

指定圆环的中心点 <退出>：350,150↓

指定圆环的中心点 <退出>：↓

2.13 多 线

前面我们学习了直线(LINE)命令，可以画出一段段连续的单线段。而我们这一节将学习的多线(MLINE)命令，可以一次画出两条甚至两条以上平行的线段。

在使用多线命令进行绘制之前，我们需要首先设置多线的样式，以确定多线中线的数量、距离以及端点的封口形式。

多线可包含 1 至 16 条平行线，这些平行线在多线设置中称为元素。通过指定距多线初始位置的偏移量可以确定各元素的位置。用户可以创建和保存多线样式，或者使用具有两个元素的缺省样式，还可以设置每个元素的颜色、线型，并且显示或隐藏多线的连接。连接是指那些出现在多线元素每个顶点处的线条。有多种类型的封口可用于多线，如直线或弧线。

命令格式

下拉式菜单：[格式]→[多线样式]

命令行：MLSYLE

该命令弹出如图 1-2-34 所示的对话框。

在该对话框中不能编辑图形中已经使用的任何多线样式的元素和多线特性。要编辑现有多线样式，必须在使用该样式绘制多线之前进行。

对话框中左侧"样式"列表中显示当前可用的多线样式。如果有多种样式，当前样式名将处于选中状态。从列表中可选择一个样式点击右侧"置为当前"按钮可使其成为当前样式。多线样式列表中可能包含外部参照的多线样式，即存在于外部参照图形中的多线样式。Auto-CAD 在显示外部参照的多线样式名称时，使用与显示其他外部依赖非图形对象时相同的语法。

(1) "新建"按钮可新建多线样式。将弹出如图 1-2-35 所示的对话框，确定各元素的特性。

(2) "修改"按钮将显示"修改多线样式"对话框，从中可以修改选定的多线样式。不能修改默认的 STANDARD 多线样式及已使用过的样式。

(3) "重命名"按钮重命名当前选定的多线样式。不能重命名 STANDARD 多线样式及已使用过的样式。

(4) "加载"按钮显示"加载多线样式"对话框，可在其中从指定的 MLN 文件加载多线

图 1-2-34 多线样式

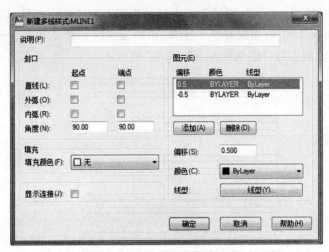

图 1-2-35 元素特性

样式。

（5）"保存"按钮弹出保存多线样式对话框后，可保存或复制多线样式。

（6）"新建多线样式"对话框和"修改多线样式"对话框几乎一样。在对话框内可设置新的和现有多线元素的特性，如数目、偏移、颜色和线型。这里的元素即指当前多线样式中的所有直线。样式中的每个直线元素都由相对于多线原点（0,0）的偏移、颜色和线型来定义。直线元素始终按它们的偏移值降序显示。在"元素"列表中选中一条后，可对其偏移、颜色和线型进行设定。

（7）"添加"按钮可向多线样式中添加新的直线元素。

（8）"删除"从多线样式中删除被选中的直线元素。

（9）"偏移"为多线样式中的直线元素离开多线原点（0,0）的距离。图 1-2-36 中，三条直线元素的偏移分别为 0.2、0、−0.5,左图为从左向右画的结果,右图为从右向左画的结果。

图 1-2-36 元素偏移

(10)"颜色"下拉列表可显示并设置多线样式中被选中的直线元素的颜色。最后一项"选择颜色"将弹出颜色对话框,从 255 种 AutoCAD 颜色索引(Aci)颜色、真彩色和配色系统颜色中选择,以定义对象的颜色。

(11)"线型"按钮将弹出对话框显示和设置多线样式中的直线元素的线型。对话框中显示了已加载的线型。可以从此对话框中选择一个线型。要加载新线型,可选择"加载"。AutoCAD 可以将选定线型从线型文件加载到图形中。

对话框的左侧部分可对整个多线的首尾和连接等进行设置,如线段接头的显示、起点和端点的封口和角度以及背景颜色。

(12)"封口"控制多线起点和端点的封口。其中"直线"选项在多线的每一端创建一条直线;"外弧"选项在多线的最外端元素之间创建一条圆弧;"内弧"选项在内部的成对元素之间创建一条圆弧。如果有奇数个元素,则位于正中间的直线不被连接。例如,如果有 6 个元素,则内弧连接元素 2 和 5,3 和 4;如果有 7 个元素,则内弧连接元素 2 和 6,3 和 5,元素 4 不被连接。"角度"选项指定端点封口的角度,如图 1-2-37 所示。

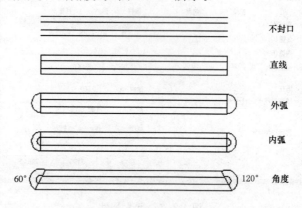

图 1-2-37 封 口

(13)"填充"选项控制多线的背景填充。如果设置为开,则进行填充。"颜色"显示和设置背景填充的颜色。

(14)"显示连接"控制每条多线线段顶点处连接的显示。接头也称为斜接,如图 1-2-38 所示。

完成了多线样式的设置后,即可开始画多线。

命令格式

下拉式菜单:[绘图]→[多线]

命令行:MLINE

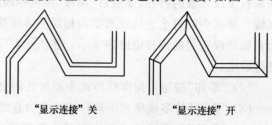

"显示连接"关　　　　　"显示连接"开

图 1-2-38 显示连接

命令行中将首先显示多线当前的设置。

命令行提示"当前设置：对正＝当前对正类型,比例＝当前比例值,样式＝当前样式"。

命令行提示"指定起点或［对正(J)/比例(S)/样式(ST)］:",此时可输入起点或输入一个选项。

一般在绘制多线以前,除了设置多线式样,还需对对正方式和比例进行设置。

对正(J):对正方式将决定所输入的各段起点和终点坐标连线与该段多线的中心线的偏移关系。多线(MLINE)命令中提供了三种对正方式。如图 1-2-39 所示,如按"上"对正方式,则多线中上侧的一条线段与输入的起点终点重合;如按"无"对正方式,则多线的中心与输入的起点终点重合;如按"下"对正方式,则多线中下侧的一条线段与输入的起点终点重合。

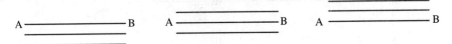

图 1-2-39　对正方式

比例(S):控制多线的全局宽度。这个比例不影响线型的比例。这个比例基于在多线样式的"元素特性"中确定的偏移值。比例因子为 2 绘制多线时,每一条线的偏移值是元素特性确定的偏移值的两倍。负比例因子将翻转偏移线的次序:当从左至右绘制多线时,偏移最小的多线绘制在顶部。负比例因子的绝对值也会影响比例。比例因子为 0 将使多线变为单一的线段。

设置完对正方式和比例后,命令行提示"指定起点或［对正(J)/比例(S)/样式(ST)］:",输入起点后,就可以像画直线一样连续输入各段的终点来绘制连续的多线,当有两段以上时,也可以输入 C,使其首尾相连,成为闭合多线。

【实例】

绘制如图 1-2-40 所示的房间平面图的外墙线。

首先,设置多线的式样。多线中包含三条线,外侧的两条线之间的间距为 1。另一条线在这两条线的正中央,并且为点划线。并设置多线两端各以直线段封闭。

绘制时,设置对齐方式为中对齐,即 Zero,比例为 240,即外侧的两条线的间距为 240。

首先,绘制左下角的一段外墙线。

命令:MLINE ↓

指定起点或［对正(J)/比例(S)/样式(ST)］:J↓

输入对正类型［上(T)/无(Z)/下(B)］＜上＞:Z↓

指定起点或［对正(J)/比例(S)/样式(ST)］:S↓

输入多线比例 ＜20.00＞:240↓

指定起点或［对正(J)/比例(S)/样式(ST)］:2 000,500↓

指定下一点:@－1450,0↓

指定下一点或［放弃(U)］:@0,600↓

指定下一点或［闭合(C)/放弃(U)］:↓

以同样的方法和图中所示的尺寸绘制如图 1-2-40 所示的外墙线。

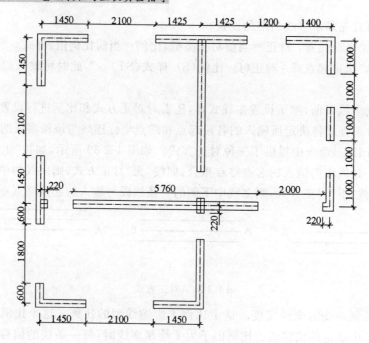

图 1-2-40　用多线绘制外墙线

　　使用多线编辑命令对图 1-2-40 中多线的相交处进行编辑,可得如图 1-2-41 所示的外墙线。

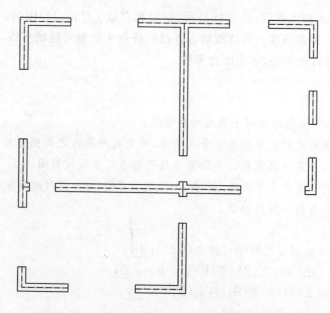

图 1-2-41　编辑后的外墙线

2.14　样条曲线

　　曲线也是应用较多的一种图形元素。样条曲线是经过一系列给定点的光滑曲线。在

AutoCAD中可通过 SPLINE 命令在指定的范围内把一系列点拟合成光滑的样条曲线。AutoCAD使用的是一种称为非均匀有理 B 样条曲线（Nurbs）的特殊曲线,其中存储和定义了一类曲线和曲面数据。Nurbs 曲线可在控制点之间产生一条光滑的曲线。样条曲线适用于创建形状不规则的曲线,如汽车设计或地理信息系统（GIS）所涉及的曲线。

命令格式

工具栏：

下拉式菜单：[绘图]→[样条曲线]

命令行：SPLINE

命令行提示"指定第一个点或［对象(O)］:",输入起点或输入"O"。

可以用输入的点创建样条曲线,输入点一直到完成样条曲线的定义为止。按回车键结束点的输入。最后需定义样条曲线的第一点和最后一点的切向。如果按回车键,AutoCAD 将计算缺省切向。

输入两点后,命令行提示"指定下一点或［闭合(C)/拟合公差(F)]＜起点切向＞:",此时可输入一点或输入一个选项。

如果输入"C"选择闭合选项,将最后一点定义为与第一点一致并且使它在连接处相切,可以使样条曲线闭合。最后也需定义样条曲线的第一点也就是最后一点的切向。输入"F"选择拟合公差选项可以修改当前样条曲线的拟合公差。样条曲线将重定义,以使其按照新的公差拟合现有的点。可以重复修改拟合公差,但这样做会修改所有控制点的公差,不管选定的是哪个控制点。如果公差设置为 0,样条曲线将穿过拟合点;如果输入公差大于 0,将允许样条曲线在指定的公差范围内从拟合点附近通过。

AutoCAD 用 SPLINE 命令创建"真实"的样条曲线,即 Nurbs 曲线。用户也可使用 PEDNIT 命令对多段线进行平滑处理,以创建近似于样条曲线的线条。使用 SPLINE 命令可把二维和三维平滑多段线转换为样条曲线。

在启动 SPLINE 命令等待输入第一点时,如果输入"O",则可将二维或三维的二次或三次样条拟合多段线转换成等价的样条曲线并删除多段线（取决于 Delobj 系统变量的设置）。此时只需选择要转换的样条拟合多段线即可。

编辑过的平滑多段线近似于样条曲线。但是,与之相比,创建真正的样条曲线有三个优点：

（1）通过对曲线路径上的一系列点进行平滑拟合,可以创建样条曲线。进行二维制图或三维建模时,用这种方法创建的样条曲线远比多段线精确。

（2）使用 SPLINEDIT 命令或夹点可以很容易地编辑样条曲线,并保留样条曲线定义。如果使用 PEDNIT 命令编辑,就会丢失这些定义,成为平滑多段线。请参见编辑样条曲线。

（3）带有样条曲线的图形比带有平滑多段线的图形占据的磁盘空间和内存要小。

【实例】

绘制如图 1-2-42 所示的等高线,图中所示的等高线表示两座山峰。

由于这幅图中有多条曲线,具体作图过程略。对于每一高度的等高线,用 SPLINE 命令,依次输入海拔高度等于制定高度的各点,并用 C 选项结束 SPLINE 命令,以使每一条等高线闭合。对每一条等高线,还可以用 TEXT 命令标出其高度。

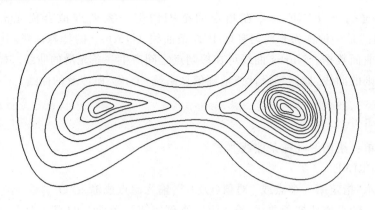

图 1-2-42　两座山峰

2.15　徒手绘图

前面我们学习了在 AutoCAD 中绘制直线、圆、多边形、样条曲线等一些规则图形。而使用 SKETCH 命令，可以使用鼠标在屏幕上任意地绘图。用 SKETCH 命令绘图时可以使用鼠标控制屏幕上的画笔。SKETCH 可用于输入贴图轮廓、签名或者其他徒手画线，直到记录时这些徒手画线才加到图形中。在 SKETCH 过程中，不能使用标准按钮菜单。

命令格式

命令行：SKETCH

命令行提示"记录增量 ＜当前值＞："，输入一个距离作为记录增量。

AutoCAD 徒手绘图命令将生成一系列独立的线段。记录增量值定义每一条短线段的长度。定点设备(鼠标)移动的距离必须大于记录增量才能生成线段。

定义了记录增量后就可使用鼠标进行徒手绘图。第一次单击鼠标左键，即为落笔。此时移动鼠标，移动距离大于记录增量时，即可在屏幕上绘出一特定颜色的线段。第二次单击鼠标左键，即为提笔，表示一段绘制的结束。如此反复的落笔、提笔，即可绘出多段。直到按回车键结束。

在 SKETCH 命令中，还有以下一些选项可供选择：

(1) 画笔(P)。代替鼠标控制提笔和落笔。

(2) 退出(X)。保存当前绘制结果，记录及报告临时徒手画线数并且退出"徒手画"模式。

(3) 结束(Q)。放弃从调用 SKETCH 命令或上一次使用的"记录"选项时开始的所有临时的徒手画线，并结束命令。

(4) 记录(R)。永久保存临时线且不改变画笔的位置，并提示报告线的数量。

(5) 删除(E)。删除临时线的任何部分，如果画笔已落下则提起画笔。

(6) 连结(C)。落笔，继续从上次所画的线的端点或上次删除的线的端点开始画线。

2.16　修订云线

修订云线命令可创建由连续圆弧组成的多段线以构成云线形。可用于在图纸中圈出部分重要的区域。

命令格式

下拉式菜单:[绘图]→[修订云线]

命令行:REVCLOUD

命令行提示"指定起点或［弧长（A）/对象（O）/样式（S）］＜对象＞:",输入起点后,移动鼠标,即开始修订云线的绘制,当鼠标移动到此条修订云线的起点时,在命令行提示"修订云线完成"。此时生成的对象是多段线。

本命令中还包括以下选项,可根据命令行提示进行输入。

（1）"弧长"选项可指定云线中弧线的长度。

（2）"对象"选项指定要转换为云线的对象。此时选择要转换为修订云线的闭合对象。

（3）"样式"指定修订云线的样式。选择圆弧样式"［普通（N）/手绘（C）］＜默认/上一个＞:",选择修订云线的样式。

（4）在结束点的输入时,可根据命令行提示确定修订云线的方向。此时命令行提示"反转方向［是（Y）/否（N）］:",输入 Y 以反转修订云线中的弧线方向,或按 Enter 键保留弧线的原样,此时修订云线完成。

【实例】

打开 AutoCAD2010 示例文件 Blocks and Tables － Metric. dwg。在如图 1-2-43 所示的位置绘制修订云线。

图 1-2-43　修订云线

命令:REVCLOUD↓

指定起点或［弧长（A）/对象（O）/样式（S）］＜对象＞:A↓

指定最小弧长 ＜15＞:0.1↓

指定最大弧长 ＜0.1＞:↓

指定起点或［弧长（A）/对象（O）/样式（S）］＜对象＞:用鼠标输入起点。

移动鼠标过程中,不断生成一段段的小圆弧,直到鼠标再次靠近起点,系统生成闭合的修订云线,并自动结束命令。

2.17　图案填充

在绘图过程中,经常需要对某些闭合区域进行填充,以表示材质、剖面线等。图案填充命令可以使用系统所提供的预定义图案来填充闭合区域,也可以创建渐变填充。

命令格式

下拉式菜单：[绘图]→[图案填充]

命令行：HATCH

工具栏：

操作步骤

启动命令后,弹出如图 1-2-44 所示的对话框。

图 1-2-44　图案填充对话框

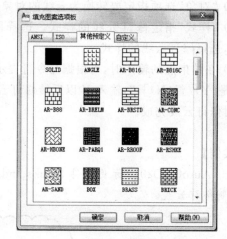

图 1-2-45　填充图案选项板

在对话框的左侧,主要对填充所使用的图案进行设置。

在"图案填充"选项卡中,主要选择"填充图案"。如果"类型"选择"预定义",则可使用 AutoCAD 提供的图案进行填充。图案的选择可通过下拉列表中根据名称进行,常用的是点击右侧的"..."按钮,弹出如图 1-2-45 所示的"填充图案选项板"对话框,根据显示的图案进行选择。

如果定义的填充图案不符合自己的要求,可自定义填充图案。用户定义的图案基于图形中的当前线型。自定义图案是在任何自定义 PAT 文件中定义的图案,这些文件要添加到搜索路径中。

另外,还可以选择"渐变色"选项卡,进行渐变色的选择和设置。渐变填充在一种颜色的不同灰度之间或两种颜色之间使用转场。渐变填充提供光源反射到对象上的外观,可用于增强演示图形。

"角度和比例"选项卡中针对选择的填充图案进行设置。"角度"值对图案进行旋转。例如 "ANSI31"图案为 45°斜线,将角度设置为 90°后,填充的为 135°方向的斜线。如图 1-2-46 所示。

"比例"选项可使填充图案稀疏或稠密,其作用效果如图 1-2-46 所示。图中矩形的尺寸为 150×500,左图的比例为 5,右图的比例为 10。日常绘图时,当填充区域很小或比例过大时,经常操作后感觉没有填充,此时应将比例调小。当区域很大或比例很小时,填充图案太密,感觉像实心填充,此时应将比例调大。

"图案填充原点"选项卡用来控制填充图案生成的起始位置。默认情况下,所有图案填充

图 1-2-46　填充角度和比例

原点都对应于当前的坐标系原点。某些图案填充,如砖块图案需要与图案填充边界上的一点对齐。效果如图 1-2-44 对话框中所示。

　　图案填充对话框的右侧主要对填充区域进行设置。主要有"拾取点"和"选择对象"两种方式。用鼠标拾取点后,软件会自动计算包含该点的区域,该区域可能为一个实体,也可能是多个实体相交的区域。使用选择对象方式可对选择的对象进行填充。如图 1-2-47 所示,两个矩形相交,对相交区域进行填充,使用"拾取点"方式,在相交区域单击鼠标左键即可。如果要对某一个矩形进行填充,用"选择对象"方式选择该矩形即可。使用任意方式生成填充边界后,均可用下面的三个按钮对边界进行修改和查看。

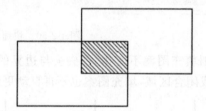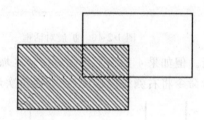

图 1-2-47　矩形填充

　　对于如图 1-2-48 所示的图形,如果用"拾取点"方式在大的圆和大的矩形间点击,则图中两个圆和两个矩形均会作为边界被检测。此时内部的边界被称为"岛"。对于含有岛的填充,需要进行设置。可在图案填充对话框中点击右下侧的"〉"按钮,得到如图 1-2-49 所示的扩展对话框,此时可对孤岛显示样式进行选择。"普通"的作用为:从外向内,填充一层,隔开一层。"外部"的作用为:只填充最外一层。"忽略"的作用为:忽略内部岛,填充外部边界以内的所有区域。填充效果如对话框右上角所示。孤岛显示样式的选择也可在选择边界右键确认后在快捷菜单中选择,如图 1-2-50 所示。

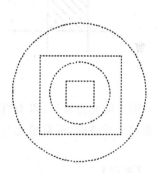

图 1-2-48　孤　岛

　　如果在一幅图纸中进行了多次填充,在进行新的填充时希望采用先前已经进行的某一次填充的一些设置,可点取对话框中"继承特性"按钮 ,在视图区中点取希望继承其特性的某一填充图案,回到对话框时,填充图案、角度、比例等特性就修改为所点取的填充图案的特性。这种方式与"格式刷"的操作方式非常类似,因此"继承特性"按钮的图标就是格式刷的图标。

　　填充生成的图形默认是与边界相关联的。这为以后的修改带来了很大的方便。只要填充的边界经过拉伸、平移等操作后仍然保持平移,则针对该边界进行的填充会自动更新,以保持新边界的填充。但如果修改后的边界不闭合,则内部的填充图案不修改,并失去与边界的关联。如图 1-2-51 所示。对 4 条线相交区域填充后,平移右边竖线,如果 4 条线仍相交,填充图

图 1-2-49　扩展对话框　　　　　　　　　　　图 1-2-50　快捷菜单

案自动更新。但如果 4 条线不再围成闭合区域,则填充图案不变化,并失去与边界的关联性,再通过移动命令将右侧线段移回后,即使再次形成闭合区域,填充图案也不再自动更新。

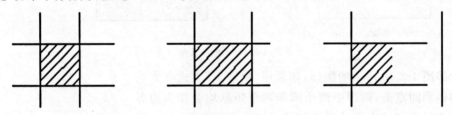

图 1-2-51　填充图案的关联性

　　图案填充完成后,点击填充的图案,在右键快捷菜单中,选择"图案填充编辑...",重新回到图案填充对话框,可对填充参数进行修改。

【实例】

　　1. 对图 1-2-48 中两个圆形之间的区域进行填充。

　　调用 HATCH 命令。这里主要进行边界的确定。如果用"拾取点"方式在大的圆和大的矩形间点击,则图中两个圆和两个矩形均会作为边界被检测。这时可用"删除边界"命令选择两个矩形,这时只有两个圆作为填充边界。用"选择对象"方式直接选择两个圆可得到同样的结果。此时不用专门设置"孤岛显示样式",即可得到如图 1-2-52 所示的结果。

　　2. 填充如图 1-2-53 所示的图形。

　　绘制两个 600×400 的相交矩形。调用 HATCH 命令。选择"ANSI31"为填充图案,比例为 5,角度为 0。用"选择对象"方式选择两个矩形作为填充边界,

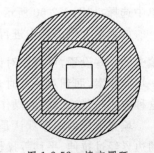

图 1-2-52　填充圆环

填充后得到如图 1-2-53 所示图形。

再次调用 HATCH 命令,仍以"ANSI31"作为填充图案,比例改为 10,角度改为 90。用"拾取点"方式点取两个矩形相交区域,填充后得到如图 1-2-54 所示图形。

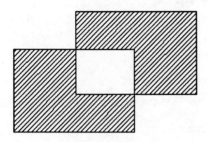
图 1-2-53 填充矩形 1

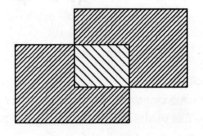
图 1-2-54 填充矩形结果

第3章 编辑命令

学习目标

- 了解 AutoCAD 编辑命令交互方式的特点。
- 理解各命令的作用和区别。
- 掌握各编辑命令的操作方式。
- 通过各编辑命令的操作,进一步熟悉实体选择方式,理解叉选和框选的区别,进一步熟悉点的输入,记忆一些常用命令的快捷键能够加快操作速度。

在第 2 章中我们学习了很多的绘图命令,使用这些命令,可以方便地绘制出一些规则图形。但在作图过程中,编辑命令也同样非常重要。一方面,绘图过程中不可避免地会出现各种错误,此时我们就需要利用 AutoCAD 所提供的编辑命令进行修改。另外,AutoCAD 中的编辑命令还可使我们方便的对图形元素进行移动、旋转、复制等,从而大大地简化我们的绘图工作。

3.1 命令的撤销和恢复

UNDO 和 REDO 命令是目前很多软件都具有的功能,大家对此也应该比较熟悉。

在 AutoCAD 中,可以方便的撤消(UNDO)先前一步或几步的操作,同样也可以将被撤消的操作恢复(REDO),这样就避免了在绘图过程中由于进行了各种误操作而产生不可挽回的后果。

3.1.1 命令的撤消

功能:放弃前一个命令。

命令格式

下拉式菜单:[编辑]→[放弃]

命令行:U

快捷键:Ctrl+Z

快捷菜单:没有任何命令运行也没有选定任何对象时,在绘图区域中单击右键然后选择"放弃"。

该命令可以撤销前一个绘图或编辑命令。

另外,AutoCAD 2010 中还提供了一个更强大的 UNDO 命令,来撤消连续的多步操作。

命令格式

命令行：UNDO

命令行提示"输入要放弃的操作数目或［自动（A）/控制（C）/开始（BE）/结束（E）/标记（M）/后退（B）］＜1＞："，用户可以输入一个正数、输入一个选项或按回车键放弃某个单一命令。

如果直接回车，即撤消上一个命令。

如果输入一个正数 n，则放弃最近的 n 个操作，效果与 n 次输入 u 相同，但并不在每一步都重生成图形。

在 AutoCAD 2010 中可以用 UNDO 命令将一系列操作编组为一个集合。输入"开始"选项后，所有后续操作都将成为此集合的一部分，直至使用"结束"选项。编组已激活时输入 UNDO BEGIN 将结束当前集合，并开始新的集合。UNDO 和 U 将编组操作当作单步操作。

如果输入 UNDO BEGIN 而不输入 UNDO END，使用"数目"选项将放弃指定数量的命令但不会备份开始点以后的操作。如果要回到开始点以前的操作，则必须使用"结束"选项（即使集合为空）。对 U 命令也一样。由"标记"选项放置的标记在 UNDO 编组中不显示。

"标记"在放弃信息中放置标记。"后退"放弃直到该标记为止所做的全部工作。如果一次放弃一个操作，到达该标记时 AutoCAD 会给出通知。只要有必要，可以放置任意个标记。"后退"一次后退一个标记，并删除该标记。

3.1.2　被撤消命令的恢复

功能：恢复执行 UNDO 或 U 命令后放弃的效果。

命令格式

下拉式菜单：［编辑］→［重做］

命令行：MREDO

快捷键：Ctrl＋Y

快捷菜单：没有命令正在执行和未选定对象时，用右键单击绘图区域，然后选择"重做"。

如果在命令行启动该命令，命令行提示"输入操作数目或［全部（A）/上一个（L）］："时，可以指定选项、输入正数或按回车键。

该命令可以恢复前面几个用 UNDO 或 U 命令放弃的操作。

另外，还有一个类似的 REDO 命令可以重做前一个 UNDO 或 U 命令撤销的操作，但是该命令必须紧跟在 UNDO 或 U 命令后执行，也就是只能恢复一个命令。

3.2　删　除

删除命令比较简单，可以方便的删掉所选对象。

命令格式

下拉式菜单：［修改］→［删除］

"修改"工具栏：

快捷菜单：选择要删除的对象，然后在绘图区域单击右键并选择"删除"。

命令行：ERASE

启动该命令后，命令行中提示"选择对象："，此时选择需要删除的对象并按回车键或右键确认。

我们也可以先选择对象,再启动删除命令,将所选元素直接删除。如果选中对象,按 Delete 键,也可将所选元素直接删除。

另外,"编辑"菜单中的"剪切"命令也可将所选元素删除。但该命令将删掉的对象保存在 Windows 的剪贴板中,可供以后"粘贴"命令使用。被剪切的元素可粘贴到其他软件中。

【实例】

删除命令中,主要的操作为选择对象,选择方法可具体参见第 1 章。下面的实例也主要说明选择对象的操作方法。

如图 1-3-1 所示,删除直线上的 5 个小圆。

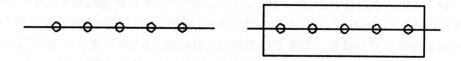

图 1-3-1　删除小圆

启动删除命令后,如右图所示,从左侧向右侧拉出选择框,框中 5 个小圆,但不完全框中线,右键或回车键确认。这样只有完全包含在选择框中的圆被选中,而直线未被选中。

3.3 平 移

平移(MOVE)命令可使被选元素移动一定的距离,从而达到重新定位的目的。这里的平移与视图命令中的平移(PAN)不同,视图平移命令是整张图纸的移动,图纸中各图形元素相互间的位置关系不变,而编辑平移命令是将选中的元素在图纸中移动,平移后这些对象相对其他对象的位置发生变化。

命令格式

下拉式菜单:[修改]→[移动]

"修改"工具栏:

快捷菜单:选择要移动的对象,在绘图区域按右键然后选择"移动"。

命令行:MOVE

操作步骤

启动命令后,命令行提示"选择对象:",选择所需平移的对象后,按回车键或鼠标右键结束对象选择。

命令行提示"基点或位移:",如果输入一个点作为基点,当命令行提示"指定位移的第二点或<用第一点作位移>:"时,再输入第二点。这两个点定义了一个位移矢量,基点到第二点的方向决定了被选定对象移动方向,基点到第二点的距离决定了被选定对象在移动方向上移动的距离。也就是第二点减去第一点,得到一个向量,作为偏移值。基点和第二点的指定可以通过在命令行内输入坐标,也可以用鼠标通过捕捉或拾取来实现。

如果知道偏移值,可以在命令行提示"基点或位移:"时,直接输入偏移值,输入格式同点的输入,在确定第二个点时直接按回车键,那么第一个点的坐标值就被认为是 X、Y、Z 方向的位移。例如,在确定基点时输入"10,-10",在确定第二个点时直接按回车键,则选定的对象相对于当前位置往 X 轴正方向(向右)移动 10 个单位,往 Y 轴负方向(向下)移动 10 个单位。

　　在作图过程中,经常用捕捉的方法确定偏移的两点,以原来的位置作为第一点,以移动后应在的位置作为第二点。

【实例】

1. 将图 1-3-2 中线段左端的圆平移到线段中间。

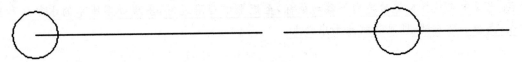

图 1-3-2　移动小圆至线段中点

　　如果知道线段长度为 10,则将圆向右侧移动 5 即可。操作步骤为:

命令:MOVE↓

选择对象:<u>选择小圆后按回车键或鼠标右键确认。</u>

指定基点或位移:<u>5,0↓</u>

指定位移的第二点或 ＜用第一点作位移＞:<u>↓</u>

　　如果不知道线段长度,则可通过捕捉的方式输入两点。第一点为圆原来的位置,第二点为圆移动后所在的位置。

命令:MOVE↓

选择对象:<u>选择小圆后按回车键或鼠标右键确认。</u>

指定基点或位移:<u>捕捉线段左侧端点(即圆心原来的位置)。</u>

指定位移的第二点或 ＜用第一点作位移＞:<u>捕捉线段中点(即圆移动后的圆心位置)。</u>

2. 将图 1-3-3 中矩形右侧的圆移至矩形中心。

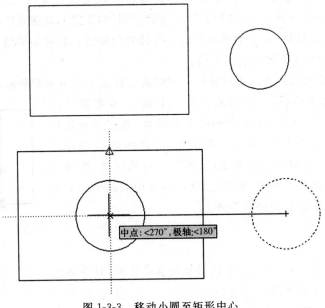

图 1-3-3　移动小圆至矩形中心

与前面一样,也以捕捉的方法确定两点。基点为圆心原来的位置,第二点为矩形的中心点,即可将圆移动到指定位置。

命令:MOVE↓

选择对象:选择小圆后按回车键或鼠标右键确认。

指定基点或位移:捕捉圆心。

指定位移的第二点或 <用第一点作位移>:捕捉矩形中心点时,先将鼠标靠近上方长边中点,出现中点捕捉标记后再向下移动鼠标,至矩形中心附近时,出现如图所示的水平线和竖直线,点击鼠标左键,即可得到矩形中心点。

3.4 旋 转

旋转也是基本的图形变换之一,旋转(ROTATE)命令可以使被选对象绕指定的基点旋转一定的角度,从而达到重新定位的目的。

命令格式

下拉式菜单:[修改]→[旋转]

右键快捷菜单:选择要旋转的对象,在绘图区域单击右键,选择"旋转"。

命令行:ROTATE

缺省情况下,AutoCAD将选中的图形元素按逆时针方向旋转指定的角度。旋转命令中需要选择图形元素,确定旋转基点和旋转角度。操作步骤为:

启动旋转命令后,命令行提示"选择对象:",此时选择要旋转的对象并按回车键或鼠标右键完成选择。

然后命令行提示"指定基点:",输入一点作为基点。

此时命令行提示"指定旋转角度或[参照(R)]:",可以输入一个角度、输入一点或输入"R"。通常情况下可直接输入一个角度,从而使被选对象绕基点旋转该角度。对象是按逆时针还是按顺时针旋转,取决于"单位控制"中"方向控制"的设置。如按系统缺省设置,则角度为正数时沿逆时针方向旋转,角度为负数时沿顺时针方向旋转。此时如果输入一个点,相当于输入该点与基点的连线与X轴正向的夹角。

如果输入R,则按参照方式进行旋转。此时需依次输入参考角和新角,则被选对象旋转的角度为新角减去参考角(第二个角减去第一个角)。在参照方式中,也可通过输入三个点(一个基点和两个参照点)指定参照角和新角。基点和第一个参照点(即第一和第二点)连线与X轴正向的夹角为参照角,基点和第二个参照点(即第一与第三点)连线与X轴正向的夹角为新角。使用"参照"选项可以方便的放平一个对象或者将它与图形中的其他要素对齐。

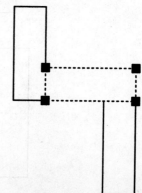

【实例】

1. 如图1-3-4所示,对于同一个图形旋转基点不同,将导致旋转后的图形位置和方向不同。

对图1-3-4中的虚线的矩形进行旋转,均旋转90°。第一次基   图1-3-4 不同基点旋转矩形点为矩形左下角点,得到左侧朝上的矩形,第二次基点为矩形右下角点,得到右侧朝下的矩形。

2. 如图 1-3-5 所示,将原来斜的矩形旋转水平。如果知道该矩形的倾斜角度,可直接输入旋转角。如果不知道旋转角,可通过参照方式捕捉三点进行旋转。

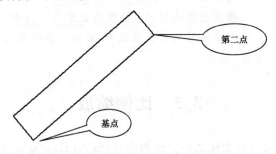

图 1-3-5 　旋转矩形至水平

命令:ROTATE↓

选择对象:选择矩形后确认。

指定基点:捕捉矩形左下方的角点。

指定旋转角度或 [参照(R)]:R↓

指定参考角 <0>:捕捉矩形左下方的角点。

指定第二点:捕捉矩形下方长边的右侧端点。

指定新角度:0↓

3. 如图 1-3-6～图 1-3-8 所示,旋转水平的小矩形,使其与大矩形贴合,并且放置在大矩形上边中点处。

与上例相同,采用参照方式,可将水平矩形旋转至与大矩形贴合。

命令:ROTATE↓

选择对象:选择小矩形后确认。

指定基点:捕捉小矩形下方水平线与大矩形上方长边的交点。

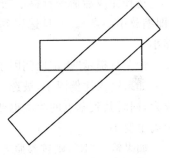

图 1-3-6 　大小两个矩形

指定旋转角度或 [参照(R)]:R↓

指定参考角 <0>:捕捉小矩形下方水平线与大矩形上方长边的交点。

指定第二点:捕捉小矩形下方水平线右侧端点。

指定新角度:捕捉大矩形的右上方点。

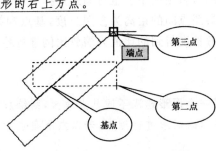

图 1-3-7 　贴合两个矩形

图 1-3-8　贴合结果

贴合后,再用平移命令,使两个矩形中心重合。

命令：MOVE↓

选择对象：<u>选择小矩形后按回车键或鼠标右键确认。</u>

指定基点或位移：<u>捕捉小矩形下边的中点。</u>

指定位移的第二点或＜用第一点作位移＞：<u>捕捉大矩形上边的中点。</u>

3.5　比例缩放

比例缩放也是基本的图形变化之一。比例缩放（SCALE）命令可使被选对象在 X、Y 和 Z 方向以相同比例放大或缩小。

命令格式

下拉式菜单：［修改］→［比例］

右键快捷菜单：选择要缩放的对象,用右键单击绘图区域,然后选择"比例"。

命令行：SCALE

操作步骤

启动比例缩放命令后,命令行中提示"选择对象：",此时选择要缩放的对象并按回车键或鼠标右键完成选择。

选择完成后命令行提示"指定基点：",此时输入基点。基点是指在比例缩放中的基准点（即缩放中心点）。一旦选定基点,拖动光标时被选对象的图像将按移动光标的幅度放大或缩小。

命令行提示"指定比例因子或［参照（R）］：",输入一个比例或输入"R"。

如果输入比例因子,被选对象按指定的比例沿基点进行缩放。大于 1 的比例因子使对象放大,同时其到基点的距离也变大；介于 0 和 1 之间的比例因子使对象缩小,同时其到基点的距离也变小。

如果输入"R",则按参照方式进行缩放。操作步骤为：

命令行提示"指定参考长度 ＜1＞：",输入一个距离或按回车键（即输入 1）。

命令行提示"指定新长度：",输入一个距离。

此时,将以新长度除以参考长度得到的比值作为比例因子对被选实体进行缩放。如果新长度大于参照长度,对象将放大,否则缩小。也可通过选择一个基点和两个参照点指定参照长度和新长度。基点和第一个参照点间的距离为参照长度,基点和第二个参照点间的距离为新长度。同样以新长度除以参考长度得到的比值为缩放比例进行缩放。

【实例】

1. 如图 1-3-9 所示,对同一个图形选取不同基点放大,则缩放后的图形位置不同。

（1）对图 1-3-9 中虚线显示的矩形进行缩放,若以左下角点为基点,2 为缩放比例,得到右上角的大矩形。

（2）同样对中间的小矩形进行缩放,比例同样为 2,但基点选择右上角点,得到的矩形和第一次同样大小,但位置不同,为左下角的矩形。

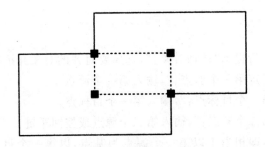

图 1-3-9　放大矩形

2. 如图 1-3-10 所示,放大上边的三角形,使其底边与矩形等长。如果不知道三角形底边和矩形的尺寸,则可以通过参照方式进行放大。

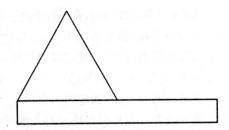

命令：SCALE↓

选择对象：选择三角形后确认

指定基点：捕捉三角形的左下角点

指定比例因子或［参照(R)］：R↓

指定参考长度 ＜1＞：捕捉三角形的左下角点

图 1-3-10　放大三角形—原图

指定第二点：捕捉三角形的右下角点

指定新长度：捕捉矩形的右上方顶点。

在上面的操作中,就是以三角形底边的长度为参考长度,以矩形的长度为新长度,对三角形进行放大,使其底边的长度与矩形的长度相等。如图 1-3-11 所示。

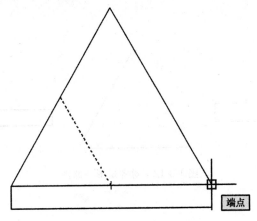

端点

图 1-3-11　放大三角形

3.6　对　齐

对齐(ALIGN)命令通过移动、旋转和按比例缩放被选对象,使其与目标对象对齐。该命令对二维对象和三维对象均适用。

命令格式

下拉式菜单：［修改］→［三维操作］→［对齐］

命令行：ALIGN

操作步骤

启动该命令后，命令行提示"选择对象："，选择要对齐的对象并按回车键或鼠标右键。

此时命令行提示"指定第一个源点："，输入第一个源点。

命令行提示"指定第一个目标点："，输入第一个目标点。

命令行提示"指定第二个源点："，输入第二个源点或按回车键。

如果此时直接回车，即相当于以第一个源点为基点，以第一个目标点为第二点进行平移（MOVE）操作。

如果输入第二个源点，命令行中进一步提示"指定第二个目标点："，此时需输入第二个目标点。

命令行提示"指定第三个源点："，输入第三个源点或按回车键。

如果此时直接回车，就可以对二维对象进行对齐操作。命令行继续提示"是否基于对齐点缩放对象？〔是(Y)/否(N)〕＜否＞："，此时可输入 Y 或 N 或按回车键（同输入 N）。

当选择两对点时，选定的对象可在二维空间中移动、旋转和按比例缩放以便与目标对象对齐。第一组源点和目标点确定对齐的基点（即相当于先进行平移），第二组源点和目标点确定旋转角度（即平移到基点重合后进行旋转）。如果选择缩放，AutoCAD 将以两对点之间的距离的比值为缩放比例对被选对象进行缩放。因此，对齐命令是平移、旋转、缩放命令的组合。

如果继续输入第三对源点和目标点，就可以对三维对象进行对齐操作。

【实例】

1. 如图 1-3-12 所示，分别对左右两个矩形进行对齐操作，使两者分别放置在三角形的左右两条斜边上。

图 1-3-12　对齐矩形—原图

（1）对齐左侧的矩形。

命令：ALIGN↓

选择对象：选择左侧矩形后确认

指定第一个源点：捕捉左侧矩形左下方端点

指定第一个目标点：捕捉三角形左侧端点

指定第二个源点：捕捉左侧矩形右下方的端点

指定第二个目标点：捕捉三角形上方端点

指定第三个源点或 ＜继续＞：↓

是否基于对齐点缩放对象？〔是(Y)/否(N)〕＜否＞：↓

左侧矩形贴合到三角形左侧斜边上，但大小不变。两对点的显示如图 1-3-13 所示。

（2）对齐右侧的矩形，并使其与右侧斜边等长。

命令：ALIGN↓

选择对象：选择右侧矩形后确认。

指定第一个源点：捕捉右侧矩形右下方的端点。

指定第一个目标点：捕捉三角形右侧端点。

指定第二个源点：捕捉右侧矩形左下方的端点。

指定第二个目标点：捕捉三角形上方的端点。

指定第三个源点或＜继续＞：↓

是否基于对齐点缩放对象？［是(Y)/否(N)］＜否＞：Y↓

两对点的显示如图 1-3-14 所示。

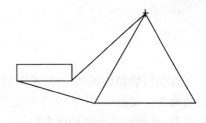

图 1-3-13　对齐左侧矩形

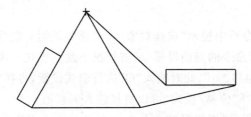

图 1-3-14　对齐右侧矩形

　　最终结果如图 1-3-15 所示。两次操作中选择缩放的不同，导致最后两个矩形与左右斜边贴合程度的不同。

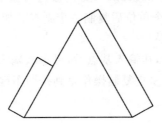

图 1-3-15　对齐结果

　　2. 用对齐命令完成"旋转"一节中最后一个实例，原来通过旋转和平移两个命令结合完成的操作，现在只需一个对齐命令即可完成。

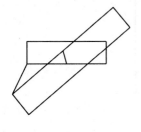

图 1-3-16　对齐两个矩形

命令：ALIGN↓

选择对象：选择小矩形后确认

指定第一个源点：捕捉小矩形下方水平边中点

指定第一个目标点：捕捉大矩形上方长边中点

指定第二个源点：捕捉小矩形左下方的端点

指定第二个目标点：捕捉大矩形上方长边的左侧端点

指定第三个源点或＜继续＞：↓

是否基于对齐点缩放对象？［是(Y)/否(N)］＜否＞：↓

两对点的捕捉如图 1-3-16 所示。

3.7 复 制

在我们绘制的图纸中,经常有同样或类似的图形元素,因此复制是我们日常绘图中经常使用的命令。复制(COPY)命令可使被选对象在指定位置生成一个或多个副本,而不需要重复的绘制,从而提高绘图的效率。

命令格式

下拉式菜单:[修改]→[复制]

快捷菜单:选定要复制的对象,在绘图区域单击右键,选择"复制选择"。

命令行:COPY

操作步骤

启动复制命令后,命令行中提示"选择对象:",选择要复制对象后按回车键或鼠标右键。

此时命令行显示复制命令的当前设置(缺省情况下复制模式=多个),并提示"指定基点或[位移(D)/模式(O)]<位移>:",此时输入"O"进行模式设置,可在"单个"和"多个"复制中进行选择。如果输入"D"选择"位移"模式,可以直接输入偏移值。

输入基点后,命令行提示"指定第二个点或<使用第一个点作为位移>:",指定偏移点或按回车键。与"平移"命令中输入偏移值的方法一样,此时如果输入了第二点,则第二点减去基点得到的向量为偏移向量。如果输入第二点时直接回车,则以第一个点为偏移向量。例如第一点输入"100,100",第二点输入"200,300",将使被选对象沿 X 轴正向(向右)偏移 100 个单位,沿 Y 轴正向(向上)偏移 200 个单位后复制一个副本。如果第一点输入"100,200",第二点直接回车,也可以得到同样的结果。

如果要将被选对象复制多份,在输入基点后,可多次输入偏移点,每一个偏移点与基点的差值决定了每一次的偏移向量。多重复制操作直到按回车键或 Esc 键结束。

【实例】

1. 如图 1-3-17 所示,将矩形复制一份,使其左下角点位于原矩形的中心。

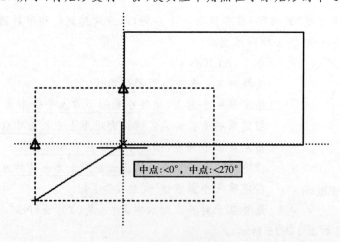

图 1-3-17　单一复制矩形

命令：COPY↓

选择对象：选择矩形后确认。

指定基点或［位移(D)/模式(O)］＜位移＞：指定第二个点或＜使用第一个点作为位移＞：捕捉矩形左下角点。

指定第二个点或［退出(E)/放弃(U)］＜退出＞：鼠标移动到矩形左侧竖直边中点附近出现三角形的中点捕捉标记，再移动到上方水平边中点附近出现中点捕捉标记后，向下移动到矩形中心附近，同时出现两个中点捕捉标记时，单击左键，可捕捉到矩形的中心点。

指定第二个点或［退出(E)/放弃(U)］＜退出＞：↓

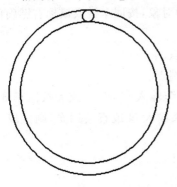

图 1-3-18　复制小圆—原图

2. 如图 1-3-18 所示，将上方的小圆复制三次，使新的三个小圆位于圆的另三个象限点处。这里主要练习基点和偏移的捕捉。虽然要将同一个圆复制三次，但需要进行三次独立的复制，因为每次复制的基点不同。

命令：COPY↓

选择对象：选择小圆后确认。

指定基点或［位移(D)/模式(O)］＜位移＞：捕捉小圆的上方象限点

指定第二个点或［退出(E)/放弃(U)］＜退出＞：捕捉内侧大圆的下方象限点。

这样复制得到下方的一个小圆。

按类似的方法复制左右的两个小圆。

复制左侧小圆时可以以小圆右侧象限点为基点，以内侧大圆的左侧象限点为第二点。

复制右侧小圆时可以以小圆左侧象限点为基点，以内侧大圆的右侧象限点为第二点。

前面均以内侧大圆的象限点为第二点进行复制，也可捕捉外侧大圆的象限点，不过基点也要相应变化。例如，可以以小圆的下方象限点为基点，以外侧大圆的下方象限点为第二点可得到下方的小圆。

3. 如图 1-3-19 所示使用多重复制方法复制上例中左右两侧的小圆。

命令：COPY↓

选择对象：选择小圆后确认。

指定基点或［位移(D)/模式(O)］＜位移＞：捕捉小圆的左方象限点。

指定第二个点或［退出(E)/放弃(U)］＜退出＞：捕捉外侧大圆的左方象限点。

指定第二个点或［退出(E)/放弃(U)］＜退出＞：捕捉内侧大圆的右方象限点。

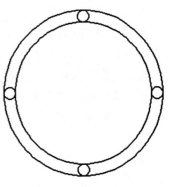

图 1-3-19　复制小圆

第一次复制得到左侧的小圆，第二次得到右侧的小圆。

使用后面学习的阵列命令进行某些规则的复制将更加方便。

3.8　镜像(复制)

镜像(MIRROR)命令可以得到被选对象关于制定轴线的对称副本。

命令格式

下拉式菜单：[修改]→[镜像]

命令行：MIRROR

操作步骤

启动镜像命令后，命令行提示"选择对象："，选择要镜像的对象，按回车键或鼠标右键确认选择。

命令行提示"指定镜像线的第一点："，输入轴线的一个端点。

命令行提示"指定镜像线的第二点："，输入轴线的另一个端点。

命令行提示"是否删除源对象？[是(Y)/否(N)]＜N＞："，输入 Y 或 N，或者按回车键。如果输入 Y，则生成一个镜像后的副本，并删除被选对象；如果输入 N 或直接回车，则生成一个镜像后的副本，同时保留被选对象。

【实例】

如图 1-3-20 所示，通过镜像复制命令绘制上一小节中的三个小圆。

命令：MIRROR↓

选择对象：选择小圆后确认。

指定镜像线的第一点：捕捉圆心。

指定镜像线的第二点：向右移动鼠标，出现水平线标记时单击左键。

是否删除源对象？[是(Y)/否(N)]＜N＞：↓

此时得到下方的小圆。左右的两个小圆可一次得到。

命令：MIRROR↓

选择对象：选择上下两个小圆后确认。

指定镜像线的第一点：捕捉圆心。

指定镜像线的第二点：@1＜45。

是否删除源对象？[是(Y)/否(N)]＜N＞：↓

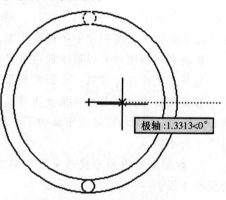

图 1-3-20　镜像小圆

3.9　倒　角

倒角相当于将两个实体(或多段线的两边)切去一角，再将切断处用线段连接起来。

命令格式

下拉式菜单：[修改]→[倒角]

命令行：CHAMFER

操作步骤

启动该命令后,命令行首先显示倒角时的修剪模式和参数设置。

命令行提示倒角命令的参数设置"("修剪"模式)当前倒角距离 1＝当前值,距离 2＝当前值"。

命令行中并提示"选择第一条直线或〔多段线(P)/距离(D)/角度(A)/修剪(T)/方式(M)/多个(U)〕:",如果选中一条线段,命令行中将提示选择第二条线段。选中后将按显示的参数对两条线段进行倒角。

倒角时可以用两个距离或一个距离加一个角度来设置倒角的大小。其各参数的含义如图 1-3-21 所示。两条线段的交点到第一条被选线段被切处的距离为距离 1,交点到第二条被选线段被切处的距离为距离 2,图中对左上角的两条边进行倒角,距离 1＝1,距离 2＝2,选择竖直边为第一条边,选择水平边为第二条边,倒角后生成的斜边如图中左上角所示;如果通过距离加角度的方式拉进行倒角,距离 1 仍为交点到第一条被选线段被切处的距离,角度为第一条线段被切处该线段与新生成的连线间的夹角,按此方式对右下角两条边进行倒角,距离＝2,角度＝30,选择水平边为第一条边,竖直边为第二条边,则倒角生成的斜边如图 1-3-21 右下角所示。

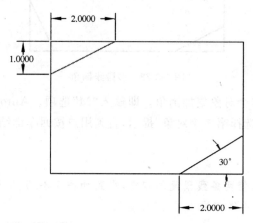

图 1-3-21　倒角的参数

倒角时在选择第一条线段之前,可输入"D"来设置倒角的距离 1 和距离 2;也可输入"A"来设置倒角的距离和角度。由于存在两组参数,可输入"M"来选择究竟是使用距离法还是角度法来进行倒角。

倒角命令中,修剪模式将决定原来两条边被切去的部分,即与交点在同一侧的部分是否保留。修剪(T)时,切去的部分不保留,而不修剪(N)时,保留。如图 1-3-22 所示。倒角时在选择第一条线段之前,可输入"T"并根据命令行提示来设置是否进行修剪。

在倒角命令中,还可以一次对一条多段线各端点处进行倒角。在选择第一条线段之前,输入"P",再选择一条多段线,即可对多段线每个顶点处的相交直线段作倒角处理。倒角生成的短线将成为多段线新的组成部分。对多段线进行倒角时,应注意距离 1、2 在多段线中的对应关系,如图 1-3-23 所示,设置距离 1＝2,距离 2＝1,对矩形进行倒角,得到如图结果。对于矩形来说,AutoCAD 缺省按逆时针方向绘制,因此对于每一个矩形的角点来说,也按逆时针方向确定第一条边和第二条边,如图中左下角点,左边竖直边为第一条边,下边水平边为第二条边。对于使用多段线命令绘制的对象进行倒角时,按多段线绘制的顺序确定第一条边和第二条边。

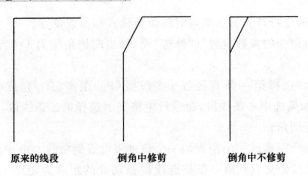

原来的线段   倒角中修剪   倒角中不修剪

图 1-3-22　倒角中修剪的效果

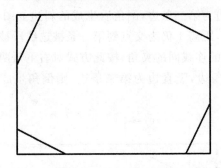

图 1-3-23　多段线倒角

　　倒角命令还可以给多个对象集加倒角。即输入"M"选项。AutoCAD 将重复显示主提示（即选择第一个对象）和"选择第二个对象"提示，直到用户按回车键结束命令。

【实例】

　　1. 如图 1-3-24 所示，使两条线段延伸相交，得到如图 1-3-25 所示图形。此时需要将倒角的两个距离均设为 0。并将修剪模式置为"修剪"。

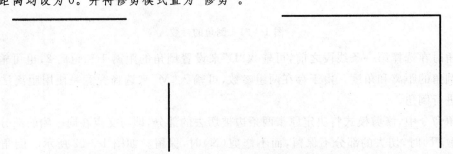

图 1-3-24　倒角前的两条线段　　　　　　图 1-3-25　倒角—使两条线段延长相交

命令：_CHAMFER↓
选择第一条直线或［放弃(U)/多段线(P)/距离(D)/角度(A)/修剪(T)/方式(E)/多个(M)］：D↓
指定第一个倒角距离 <2.0000>：0↓
指定第二个倒角距离 <0.0000>：↓
选择第一条直线或［放弃(U)/多段线(P)/距离(D)/角度(A)/修剪(T)/方式(E)/多个(M)］：T↓

输入修剪模式选项［修剪(T)/不修剪(N)］＜不修剪＞：T↓

选择第一条直线或［放弃(U)/多段线(P)/距离(D)/角度(A)/修剪(T)/方式(E)/多个(M)］：选择一条线段。

选择第二条直线，或按住 Shift 键选择要应用角点的直线：选择另一条线段。

2. 对长为 8，宽为 5 的矩形四个角进行倒角，得到如图 1-3-26 所示图形。本例中虽然矩形是使用矩形命令或多段线命令绘制的，但也不能用多段线选项进行修剪，否则将得到不对称的修剪结果。

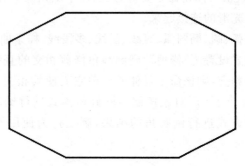

图 1-3-26　倒角—裁剪矩形

命令：_CHAMFER

选择第一条直线或［放弃(U)/多段线(P)/距离(D)/角度(A)/修剪(T)/方式(E)/多个(M)］：D↓

指定第一个倒角距离 ＜0.0000＞：2↓

指定第二个倒角距离 ＜0.0000＞：1↓

选择第一条直线或［放弃(U)/多段线(P)/距离(D)/角度(A)/修剪(T)/方式(E)/多个(M)］：T↓

输入修剪模式选项［修剪(T)/不修剪(N)］＜不修剪＞：T↓

选择第一条直线或［放弃(U)/多段线(P)/距离(D)/角度(A)/修剪(T)/方式(E)/多个(M)］：M↓

选择第一条直线或［放弃(U)/多段线(P)/距离(D)/角度(A)/修剪(T)/方式(E)/多个(M)］：选择上侧水平线。

选择第二条直线，或按住 Shift 键选择要应用角点的直线：选择左侧竖直线。（对左上角进行修剪）

选择第一条直线或［放弃(U)/多段线(P)/距离(D)/角度(A)/修剪(T)/方式(E)/多个(M)］：选择下侧水平线。

选择第二条直线，或按住 Shift 键选择要应用角点的直线：选择左侧竖直线。（对左下角进行修剪）

选择第一条直线或［放弃(U)/多段线(P)/距离(D)/角度(A)/修剪(T)/方式(E)/多个(M)］：选择下侧水平线。

选择第二条直线，或按住 Shift 键选择要应用角点的直线：选择右侧竖直线。（对右下角进行修剪）

选择第一条直线或［放弃(U)/多段线(P)/距离(D)/角度(A)/修剪(T)/方式(E)/多个

（M）]：选择上侧水平线。

选择第二条直线，或按住 Shift 键选择要应用角点的直线：选择右侧竖直线。（对右上角进行修剪）

3.10 圆 角

倒圆角（FILLET）的效果与倒角命令类似，区别在于倒角命令在切断处用直线段连接，而倒圆角则用圆弧将切断处光滑的连接起来。

倒圆角命令给两个圆弧、圆、椭圆弧、直线、射线、多段线、样条曲线或参照线添加一段指定半径的圆弧。如果修剪模式设置为"修剪"，则倒圆角修剪相交的直线并使其与圆角的端点相连。如果被选中的直线不相交，则该命令延伸或修剪它们使其相交。倒圆角也可以给实体的边加圆角。图 1-3-27 显示了对不同对象按照不同修剪模式进行倒圆角的效果。第一行为原对象，第二行为使用修剪方式进行倒圆角的结果，第三行为使用不修剪方式进行倒圆角的结果。

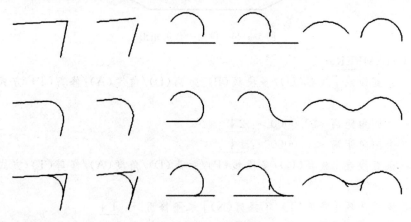

图 1-3-27 倒圆角

命令格式

下拉式菜单：[修改]→[圆角]

命令行：FILLET

操作步骤

启动倒圆角命令后，命令行首先显示倒圆角时的修剪模式和参数设置。

命令行提示"当前模式：模式＝当前值，半径＝当前值"

命令行提示"选择第一个对象或 [多段线（P）/半径（R）/修剪（T）/多个（U）]："，使用对象选择方式或输入选项。

如果选中一个对象，命令行中将提示选择第二个对象。选中后将按显示的参数对两个对象进行倒圆角。

倒圆角命令做出的圆角大小由半径值决定。在选择第一个对象之前可输入"R"，来对做出的圆弧半径进行设置。

修剪模式与倒角命令中相同，将决定原对象在圆弧外侧的部分是否被修剪，同时也决定选定对象是否延伸到圆角端点。在选择第一个对象之前可输入"T",可对修剪模式进行设置。

在倒圆角命令中,同样也可以一次对一条多段线各端点处进行倒圆角,在二维多段线中两条线段相交的每个顶点处插入圆弧。在选择第一个对象之前输入"P",再选择一条二维多段线,即可对多段线进行倒角。如果在多段线中,一条弧线段隔开两条相交的直线段,那么该弧线段可能被删除而替代为一个圆角。

倒圆角命令可以给多个对象集加圆角,即输入选项"M"。AutoCAD 将重复显示主提示(即选择第一个对象)和"选择第二个对象"提示,直到用户按回车键结束命令。

【实例】

1. 对如图 1-3-28 所示的对象进行倒圆角,得到如图 1-3-29 所示图形。

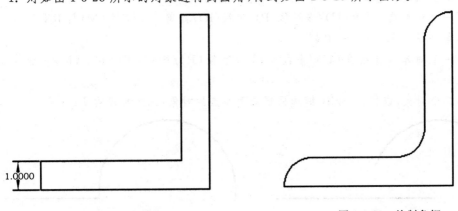

图 1-3-28　绘制角钢-1　　　　　　　　图 1-3-29　绘制角钢

对此图形的倒圆角需将修剪模式置为"修剪",并将圆弧半径设为 1,用"M"选项可在一个命令中完成三处倒圆角。

命令:_FILLET↓

选择第一个对象或 [放弃(U)/多段线(P)/半径(R)/修剪(T)/多个(M)]:T↓

输入修剪模式选项 [修剪(T)/不修剪(N)] <不修剪>:T↓

选择第一个对象或 [放弃(U)/多段线(P)/半径(R)/修剪(T)/多个(M)]:R↓

指定圆角半径 <0.0000>:1↓

选择第一个对象或 [放弃(U)/多段线(P)/半径(R)/修剪(T)/多个(M)]:M↓

选择第一个对象或 [放弃(U)/多段线(P)/半径(R)/修剪(T)/多个(M)]:选择左侧竖线。

选择第二个对象,或按住 Shift 键选择要应用角点的对象:选择下方两条中偏上的水平线(得到左侧的圆角)。

选择第一个对象或 [放弃(U)/多段线(P)/半径(R)/修剪(T)/多个(M)]:选择下方偏上的水平线。

选择第二个对象,或按住 Shift 键选择要应用角点的对象:选择右侧两条中偏左的竖线(得到中间的圆角)。

选择第一个对象或 [放弃(U)/多段线(P)/半径(R)/修剪(T)/多个(M)]:选择右侧两条中偏左的竖线。

选择第二个对象，或按住 Shift 键选择要应用角点的对象：选择上方的水平线（得到上方的圆角）。

选择第一个对象或［放弃(U)/多段线(P)/半径(R)/修剪(T)/多个(M)］：↓

2. 如图 1-3-30 所示，通过倒圆角命令使图中的圆弧与线段连接，得到如图 1-3-31 所示图形。

通过倒角命令完成的对线段的延伸也可通过倒圆角命令实现，并且倒圆角命令只需将半径设置为 0，即可实现两条线段的延长相交。另外，倒圆角命令还可对圆弧等对象进行操作。

命令：_FILLET

选择第一个对象或［放弃(U)/多段线(P)/半径(R)/修剪(T)/多个(M)］：T↓

输入修剪模式选项［修剪(T)/不修剪(N)］＜修剪＞：T↓

选择第一个对象或［放弃(U)/多段线(P)/半径(R)/修剪(T)/多个(M)］：R↓

指定圆角半径 ＜1.0000＞：0↓

选择第一个对象或［放弃(U)/多段线(P)/半径(R)/修剪(T)/多个(M)］：选择圆弧右侧。

选择第二个对象，或按住 Shift 键选择要应用角点的对象：选择线段右侧。

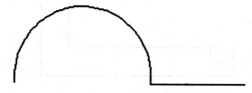

图 1-3-30　圆弧与线段　　　　　　　　　图 1-3-31　连接圆弧与线段

3.11　拉　伸

拉伸(STRETCH)命令可使我们方便地改变图形对象一部分端点坐标，而另一部分保持不变，从而使图形对象拉长、压扁或产生类似错切似的形变。在有些情况下，也可能使图形对象的全部端点移动一定距离，也就是使其平移一定距离。

命令格式

下拉式菜单：［修改］→［拉伸］

命令行：STRETCH

启动拉伸命令后，命令行提示"选择对象："，这时使用交叉多边形或交叉窗口对象选择方式选择需拉伸的图形对象并按回车键或鼠标右键完成选择。通常从右往左拉出选择框，选中要拉伸的对象，并将要拉伸的点包含在选择框中。如果从左到右拉出选择框进行选择，选中某对象时，该对象所有的点均在选择框中，则拉伸的效果与平移相同。

命令行提示"指定位移的基点："，输入基点。

命令行提示"指定位移的第二点："，输入偏移点。

这里两点的含义与作用与平移(MOVE)和复制(COPY)命令中一样。如果输入两点，则第二点减去第一点的差值决定偏移量；如果只输入第一点，输入第二点时直接回车，则以第一点为偏移量。

AutoCAD 拉伸与选择窗口相交的圆弧、椭圆弧、直线、多段线线段、射线和样条曲线，STRETCH 命令移动窗口中的端点，而不改变窗口外的端点。STRETCH 命令也移动窗口内的宽线顶点和二维实体，而不改变窗口外的宽线顶点和二维实体。多段线的每一段都被当作简单的直线或圆弧分开处理。

拉伸命令移动任何完全在选择窗口或多边形内的对象，作用与使用 MOVE 命令相同。

对于圆来说，如果圆心在选择框内，则该圆被平移；如果圆心不在选择框内，则该圆保持不变。

【实例】

将图 1-3-32 中标记向右侧移动 5 个单位得到如图 1-3-33 所示图形。移动圆和 A 的同时，左侧线段伸长，右侧线段缩短，通过一个拉伸命令即可实现。

图 1-3-32　拉伸标记—原图

图 1-3-33　拉伸标记—结果

命令：_STRETCH

以交叉窗口或交叉多边形选择要拉伸的对象…：如图 1-3-34 所示，从右向左拉出选择框，选中图中 4 个图形对象。

图 1-3-34　拉伸标记—选择

指定基点或 ［位移(D)］＜位移＞：5,0↓

指定第二个点或 ＜使用第一个点作为位移＞：↓

3.12　拉长对象

前面学习的拉伸(STRETCH)命令可使被选对象在选择框内的端点沿指定的偏移方向移动，从而使被选对象拉伸。如果要使所选的点沿着所属直线或圆弧方向拉伸，则需使用拉长(LENGTHEN)命令。

拉伸(STRETCH)和拉长(LENGTHEN)命令的效果可参见图 1-3-35。上行左侧为一个半圆,使用拉伸命令框中右侧端点向左拉伸,得到中间的圆弧。使用拉长命令,可使弧长变短,得到右侧的圆弧。使用拉伸(STRETCH)命令可使多线段的上方端点向右移动 50 个单位,而使用拉长(LENGTHEN)命令可使上方端点沿着直线方向(右上方)拉长 50 个单位。

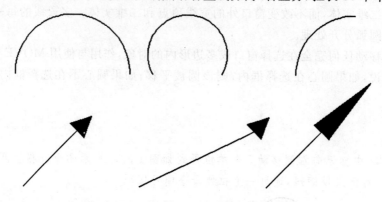

图 1-3-35　拉伸与拉长

LENGTHEN 命令可以修改对象的长度和圆弧的包含角,而并不影响闭合的对象。

命令格式

下拉式菜单:[修改]→[拉长]

命令行:LENGTHEN

启动该命令后,命令行提示"选择对象或［增量（DE）/百分数（P）/全部（T）/动态（DY）］:",可选择对象或输入选项。

选择对象后,将显示被选对象的长度,如果对象有包含角,将同时显示包含角。此时所选对象并不一定就是最后所拉伸的对象。

拉伸命令中可通过四种方法来拉长(或缩短)对象,分别是:

(1) 增量(DE)方式。可直接输入长度增量,也可在输入"A"后再输入角度增量。在这种方式下,将使对象的长度或包含角增加输入的增量。如果增量大于 0,将使对象拉长,如果增量小于 0,将使对象缩短。

(2) 百分数(P)方式。输入拉伸后对象占原来对象总长或包含角的百分比。在这种方式下,将使对象的长度按比例增长。例如,输入 300 后,第一次选择对象,将使其长度变为原来的 3 倍(300%),第二次选择同一对象,将使其长度变为原来的 9 倍。即 $L_2 = L * 300\% * 300\% = 9L$。

(3) 全部(T)方式。输入对象最终的总长度,或者在输入"A"后再输入最终的包含角。在这种方式下,不管对象原来长度或包含角为多少,都将变为输入值。

(4) 动态(DY)方式。在这种方式下,将根据被鼠标拖动的端点的位置改变选定对象的长度。

在设置了所需的拉伸方式并输入了所需的变量后,命令行将提示"选择要修改的对象或［放弃(U)］:",此时选择对象后,靠近选择点的端点将移动,并以先前设置的方式对被选对象进行拉长。如果输入"U",将放弃 LENGTHEN 命令最近一次修改。在进行一次拉长后,命令行中"选择要修改的对象或［放弃(U)］:"的提示会一直出现,即可以在一个拉长命令中对多个对象进行操作或者对一个对象进行多次操作,直至按回车键结束该命令。

该命令中,开始和结束的时候有两次选择对象的提示,其中第一次可以不选对象。如果选择,将显示被选对象的长度或圆心角,起参考作用。第二次选择时,将真正对被选对象进行拉伸。

【实例】

如图 1-3-36 所示,对图中下面 4 条线段以不同的方式进行拉长。图中水平线长度均为 10。

（1）对第二条线向右侧伸长 2 个单位。

命令：LENGTHEN↓

选择对象或［增量（DE）/百分数（P）/全部（T）/动态（DY）］：DE↓

输入长度增量或［角度（A）］<0.0000>：2↓

选择要修改的对象或［放弃（U）］：靠近右侧选择第二条线段。

选择要修改的对象或［放弃（U）］：↓

（2）对第三条线向右侧伸长 20%。

命令：LENGTHEN↓

选择对象或［增量（DE）/百分数（P）/全部（T）/动态（DY）］：P↓

图 1-3-36　拉长线段原图

输入长度百分数 <100.0000>：120↓

选择要修改的对象或［放弃（U）］：靠近右侧选择第三条线段。

选择要修改的对象或［放弃（U）］：↓

（3）左侧不动,移动右侧端点,使第四条线段总长为 12 个单位。

命令：LENGTHEN↓

选择对象或［增量（DE）/百分数（P）/全部（T）/动态（DY）］：T↓

指定总长度或［角度（A）］<1.0000>：12↓

选择要修改的对象或［放弃（U）］：靠近右侧选择第四条线段。

选择要修改的对象或［放弃（U）］：↓

（4）动态移动第五条线段右侧端点,使其与右侧竖线相交。

命令：LENGTHEN↓

选择对象或［增量（DE）/百分数（P）/全部（T）/动态（DY）］：DY↓

选择要修改的对象或［放弃（U）］：靠近右侧选择第五条线段。

指定新端点：移动鼠标,靠近右侧竖线,出现交点捕捉标记时单击左键。

选择要修改的对象或［放弃（U）］：↓

四次拉长的结果如图 1-3-37 所示,其中动态移动使

图 1-3-37　拉长线段

其与目标对象相交的方法使用下面要学习的延伸命令更方便准确。

3.13 延 伸

上节学习的拉长命令可将对象按长度、百分比等方式伸长或缩短。本节的延伸命令可以将对象延伸到指定的边界。在延伸命令中,延伸到的边界对象包括二维多段线、三维多段线、圆弧、块、圆、椭圆、布局视口、直线、射线、面域、样条曲线、文字和构造线等。可被延伸的对象包括圆弧、椭圆弧、直线、开放的二维多段线和三维多段线以及射线等。

命令格式

下拉式菜单:[修改]→[延伸]

启动延伸命令后,命令行显示当前的延伸模式并提示"选择边界的边...",此时选择边界,回车或右键确认。

命令行提示"选择要延伸的对象,或按住 Shift 键选择要修剪的对象或[栏选(F)/窗交(C)/投影(P)/边(E)/放弃(U)]:"。此时选择要被延伸的对象,该对象被选中的这端被延伸。可以在一个命令对多个对象进行延伸。

二维绘图中,经常需要用"边(E)"选项确定边界的延伸方式。"边(E)"选项可以确认将对象延伸到另一对象的延长边或只延伸到三维空间中实际与其相交的对象。

如图 1-3-38 所示为初始的图形。图 1-3-39 为边选项设置为不延伸的结果,只有下面部分被延伸至竖线。图1-3-40为边延伸的结果。上方的图形能够延伸到竖线的延长线上。当边(E)选项为"不延伸(N)"时,只能延伸到边界本身的范围内,当边(E)选项为"延伸(E)"时,可使对象延长到边界的延长线上。

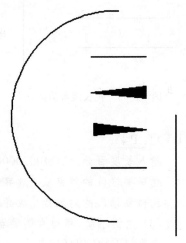

图 1-3-38 延伸—原图

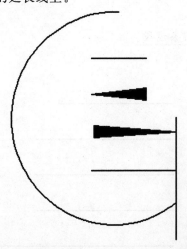

图 1-3-39 延伸—边不延伸

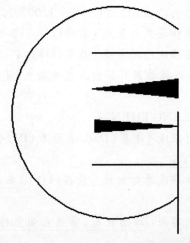

图 1-3-40 延伸—边延伸

如果延伸一个锥状多段线线段，AutoCAD 将更正延伸端的宽度使其按原来的锥度延伸到新端点。如果这样导致线段端点宽度为负，则端点宽度为零。效果可参见图 1-3-40 中对中间两条多段线延伸的效果。

【实例】

　　如图 1-3-41，用延伸命令作出两个圆之间的最大距离。

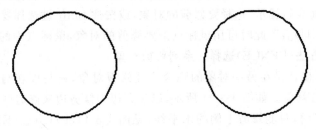

图 1-3-41　两个圆

　　(1) 画两个圆。

　　(2) 捕捉圆心，画出圆心间的连线，如图 1-3-42 所示。

　　(3) 延伸圆心间的连线，如图 1-3-43 所示。

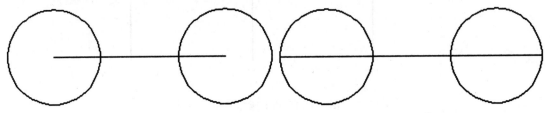

图 1-3-42　连接圆心　　　　　　　　　　　　　　　图 1-3-43　延　伸

　　命令：EXTEND↓

　　选择边界的边...：选择两个圆后，确认。

　　选择要延伸的对象，或按住 Shift 键选择要修剪的对象或［投影(P)/边(E)/放弃(U)]：选中线的左部。

　　选择要延伸的对象，或按住 Shift 键选择要修剪的对象或［投影(P)/边(E)/放弃(U)]：选中线的右部。

　　选择要延伸的对象或按住 Shift 键选择要修剪的对象，或［投影(P)/边(E)/放弃(U)]：↓

3.14　修　剪

　　修剪(TRIM)命令可以用一条或数条剪切边修剪所选定的对象，使这些被选对象在剪切边某一侧的部分被删除。另外，修剪命令还可以将被选线段延伸，使其与剪切边相交。

　　该命令的操作方式与上节的延伸命令很相似。在修剪命令中，按住 Shift 键可以很方便地进入延伸命令，在延伸命令中，按住 Shift 键也可以很方便地进入修剪命令。

　　有效的剪切边对象包括二维和三维多段线、圆弧、圆、椭圆、布局视口、直线、射线、面域、样条曲线、文字和构造线。可以修剪的对象包括圆弧、圆、椭圆弧、直线、开放的二维和三维多段线、射线、样条曲线、和构造线。

命令格式

下拉式菜单：[修改]→[修剪]

命令行：TRIM

启动修剪命令后，命令行提示："当前设置：投影＝当前边＝当前，选择剪切边...，选择对象："，此时可选择一个或多个对象作为剪切边并按回车键确认，或直接按回车键选择全部对象。

选择剪切边后命令行提示"选择要修剪的对象，或按住 Shift 键选择要延伸的对象，或[投影(P)/边(E)/放弃(U)]："，此时可用鼠标点击要修剪的对象，鼠标点中的部分被修剪。也可以使用选择栏选择方法(FENCE)选择一系列修剪对象。

边(E)选项可以确认是在另一对象的隐含边处修剪对象，还是仅在与该对象在三维空间中相交的对象处进行修剪。如图 1-3-44 所示，以竖直边为修剪边来修剪两条水平线，当边(E)选项为"不延伸(N)"时，只能修剪下侧的水平线，见图 1-3-44(b)；当边(E)选项为"延伸(E)"时，两条水平线均能被修剪，见图 1-3-44(c)。

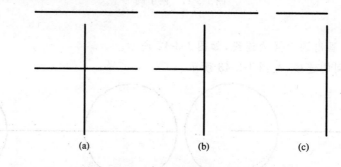

(a)　　　　　　　(b)　　　　　　　(c)

图 1-3-44　边的延伸模式

在修剪命令中，按住 Shift 键可以很方便地进入延伸(EXTEND)命令。

【实例】

1. 使用栏选方式修剪多条线段，原图如 1-3-45 所示。

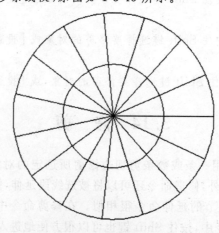

图 1-3-45　修剪—原图

启动 TRIM 命令,选择内侧小圆作为剪切边,选择栏选(F)方式。在内侧通过栏选选择直线段的内侧部分。如图 1-3-46 所示,内侧的三角形为栏选时输入 3 个点进行选择的过程。

修剪结果如图 1-3-47 所示。

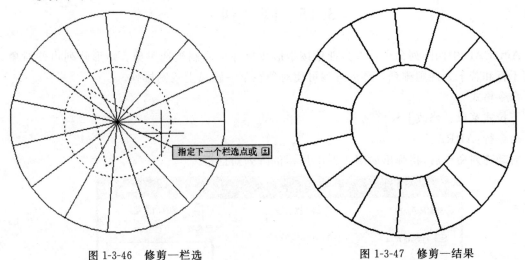

图 1-3-46　修剪—栏选　　　　　　　　图 1-3-47　修剪—结果

2. 修剪图 1-3-48(a)的两个同心圆,得到 1-3-48(b)的图形。

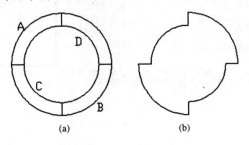

(a)　　　　　　　　　(b)

图 1-3-48　修剪同心圆

(1) 分别以 75 和 100 为半径作两个同心圆。

(2) 捕捉象限点,画出 4 条短线。

(3) 修剪。

命令:TRIM↓

选择剪切边…:按住 Shift 键,选中 4 条短线,回车或右键确认。(也可直接回车全部选择)。

选择要修剪的对象,或按住 Shift 键选择要延伸的对象,或〔投影(P)/边(E)/放弃(U)〕:点中 A 段圆弧。

选择要修剪的对象,或按住 Shift 键选择要延伸的对象,或〔投影(P)/边(E)/放弃(U)〕:点中 B 段圆弧。

选择要修剪的对象,或按住 Shift 键选择要延伸的对象,或〔投影(P)/边(E)/放弃(U)〕:点中 C 段圆弧。

选择要修剪的对象,或按住 Shift 键选择要延伸的对象,或〔投影(P)/边(E)/放弃(U)〕:点中 D 段圆弧。

选择要修剪的对象，或按住 Shift 键选择要延伸的对象，或〔投影（P）/边（E）/放弃（U）〕：↓

3.15 阵　列

AutoCAD中的阵列命令可以方便地按矩形或按环形复制被选对象。矩形阵列可使对象按若干行和若干列规则排列。环形阵列可使对象在某一圆弧上规则排列。

命令格式

下拉式菜单：〔修改〕→〔阵列〕

命令行：ARRAY

启动阵列命令后，将弹出如图 1-3-49 所示的阵列对话框。

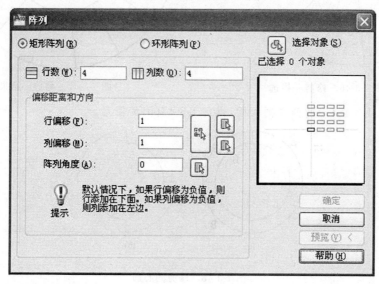

图 1-3-49　阵列对话框

3.15.1　矩形阵列

点击对话框右上角的"选择对象"按钮，可选择将被阵列复制的对象。确定行数、列数、行偏移、列偏移等参数后，矩形阵列的效果对话框右侧的预览图所示。

横排为行，竖排为列，行偏移和列偏移的含义如图 1-3-50 所示。

如图 1-3-50 所示，对左下角的矩形进行矩形阵列，行数为 4，列数为 3；相邻两行间的距离为行偏移；相邻两列间的距离为列偏移。如果阵列角度不为 0，则行和列的方向将在原先水平和竖直方向的基础上进行一定角度的旋转。行列偏移的输入也可通过鼠标操作来完成。点击行偏移、列偏移右侧的按钮，对话框会暂时消失。通过鼠标可在视图区点取两点，以确定偏移值。使用中间大的按钮，可通过鼠标画出一个矩形，矩形的高为行偏移，矩形的长为列偏移。

3.15.2　环形阵列

在阵列对话框中，选择"环形阵列"单选按钮，可进行环形阵列，如图 1-3-51 所示。

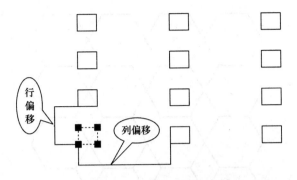

图 1-3-50　矩形阵列参数

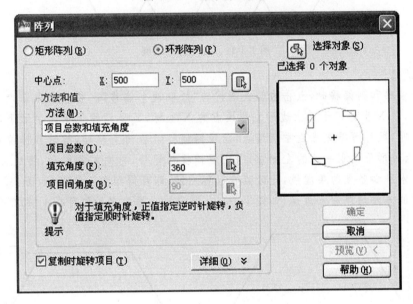

图 1-3-51　环形阵列

　　环形阵列可使对象在一个圆弧上复制后规则排列。与矩形阵列相同,需要先选择阵列对象,然后确定环形阵列的参数。如对话框右侧的示意图所示,中心点为阵列后对象所在圆弧的圆心。环形阵列其他 3 个参数为项目总数、填充角度和项目间角度。这 3 个参数只需确定其中两个,第三个可自动计算得到。需要确定的参数可通过方法的下拉列表选择。其中,项目总数为完成阵列后,在圆弧上排列的对象个数,包括原对象;填充角度为阵列对象所在圆弧的圆心角,如果旋转一圈,即为 360°;项目间角度为阵列后两个对象所夹的圆心角。阵列时,原对象可旋转,也可不旋转,可通过对话框左下角选项确定。如图 1-3-51 对话框右侧示意图所示,左下角矩形为原对象,输入项目总数为 4,填充角度为 360°,自动计算出项目间角度为 90°,并选择复制时旋转项目,得到图中所示结果。

【实例】

1. 绘制如图 1-3-52 所示图形。

首先,绘制正六边形一个。

使用阵列命令,选择矩形阵列。点击"选择对象"按钮选择绘制好的正六边形,并输入行数

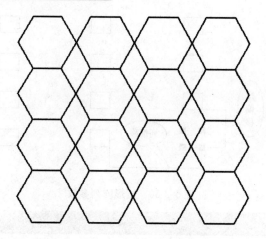

图 1-3-52　矩形阵列示例

为 4,列数为 4。

　　输入行偏移和列偏移时,点击右侧大的按钮"拾取两个偏移"。首先拾取正六边形包围盒的左下角点,即 X 坐标等于正六边形左侧顶点的 X 坐标,Y 坐标等于正六边形下侧顶点的 Y 坐标。捕捉时,鼠标可首先靠近左侧端点,出现捕捉标记后向下移动,接近目标位置后向右移动,靠近正六边形下侧水平边的左侧端点,出现捕捉标记后,再向左侧移动,接近目标位置时,会同时出现水平和竖直两条虚线,此时点击鼠标左键,即可得到左下角点,如图 1-3-53 所示。

　　用同样的方法捕捉右上角点,如图 1-3-54。回到对话框确定后即可得 1-3-52 所示的图形。

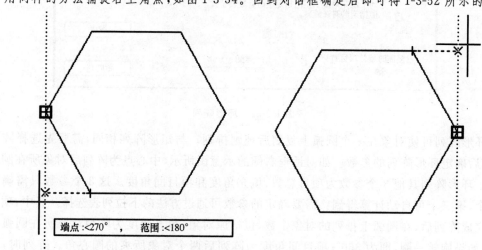

图 1-3-53　包围盒左下角点　　　　　　图 1-3-54　包围盒左上角点

　　2. 对半径进行环形阵列,绘制如图 1-3-55 所示的图形。

　　首先,绘制半圆和半径,如图 1-5-56 所示。

　　使用阵列命令,选择环形阵列选项,使用"选择对象"按钮选择半径;使用"拾取中心点"按钮捕捉圆心为中心点;阵列方法选择"项目总数和填充角度",输入项目总数为 9,填充角度为 180°;左下角选中"复制时旋转项目",确定即可得到如图 1-3-55 所示图形。

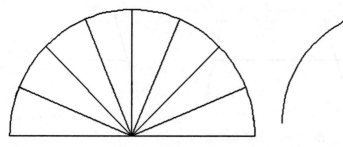

图 1-3-55 环形阵列示例

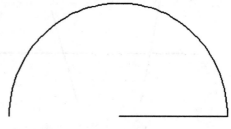

图 1-3-56 半圆和半径

3.16 打 断

打断(BREAK)命令可去除某个对象两点间的部分,使其在两点间断开。原对象可能会分解为两个对象。

命令格式

下拉式菜单:[修改]→[打断]

命令行:BREAK

启动打断命令后,命令行提示"BREAK 选择对象",通常使用点选的方式选择对象,并且选择点即为断开两点中的第一个点。选中对象后根据命令行提示再选择第二个点,则原对象在这两点间断开。选中对象后也可按 F 键,重新输入第一点。

【实例】

1. 绘制正六边形的下半部分。

首先,使用正多边形命令绘制正六边形,此时得到的正六边形为闭合多段线,不能直接删除其中的某一段,此时可用打断命令来完成。

使用打断命令,首先捕捉正六边形右侧端点,再捕捉左侧端点,即可去除这两点间的三段,得到如图 1-3-57 所示图形。

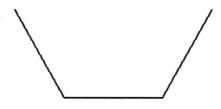

图 1-3-57 打断正六边形

2. 打断直线段,如图 1-3-58 所示,将左图的水平线打断,得到右图的结果。

对于此图形的编辑,可以用修剪命令完成。与修剪命令相比,对单条线段的修剪,使用打断命令只需输入两点,相对简单。而对于多个对象的修剪,使用修剪命令更加简单。

对于原图中对象,启动打断命令,选择对象时,按住 Shift 键并点击鼠标右键,在捕捉方式中,选择"交点",靠近交点进行对象选择时,将被打断的对象以粗线显示,捕捉交点的同时选中水平线。同样的方法选中另一个交点,即可将水平线中段部分删除,得到图 1-3-58 中右侧的图形。

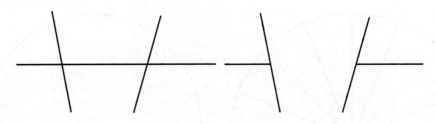

图 1-3-58　打断直线段

3.17　分　解

使用多段线、图块等命令绘制的图形是一个整体,不能直接对其中的某一部分进行编辑。矩形、正多边形命令绘制的图形为多段线,同样也是一个整体。而分解命令可将整体性的对象分解为线段、圆弧等组成的独立对象,以便于对其中的部分进行编辑。

命令格式

下拉式菜单:[修改]→[分解]

命令行:EXPLODE

分解命令的使用较为简单,启动命令后选择要分解的对象并右键或回车确认即可。对于多段线,分解后为相连的线段和圆弧,原先多段线中各段的线宽信息将消失。对于图块,分解后为图块定义前的状态,如果此时还有图块或多段线,则可以继续进行分解。

【实例】

使用分解和删除命令对正六边形进行编辑,得到如图 1-3-57 所示的结果。

使用正多边形命令绘制的六边形为一条闭合的多段线,使用分解命令对其分解,可得到 6 条相连的线段,此时用删除命令删除上侧的 3 条线段,即可得到最终的结果。

第 4 章 参数化绘图

- 了解约束的概念与作用。
- 理解几何约束与标注尺寸的区别,欠约束和全约束的概念。
- 掌握几何约束与标注尺寸的生成、修改、删除和显示控制的方法。
- 通过实例的练习,理解约束的作用,通过对所绘制图形的参数修改,体会参数化绘图的好处。

参数化特性是 AutoCAD 2010 中新增的功能,这个功能能够使 AutoCAD 对象变得比以往更加智能。使用参数化功能进行绘图,能够提高绘图和编辑效率。

参数化绘图是一项使用具有约束设计的技术。约束是应用于几何图形的关联和限制。通过约束,可以在试验各种设计或进行更改时强制执行要求。对对象所做的更改可能会自动调整其他对象,并将更改限制为距离和角度值等。

AutoCAD 中有两种常用的约束类型:

(1)几何约束。控制对象相对于彼此的关系。

(2)标注约束。控制对象的距离、长度、角度和半径等值。

通过约束,在绘图时可以实现:通过约束图形中的几何图形来保持设计规范和要求,通过修改变量值可快速进行设计修改。在绘图时一般首先应用几何约束以确定设计的形状,然后应用标注约束以确定对象的大小。

创建或更改设计时,图形会处于以下三种状态之一:

(1)未约束。未将约束应用于任何几何图形。

(2)欠约束。将某些约束应用于几何图形。

(3)完全约束。将所有相关几何约束和标注约束应用于几何图形。完全约束的一组对象还需要包括至少一个固定约束,以锁定几何图形的位置。

4.1 几何约束

几何约束是指二维对象或对象上的点之间的相互关系,如平行、垂直等。之后编辑受约束的几何图形时,这些约束将保留。因此,通过使用几何约束,设计者可以在图形中包括设计要求。

如图 1-4-1 所示,使用多段线命令任意绘制闭合四边形。

对该图形赋予几何约束,使上边平行于下边,使右边平行于左边,使下边等于左边,可得到如图 1-4-2 所示的菱形。

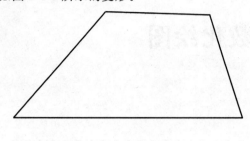

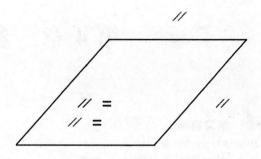

图 1-4-1　任意绘制的四边形　　　　　　　图 1-4-2　通过约束绘制菱形

　　运用类似的方法，对原图 1-4-1 的图形进行几何约束，使上边平行于下边，使右边等于左边，即可方便地得到如图 1-4-3 所示的等腰梯形。

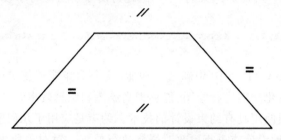

图 1-4-3　通过约束绘制等腰梯形

　　几何约束还可作用于不同的图形元素上。对于如图 1-4-4 所示的梯形和菱形，使它们下面的两条边共线，可得到如图 1-4-5 所示的图形。

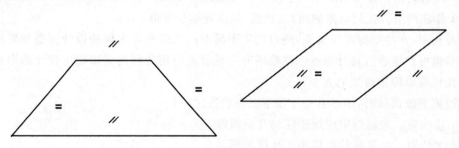

图 1-4-4　不在同一高度的梯形和菱形

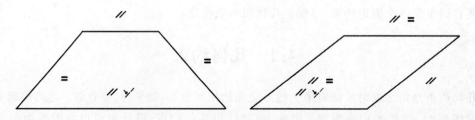

图 1-4-5　底边共线的梯形和菱形

4.2　标注约束

标注约束主要指对图形进行长度、角度等约束,使其在尺寸上满足设计者的要求。

如图 1-4-6 所示,首先可绘制矩形和圆。

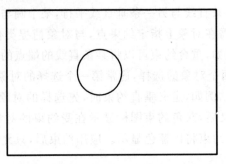

图 1-4-6　矩形和圆

然后对图形进行约束,首先使左右两边、上下两边分别相等,保证其为矩形。然后进行几何约束,首先约束左侧竖直边长度为 5(d1),约束下面水平边长度为 d1 * 2,即水平边的长度为竖直边的 2 倍。然后约束内部圆的大小,使其半径为 d1/4,最后约束小圆的位置,使其到上边的距离为 d1/2,使其到左边的距离为 d2/2,就可使小圆位于矩形的中心,如图 1-4-7 所示。

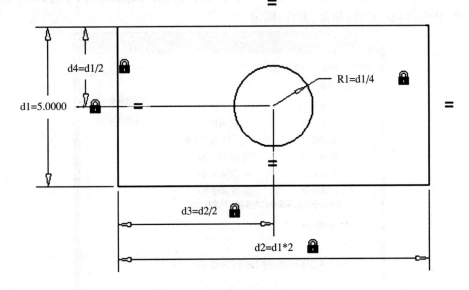

图 1-4-7　约束尺寸的矩形和圆

通过前面几何约束和标注约束的简单实例可以看出,在绘图时,可以首先粗略地绘制图形的大致形状,然后通过几何约束可得到图形的形状,最后通过标注约束可得到图形的尺寸和位置。

4.3　定义几何约束

　　用户可将几何约束仅应用于二维几何图形对象,不能在模型空间和图纸空间之间约束对象。几何约束可将几何对象关联在一起,或者指定固定的位置或角度。

　　例如,用户可以指定某条直线与另一条垂直或平行,某个圆与另一个圆保持同心等等。定义约束时,对于某些约束,需在对象上指定约束点,与对象捕捉类似,但是位置限制为端点、中点、中心点以及插入点。例如,重合约束可以将某条直线的端点的位置限制到另一条直线的端点。另一些约束需要进行两个对象的选择,通常第一个选择的对象不变,所选的第二个对象会根据第一个对象进行调整。例如,定义垂直约束时,先选择的对象不动,后选择的对象改变后与前一对象垂直。约束定义后,灰色约束图标显示在受约束的对象旁边。光标移至受约束的对象上时,作用于该对象的约束将以蓝色显示。应用约束后,只允许对该几何图形进行不违反此类约束的更改。

　　作图时,通常需为重要几何特征指定固定约束。此操作会锁定该点或对象的位置,使得用户在对设计进行更改时无需重新定位几何图形。

　　对于某个图形元素,可以定义多个几何约束,最后得到的效果与约束定义的顺序有一定关系。几何约束定义后,无法修改,但可以删除并应用其他约束。在图形中的约束图标上单击鼠标右键,在快捷菜单中选择删除即可。

　　如图 1-4-8 中对话框所示,AutoCAD 中可定义的几何约束包括垂直、平行、水平、竖直、相切、平滑、共线、同心、对称、相等、重合、固定。

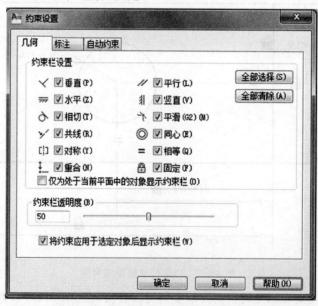

图 1-4-8　约束设置

　　(1)垂直约束强制使两条直线或多段线线段的夹角保持 90°。操作时先选择的线保持不动,后选择的线与前一条线垂直。

　　(2)平行约束强制使两条直线保持相互平行。操作时先选择的线保持不动,后选择的线与前一条线平行。

（3）水平约束强制使一条直线或一对点与当前 UCS 的 X 轴保持平行。

（4）竖直约束强制使一条直线或一对点与当前 UCS 的 Y 轴保持平行。

（5）相切约束强制使两条曲线保持相切或与其延长线保持相切。

（6）平滑约束强制使一条样条曲线与其他样条曲线、直线、圆弧或多段线保持几何连续性。

（7）共线约束使两条或多条直线段沿同一直线方向。

（8）同心约束将两个圆弧、圆或椭圆约束到同一个中心点。

（9）对称约束相对于选定直线对称。

（10）相等约束将选定圆弧和圆的尺寸重新调整为半径相同，或将选定直线的尺寸重新调整为长度相同。

（11）重合约束使两个点重合，或者约束一个点使其位于曲线（或曲线的延长线）上。可以使对象上的约束点与某个对象重合，也可以使其与另一对象上的约束点重合。

（12）固定约束使一个点或一条曲线固定到相对于世界坐标系（WCS）的指定位置和方向上。

4.4　定义标注约束

通过标注约束，可以定义线段的长度，夹角的大小，圆和圆弧的半径和直径等。

线性约束根据延伸线原点和尺寸线的位置创建水平、垂直或旋转约束。如果用户拉伸出水平标注，则约束对象的水平距离。

水平约束设定对象上的点或不同对象上两个点之间的 X 距离。

垂直约束设定对象上的点或不同对象上两个点之间的 Y 距离。

对齐约束设定对象上的两个点或不同对象上两个点之间的距离。

角度约束设定直线段或多段线段之间的角度、由圆弧或多段线圆弧段扫掠得到的角度，或对象上三个点之间的角度。

半径约束设定圆或圆弧的半径。

直径约束设定圆或圆弧的直径。

默认情况下，标注约束是动态的。动态约束具有以下特征：

（1）缩小或放大时保持大小相同。

（2）可以在图形中轻松打开或关闭。

（3）使用固定的预定义标注样式进行显示。

（4）自动放置文字信息，并提供三角形夹点，可以使用这些夹点更改标注约束的值。

（5）打印图形时不显示。

需要控制动态约束的标注样式时，或者需要打印标注约束时也可将动态约束更改为注释性约束。

注释性约束约束具有以下特征：

（1）缩小或放大时大小发生变化。

（2）随图层单独显示。

（3）使用当前标注样式显示。

（4）提供与标注上的夹点具有类似功能的夹点功能。

（5）打印图形时显示。

对于图 1-4-7 中的标注约束，默认为动态约束。如果改为注释性约束，效果如图 1-4-9 所示。此修改可通过对象特性修改完成，文字高度、箭头大小等也都可在对象特性中修改。

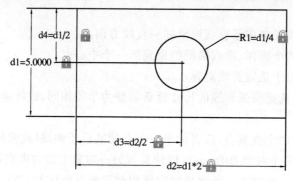

图 1-4-9　注释性约束

【实例】

1. 绘制如图 1-4-10 所示的图形。

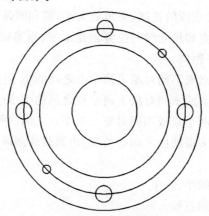

图 1-4-10　实例 1

首先绘制四个圆，设置同心约束，内侧圆半径约束为 5，外侧三个圆半径分别为：R1 * 2、R1 * 3 和（R2＋R3）/2，如图 1-4-11 所示。

然后绘制两个小圆，左侧的圆半径为（R3－R2）/4，距离 4 个圆圆心的距离为 R4，以约束其在第二大的圆上，用类似的方法约束左下侧的小圆半径为 R5/2，用三点法约束两个小圆到内侧圆心的夹角为 45°，其中第一点为 4 圆的圆心，后两个点为两个小圆的圆心，如图 1-4-12 所示。

新建一个图层，任意绘制四个小圆。新建辅助线层，从 4 圆圆心起，绘制 90°和 135°的两条线，作为后面对称约束的对称轴，如图 1-4-13 所示。

设置对称约束，左侧小圆与右侧小圆相对 90°线对称。左侧小圆与上侧小圆相对 135°线

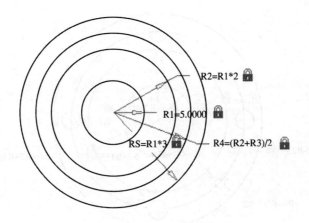

图 1-4-11　同心约束

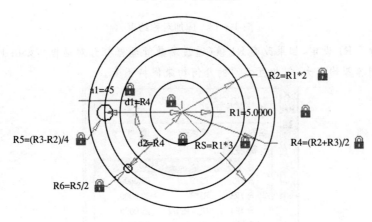

图 1-4-12　绘制小圆

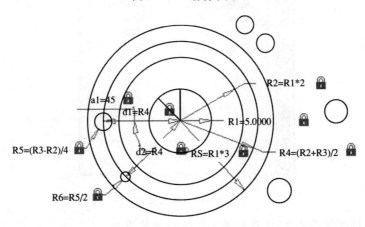

图 1-4-13　任意绘制 4 个圆

对称,右侧小圆与下侧小圆相对 135°线对称。左下侧小圆与右上侧小圆相对于 135°线对称,如图 1-4-14 所示。

至此,图形绘制完成。虽然绘制过程对于一些不熟悉参数化操作的用户来说稍微有些复杂,但绘制完成后,绘制的图形将始终满足所设定的约束,而且可对设定的参数进行修改。本图中各

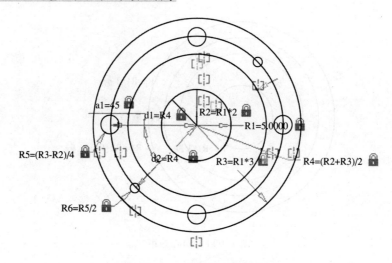

图1-4-14　施加对称约束

圆的半径均相对于R1设定,如果改变R1值(通过参数管理器打开对话框),如图1-4-15所示,将R1修改为10,则各圆均变大,但相互之间的几何约束保持不变。

名称	表达式	值
□ 标注约...		
R1	10	10.0000
R2	R1*2	20.0000
R3	R1*3	30.0000
R4	(R2+R3)/2	25.0000
R5	(R3-R2)/4	2.5000
R6	R5/2	1.2500
a1	45	45
d1	R4	25.0000
d2	R4	25.0000

显示了9个参数,共9个

图1-4-15　修改尺寸

隐藏约束和辅助线层之后,可得到图1-4-16所示的图形。

2. 绘制如图1-4-17所示的图形。

首先,可随意绘制闭合多段线和两个小圆,如图1-4-18所示。

对初始图形进行几何约束,使各边水平或竖直,并使左右两侧的对应线段相等,得到图1-4-19。

对图形进行标注约束,使底边长为12(d1),上方凹槽的长为d1/2,高为d1/6,左侧高为

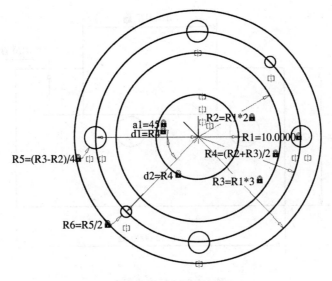

图 1-4-16　得到结果

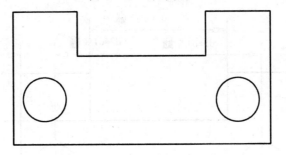

图 1-4-17　实例 2

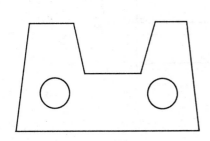

图 1-4-18　多段线和圆

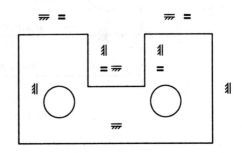

图 1-4-19　水平和竖直约束

d1/2。如图 1-4-20 所示。

对圆进行标注约束,使其半径为 d1/12,左边圆离左边的距离为左上边长度的一半(d1/8),离下边的距离为槽口下边到底边的一半[(d4－d3)/2]。右侧同样。如图 1-4-21 所示,即可得到最终的图形。

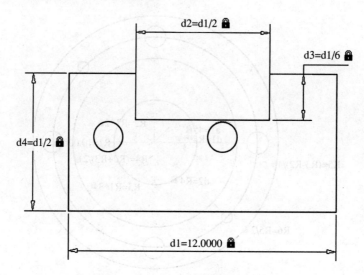

图 1-4-20　尺寸约束 1

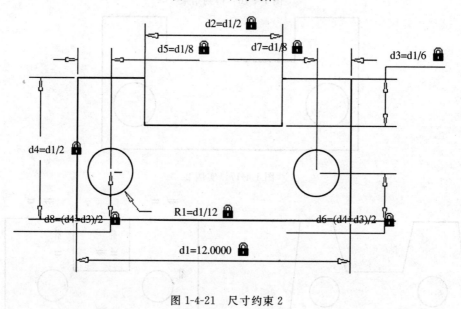

图 1-4-21　尺寸约束 2

第 5 章 视图操作与图层控制

学习目标

- 了解 AutoCAD 中图形显示的设置方式。
- 理解图层与对象显示的关系。
- 掌握视图平移和视图缩放的方法；图层的生成、设置、删除等操作。
- 熟练掌握日常绘图中经常使用的视图操作及图层的操作。

在 AutoCAD 2010 中，用户可以使用多种不同的方式来观察绘图窗口中的图形。通过控制图形的显示，可以灵活地观察图形的整体效果或局部细节，以便更加精确地绘制和查看图形效果。

5.1 视图平移和缩放

5.1.1 视图平移

平移视图可以更改图形在绘图窗口中的显示区域，而不会更改图形中的对象位置或比例。视图平移的模式有两种：

（1）实时平移。用拖动的方式进行平移。单击"视图"选项卡下"导航"面板上的"平移"按钮；或在命令提示下，输入"PAN"。此时，绘图窗口中的十字光标变为手形光标，单击并拖动图形对象。

（2）定点平移。通过指定方向或者位移进行平移。在命令行中输入"-PAN"，然后指定基点（要平移的点）和第二点（要平移到的目标点），或输入位移大小，即可完成平移操作。

5.1.2 视图缩放

缩放视图可以放大或缩小图形的显示尺寸，而不改变图形的实际大小。

要启动缩放命令，在命令行中输入 ZOOM，命令行提示"［全部（A）/中心（C）/动态（D）/范围（E）/上一个（P）/比例（S）/窗口（W）/对象（O）］＜实时＞："。有多个选项，可进行缩放模式的选择：

（1）实时缩放。通过拖动的方式进行缩放。"实时缩放"的按钮在"视图"选项卡下"导航"面板中。点击显示放大镜光标后，单击并按住定点设备，然后垂直拖动以放大和缩小。要退出命令，可以按 Enter 键或 Esc 键，或单击鼠标右键。

（2）全部缩放。通过全部缩放后可显示整个图形的所有图像。在平面视图中，它以图形界限和当前图形范围为显示边界。一般情况下，哪个范围大就将哪个作为显示边界。"全部缩放"的按钮是 ⊕。

（3）中心缩放。通过改变视图的中心点来缩放视图中的对象。"中心缩放"的按钮是 ⊕。

（4）动态缩放。使用"动态缩放"会在当前窗口中显示图形的全部,同时弹出一个视图框,视图框表示视口,可以改变它的大小,或在图形中移动,这样就可以调整图形显示的比例或移动图形显示的范围。确定范围之后按 Enter 键即可缩放图形。"动态缩放"的按钮是 ⊕。

（5）范围缩放。使用"范围"缩放可以在屏幕上尽可能大地显示图形。它的功能和"全部缩放"大致相同,只不过该选项将最大限度地显示图形并充满整个屏幕。"范围缩放"的按钮是 ⊗。

（6）上一个。使用该命令后可以恢复上一次显示的图形。该命令只是还原视图的缩放情况,而不能对图形的编辑起作用。对应的工具栏按钮是 ⊕。

（7）比例缩放。按缩放比例缩放图形。比例因子有两种表示方法:一种是在数字后加后缀 X,表示缩放为当前视图的倍数;另一种是在数字后加 XP,表示相对于图形界限的倍数。

（8）窗口缩放。通过指定边界缩放区域。使用该命令后,指定要查看的矩形区域的一个角点和对角,即可执行放大操作。"窗口缩放"的按钮是 ⊕。

（9）对象缩放。使用"对象"缩放命令,可以尽可能大地显示一个或多个选定的对象并使其位于绘图窗口的中心。"对象缩放"的按钮是 ⊕。

（10）另外"导航"面板上还有"放大"按钮 ⊕ 和"缩小"按钮 ⊖,选择"放大"时,整个图形会放大一倍,即默认的比例因子是 2;选择"缩小"时,整个图形会缩小为原来的一半。

5.2　鸟瞰视图

在大型图形中,可以在"鸟瞰视图"的窗口中快速平移和缩放。它是一种独立的可视化平移和缩放的视图,提供了观察图形的另一个区域。

在命令行中输入 DSVIEWER,即可弹出"鸟瞰视图"窗口,如图 1-5-1 所示。

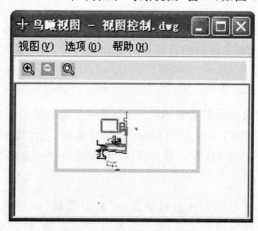

图 1-5-1　鸟瞰视图窗口

在"鸟瞰视图"窗口内,有一个粗线矩形,叫做视图框。视图框用于显示当前视口中的视图边界,通过改变视图框可以改变主视图中显示的图形。

在"鸟瞰视图"窗口内可进行如下操作：

（1）全局。在"鸟瞰视图"窗口中，单击"视图"菜单下的"全局"，可在窗口中显示整张图形。

（2）更改图像比例。单击"鸟瞰视图"窗口中工具栏上的"放大" 或"缩小" ，可用于增加或减小"鸟瞰视图"图像的比例。

注意：在"鸟瞰视图"窗口中显示整幅图形时，"缩小"菜单选项和按钮不可用；当前视图几乎充满"鸟瞰视图"窗口时，"放大"菜单选项和按钮不可用。

（3）平移视图。在"鸟瞰视图"窗口中，在视图框内单击直到显示"×"为止，如图 1-5-2 所示。然后拖动以改变视图，单击鼠标右键或按 Enter 键结束平移操作。

（4）缩放视图。在视图框内单击直到显示"→"为止，如图 1-5-3 所示。向右拖动可以缩小视图，向左拖动可以放大视图。单击鼠标右键或按 Enter 键结束缩放操作。

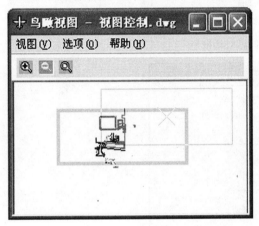

图 1-5-2　在鸟瞰视图中平移视图

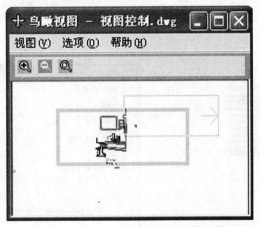

图 1-5-3　在鸟瞰视图中缩放视图

5.3　保存和恢复视图

5.3.1　命名和保存视图

操作步骤如下：

（1）单击"视图"面板上的"命名视图" ，或在命令行输入 VIEW，弹出"视图管理器"对话框，如图 1-5-4 所示。该对话框左边的列表框中列出了当前已命名的视图和可作为当前视图的类别。

（2）单击"新建"，弹出"新建视图"对话框，如图 1-5-5 所示。

（3）在"视图名称"框中，为该视图输入名称。如果图形是图纸集的一部分，系统将列出该图纸集的视图类别，可以从中选择"视图类别"。

（4）在"边界"部分，可以选择以下选项之一来定义视图区域：

• 当前显示。包括当前可见的所有图形。

• 定义窗口。保存部分当前显示。

（5）单击"确定"完成新建视图。再次单击"确定"保存新视图。

图 1-5-4 "视图管理器"对话框

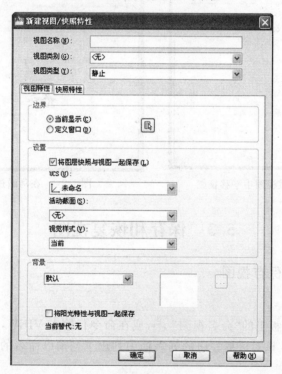

图 1-5-5 "新建视图"对话框

5.3.2 恢复视图

操作步骤如下：

（1）在"视图管理器"的"视图"列表中，选择要恢复的视图。

（2）单击"置为当前"，然后单击"确定"即可恢复保存过的视图。

5.3.3 更改视图特性

在"视图管理器"的"特性"面板中,可对视图的特性进行更改,如图 1-5-6 所示。单击名称,可对视图进行重命名。单击要更改的特性,输入新值或从值列表中选择值来指定新特性值。完成更改后,单击"确定"。

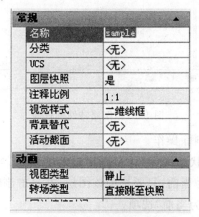

图 1-5-6 更改视图特性

5.4 图层控制

图层就像是一些重叠在一起的透明薄片,用户可以在不同的图层上绘图,并把它们叠加起来。通过创建图层,可以将类型相似的对象指定给同一图层以使其相关联。例如,可以将构造线、文字、标注和标题栏置于不同的图层上,对相应的图层可以作如下的设定:

- 图层上的对象在任何视口中是可见还是不可见。
- 是否打印对象以及如何打印对象。
- 为图层上的所有对象指定何种颜色。
- 为图层上的所有对象指定何种默认线型和线宽。
- 是否可以修改图层上的对象。
- 对象是否在各个布局视口中显示不同的图层特性。

5.4.1 新建图层和更改图层特性

创建新图层的步骤如下:

(1) 依次单击"常用"选项卡、"图层"面板、"图层特性"按钮 ;或从命令行输入 LAYER。弹出"图层特性管理器",如图 1-5-7 所示。可以看到已有一个名为"0"的图层,该图层由系统自动生成,既不能被删除,也不能重命名。

(2) 单击"新建图层"按钮 ,一个高亮显示的名为"图层 1"的图层自动添加到图层列表。在点亮的图层名上输入新图层的名称,然后在空白处单击完成创建。

在图层特性管理器中,可以对图层的各种特性进行更改或设定:

(1) 要删除图层,只要选中该图层,然后单击"删除图层"按钮 。不过,使用该按钮只能删除空白的图层,如果要删除含有图形对象的图层,必须先删除或移出该图层上的所有图形,

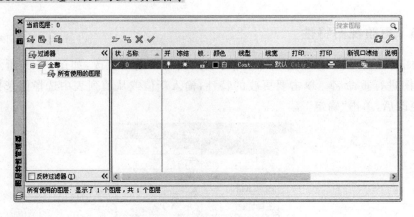

图 1-5-7   图层特性管理器

然后才可以使用该按钮进行删除操作。

（2）图层"名称"前面的"状态图标"代表图层当前的状态，当图标为 ✓ 时，表示该图层是当前层。要想把一个图层置为当前，只要选中该图层，并单击删除按钮右边的"置为当前"按钮 ✓；或单击鼠标右键选择"置为当前"选项。

（3）"开"列表显示图层是显示还是不显示，可以通过单击小灯泡图标来控制图层的"开 ♀"和"关 ♀"。

（4）"冻结"列表显示图层冻结 ❄ 或解冻 ☀。如果图层被冻结，该图层上的图形对象将不能显示，不能输入到图纸，也不参与图形之间的运算。被解冻的图层则没有这些限制。

（5）"锁定"列表显示图层锁定 🔒 或解锁 🔓。如果图层被锁定，用户将无法修改该图层上的对象。如果锁定的是当前图层，用户仍可在该图层上绘图，只是不能进行编辑操作。

（6）用户可以单击"颜色"、"线型"、"线宽"列表下相应的图标来设置图层的特性。其中图层的颜色、线型和线宽指的都是在该层上所绘制对象的颜色、线型和线宽。

（7）"打印样式"列表用来修改该图层的打印样式；"打印"列表用来确定是否打印该图层上的图形对象。此功能只对可见图层起作用。

（8）对图层进行排序，单击列标题就会按该列中的特性排列图层。图层名可以按字母的升序或降序排列。

以上操作同样可在工具栏上的"图层"面板中实现。图层面板如图 1-5-8 所示。单击相应的按钮，可对当前图层进行不同的设置。

图 1-5-8   "图层"工具栏

5.4.2　图层过滤

使用图层过滤功能可以限制图层特性管理器和"图层"工具栏上的"图层"控件中显示的图层名。这一功能对于处理包含大量图层的工程图,效果十分显著。

图层过滤器有两种:图层特性过滤器和图层组过滤器。

(1)图层特性过滤器。当已知图层名称或其他特性时可以使用特性过滤器。例如,可以创建一个过滤器,用来过滤出颜色为绿色,名称中包含"s_"的所有图层。

创建步骤是:在图层特性管理器中点击"新建特性过滤器"按钮 ，弹出"图层过滤器特性"对话框,在"过滤器名称"文本框中输入新建的过滤器的名字;在"过滤器定义"下的表格中,设置"名称"为"s_ * ",颜色为"绿色",如图 1-5-9 所示。可以在"过滤器预览"框中看到符合条件的图层已被筛选出来。单击确定,完成创建,此时过滤器树状图中可以看到刚刚建立的过滤器。

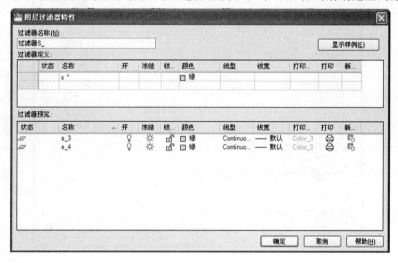

图 1-5-9　图层过滤器特性

(2)图层组过滤器。直接选取图层,将图层放入组过滤器,而不考虑其名称或特性。

方法是:单击"新建组过滤器"按扭 ，此时过滤器树状图中显示新建的组过滤器,点击该过滤器,可以对其重命名,如图 1-5-10 所示。然后单击"所有使用的图层"或其他任意一个节点以在列表视图中显示图层,在该视图中,选择要添加到过滤器的图层,并将其拖动到树状图中的组过滤器名称。

注意:对于特性过滤器中的图层,一旦更改了图层的特性,该图层便不再符合过滤器的定义,这一图层也就不能在过滤器中显示出来。而对于组过滤器,即使更改了指定给过滤器的图层的特性,此类图层仍属于该过滤器。

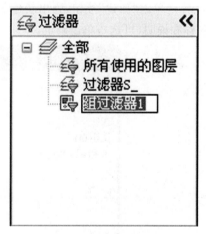

图 1-5-10　新建组过滤器

5.4.3　使用图层状态

可以将图形中的当前图层设置保存为图层状态，以后恢复这些设置。图层设置包括图层状态（如开或锁定）以及图层特性（如颜色或线型）。

（1）新建图层状态。步骤如下：

- 在图层特性管理器中单击"图层状态管理器"按钮 ，弹出图层状态管理器对话框，如图 1-5-11 所示。

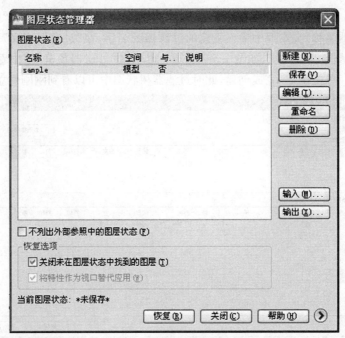

图 1-5-11　图层状态管理器对话框

- 单击"新建"按钮，弹出新建图层状态对话框，如图 1-5-12 所示。输入新建图层状态的名称和说明（可选），单击确定。

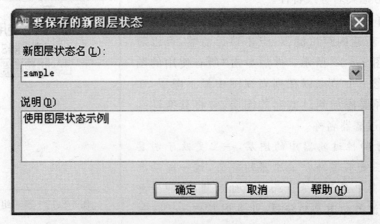

图 1-5-12　新建图层状态

• 单击"编辑"按钮,弹出编辑图层状态对话框。在该对话框中,可对图层特性进行设置,编辑除图层名外的所有特性。还可以添加或删除图层到图层状态,如图 1-5-13 所示。单击"添加",在"选择要添加到图层状态的图层"对话框中,选择要添加的图层,单击"确定"。再次单击"确定"退出编辑图层状态对话框。

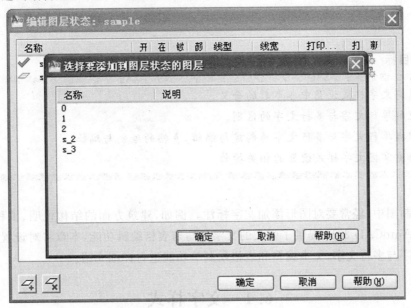

图 1-5-13　编辑图层状态

• 单击"关闭"退出图层状态管理器。

（2）恢复图层状态。在"图层状态管理器"对话框中,选择一个命名图层状态并单击"恢复",即可恢复保存图层状态时指定的图层设置。

（3）输入和输出图层状态。可以从其他图形中输入图层设置并输出图层状态,方法是:在"图层状态管理器"中,选择"输入",在弹出的"输入图层状态"对话框中,选择文件扩展名为".dwg"、".dws"、".dwt"或".las"的文件名,并单击"打开",选择该图层状态并单击"恢复"。在"图层状态管理器"对话框中,选择要输出的命名图层状态（.las）文件并单击"输出"。在"输出图层状态"对话框中,指定输出图层状态文件的位置即可。

第 6 章　文字与表格

学习目标

- 了解文字样式设置中各参数的含义。
- 理解单行文字与多行文字的区别。
- 掌握单行文字与多行文字的创建与编辑，表格的绘制与编辑。
- 着重掌握文字样式设置的相关操作。

在工程制图中，经常要对图形添加文字标注。例如，建筑方面的结构说明、工程零件的尺寸标注等。AutoCAD 2010 提供了强大的文字注写与表格编辑功能，本章将对设置文字样式、创建单行文字与多行文字、文本编辑和表格绘制等功能进行详细介绍。

6.1　文字样式

图形中的所有文字都具有与之相关联的文字样式。文字样式包括字体、字号、倾斜角度、方向等特征。

6.1.1　创建方法

（1）单击"注释"选项卡，在"文字"面板上单击" "，如图 1-6-1 所示。

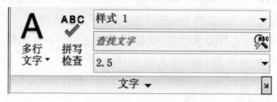

图 1-6-1　文字面板

（2）在命令行中输入命令 STYLE。执行此命令后，弹出"文字样式"对话框，如图 1-6-2 所示。

6.1.2　选项功能

（1）"样式"区。用于显示文字样式名、创建新的文字样式、为已有的文字样式重命名或删除文字样式。

（2）"置为当前"按钮。将在"样式"下选定的样式设定为当前。

（3）"新建"按钮。用于建立新的文字样式，单击该按钮，则弹出"新建文字样式"对话框，如图 1-6-3 所示。在该对话框中输入样式名，单击"确定"按钮，即建立了一个新文字样式名，

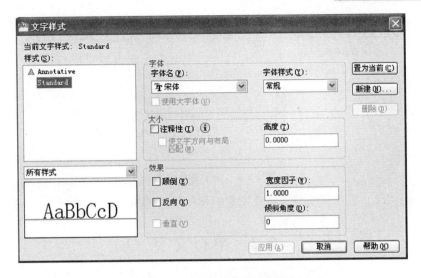

图 1-6-2 "文字样式"对话框

并返回到"文字样式"对话框,可对新命名的文字样式进行设置。

图 1-6-3 "新建文字样式"对话框

(4)"删除"按钮。用于删除已选择的文字样式,但不能删除已经被使用的文字样式和STANDARD样式。

(5)"字体名"下拉列表框。在该列表框中显示和设置中西文字体,单击该列表框右侧的下拉箭头,在弹出的下拉列表中选取所需要的中西文字体。

(6)"使用大字体"复选框。用于设置大字体。只有在"字体名"中指定 SHX 文件,才能使用大字体。

(7)"字体样式"下拉列表框。在该列表框中更改样式的字体。如果选用了 SHX 文件字体,在使用大字体时,原显示"字体样式"处变为显示大字体,可在该列表框中选择大字体的样式。

(8)"高度"文本框。用于设置字体高度。系统默认值为 0,若取默认值,注写文本时系统提示输入文本高度。

(9)"效果"区。用于设置文字的显示效果。

- 颠倒。用于控制是否将字体倒置,如图 1-6-4(b)所示。

- 反向。用于控制是否将字体以反向注写,如图 1-6-4(c)所示。

- 垂直。用于控制是否将文本以垂直方向注写,如图 1-6-4(d)所示。

- 宽度比例。用于设置字符的宽度与高度之比。

- 倾斜角度。用于确定字体的倾斜角度,其取值范围为 $-85°\sim85°$,如图 1-6-4(e)所示。

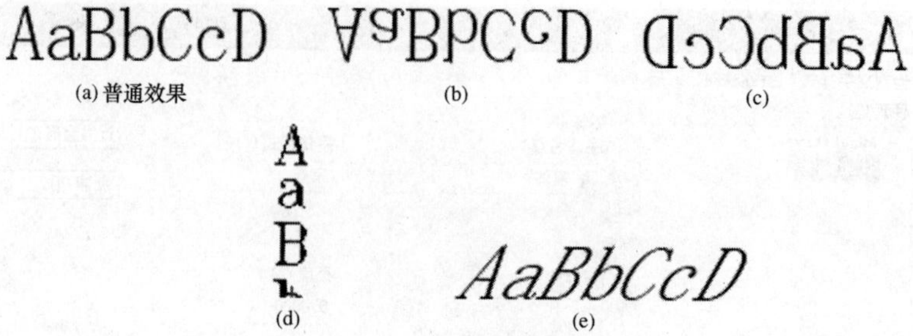

AaBbCcD　Ｖ９ＢＰＣＣＤ　ＤｏＣＢＳＡ

(a)普通效果　　　　　　(b)　　　　　　　(c)

AaB...

(d)　　　　　AaBbCcD

(e)

图 1-6-4　文字显示效果

（10）"预览"区。用于预览所选择或设置的文字样式效果。

6.2　单行文字

单行文字是以"行"作为独立对象的，使用单行文字功能可以用于标注简短的文字信息，同时也可以编写多行文字，但每次选择只能选定其中一行，而不能选定整个文本。

创建单行文字有两种方法，一种是鼠标操作，另一种是通过命令行输入。

6.2.1　通过鼠标操作创建单行文字

（1）依次单击"注释"标签、"多行文字"下拉式、"单行文字"。如图 1-6-5 所示。

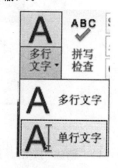

（2）鼠标单击确定第一个字符的插入点。如果按 Enter 键，程序将紧接着最后创建的文字对象（如果存在）定位新的文字。

（3）指定文字高度。此提示只有文字高度在当前文字样式中设置为 0 时才显示。一条拖引线从文字插入点附着到光标上。单击以将文字的高度设置为拖引线的长度。

图 1-6-5　执行单行文字命令

（4）指定文字旋转角度。可以输入角度值或使用定点设备。

（5）输入文字。在每一行结尾按 Enter 键，光标转换到下一行，再次按 Enter 键，完成创建。

6.2.2　在命令行中输入"TEXT"或"DTEXT"

执行步骤如下：

命令：DTEXT

命令行中显示当前文字样式、文字高度和注释性，并提示"指定文字的起点或［对正（J）/样式（S）］："，用户可单击鼠标选择文字起点或选择选项。

此时有如下几种选择。

（1）鼠标单击指定文字的起始点，系统进一步提示用户指定文字的高度、旋转角度和文字内容。

指定高度：　　　　　　　　　　（键入新的高度值）

指定文字的旋转角度：　　　　　（输入文字旋转角度）

输入文本:

(2) 选择"对正"项(默认方式是左对齐),系统将给出如下选项。

指定文字的起点或[对正(J)/样式(S)]:J ↓

输入选项[对齐(A)/调整(F)/中心(C)/中间(M)/右(R)/左上(TL)/中上(TC)/右上(TR)/左中(ML)/正中(MC)/右中(MR)/左下(BL)/中下(BC)/右下(BR)]:

其中,主要选项的含义如下:

• 对齐。通过指定基线的两个端点来绘制文字。文字的方向与两点连线方向一致,文字的高度将自动调整,以使文字布满两点之间的部分,但文字的宽度比例保持不变。

• 调整。通过指定基线的两个端点来绘制文字。文字的方向与两点连线方向一致。文字的高度由用户指定,系统将自动调整文字的宽度比例,以使文字充满两点之间的部分,但文字的高度保持不变。

• 中心、中间和右。这 3 个选项均要求用户指定一点,并分别以该点作为基线水平中点、文字中央点或基线右端点,然后根据用户指定的文字高度和角度进行绘制。

• 左上。在指定为文字顶点的点上左对正文字,只适用于水平方向的文字。

• 中上。以指定为文字顶点的点居中对正文字,只适用于水平方向的文字。

• 右上。以指定为文字顶点的点右对正文字,只适用于水平方向的文字。

• 左中。在指定为文字中间点的点上靠左对正文字,只适用于水平方向的文字。

• 正中。在文字的中央水平和垂直居中对正文字,只适用于水平方向的文字。

• 右中。以指定为文字的中间点的点右对正文字,只适用于水平方向的文字。

• 左下。以指定为基线的点左对正文字,只适用于水平方向的文字。

• 中下。以指定为基线的点居中对正文字,只适用于水平方向的文字。

• 右下。以指定为基线的点靠右对正文字,只适用于水平方向的文字。

对正方式如图 1-6-6 所示。

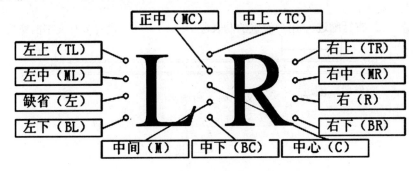

图 1-6-6 对正方式

(3) 如果用户选择"样式"选项,系统将提示用户指定文字样式。

指定文字的起点或[对正(J)/样式(S)]:S ↓

输入样式名或 [?]< STANDARD>:可直接输入文字样式名称,或输入"?"选项查看所有样式,并选择其中一种,然后返回上一层提示。

6.3 多行文字

多行文字又称段落文字,由两行以上的文字组成,各行文本以指定的宽度和对齐方式排列成为一个整体。多行文字可用来编写一些段落性的标注,如工程图中的技术说明等。

和单行文字一样,创建多行文字也有两种方式。

6.3.1 通过鼠标操作创建多行文字

(1) 单击"注释"标签下"文字"面板上的"多行文字",如图 1-6-7 所示。

图 1-6-7 执行多行文字命令

(2) 指定边框的对角点以定义多行文字对象的宽度。

(3) 指定对角点后出现如图 1-6-8 界面,上方的文字编辑器可用来设置或修改文字样式,在图幅的标尺上可以设置文字对象的宽度、列宽、段落格式、制表符等。

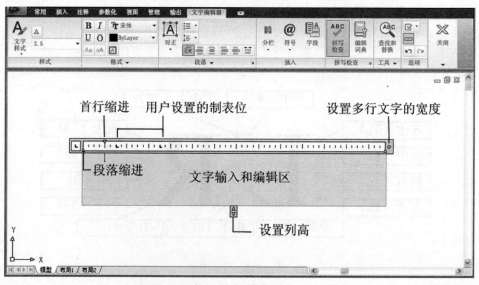

图 1-6-8 文字编辑器

(4) 在文字输入和编辑区内输入文字,如图 1-6-9 所示。

(5) 要保存修改并退出编辑器,请使用以下方法之一:

- 在文字编辑器面板上单击"关闭文字编辑器"。
- 单击编辑器外部的图形。
- 按 Ctrl＋Enter 组合键。

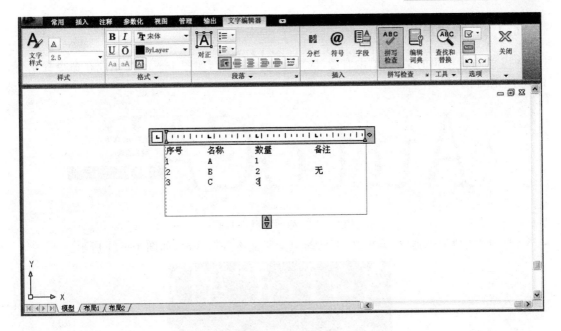

图 1-6-9　输入文字

6.3.2　在命令行中输入"MTEXT"

执行步骤如下：

命令：MTEXT

当前文字样式：(显示当前文字样式)文字高度，(显示当前文字高度) 注释性(是或否)

指定第一角点：(鼠标单击指定多行文字框的第一角点位置)

指定对角点或 [高度(H)/对正(J)/行距(L)/旋转(R)/样式(S)/宽度(W)/栏(C)]：

其中主要选项的含义如下。

(1) 指定对角点。该选项为默认选项，用于指定文本框的另一角点，确定文字行的宽度。当给出另一角点后，系统弹出"文字格式"对话框。

(2) 高度(H)。用于确定文字的高度。

(3) 对正(J)。用于设置文本的排列对齐方式。

(4) 行距(L)。用于设置多行文字的间距。

(5) 旋转(R)。用于设置文字行的旋转角度。

(6) 样式(S)。用于设置文字样式。

(7) 宽度(W)。用于定义文字行的宽度。

此时出现如图 1-6-8 所示的文字编辑器，在文字输入和编辑区内输入文字。以下操作和第一种用鼠标创建多行文字方式的步骤相同。

6.4　文字编辑

AutoCAD 2010 提供了强大的功能，用户可以方便地对单行文字和多行文字进行编辑、修改。

6.4.1 编辑单行文字

（1）选中待编辑的文字，单击右键，选择"编辑…"命令，如图 1-6-10 所示或在命令提示下，输入 DDEDIT。

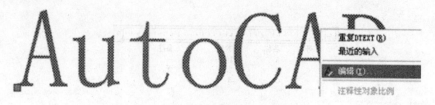

图 1-6-10　启动编辑文字命令

（2）在"在位编辑器"中编辑文字，此时只能对文本进行修改，如图 1-6-11 所示。

图 1-6-11　在位编辑器

（3）按 Enter 键结束命令。

（4）若要修改文字的格式和其他特性，选中文字并右击，选择"特性"命令，如图 1-6-12 所示。

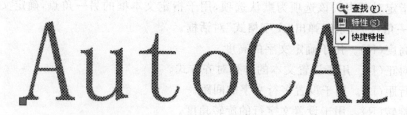

图 1-6-12　启动文字"特性"命令

（5）弹出文字"特性"面板，如图 1-6-13 所示。可根据需要编辑文字属性。

6.4.2 编辑多行文字

（1）选定待编辑的文字，单击右键，选择"编辑多行文字"。

（2）在"文本编辑器"面板上，用户可根据需要对文字的样式、格式、段落等进行设置和修改，如图 1-6-14 所示。

（3）另外，和单行文字一样，多行文字也可以使用"特性"选项板进行修改。

图 1-6-13 修改文字特性

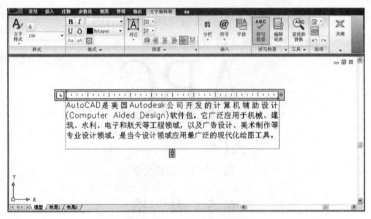

图 1-6-14 文本编辑器

6.4.3 查找和替换文字

（1）在"文字"面板上的"查找文字"文本框内输入要查找的文字,并单击,弹出"查找和替换"对话框。或在命令行输入"FIND",如图 1-6-15 所示。

（2）在"查找"中输入要查找的文字。在"查找位置"中,指定要搜索的图形部分,或单击"选择对象"按钮以选择一个或多个文字对象。

（3）单击"扩展查找选项"按钮以为指定文字指定搜索选项和文字类型。

（4）单击"查找"。

（5）使用以下选项之一查看搜索结果:

- 要在表格中列出所有结果,请单击"列出结果"复选框。

图 1-6-15　查找和替换

- 要单独缩放和亮显每个结果,请取消选中"列出结果"复选框。

(6) 单击"关闭"。

6.4.4　缩放文字

(1) 依次单击"注释"标签、"文字"面板、▼、缩放按钮 Ⓐ 缩放 ,或在命令提示下,输入"SCALETEXT"。

(2) 选择一个或多个多行文字对象并按 Enter 键。

(3) 指定一个对正方式选项或按 Enter 键以接受现有的文字对正方式,如图 1-6-16 所示。

(4) 输入 S 并输入要应用于每个多行文字对象的比例因子。如图 1-6-17 所示,是比例因子为 3 的效果。

图 1-6-16　选择对正方式

ABC
ABC

图 1-6-17　缩放文字

6.5　表　格

表格是由包含注释(以文字为主,也包含多个块)的单元构成的矩形阵列。在 AutoCAD 2010 中,用户可以使用默认的表格样式,也可以根据需要自定义表格样式,还可以将表格链接至 Microsoft Excel 电子表格中的数据。

6.5.1　创建并编辑表格

例:创建如图 1-6-18 所示的表格。

具体步骤如下:

(1) 启动创建表格的命令,有两种方式:

- 单击"注释"标签下的"表格" 表格 。

修改	日期	备注	说明		绘图	设计	比例尺
					校对	审核	日期
××建筑公司			工程名称	施工图	图号	张数	设计号
			图纸名称				

图 1-6-18 创建表格

- 从命令行输入"TABLE"。

弹出"插入表格"对话框,如图 1-6-19 所示。

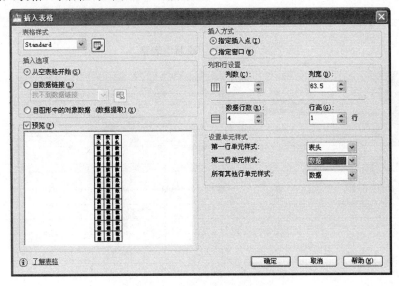

图 1-6-19 "插入表格"对话框

（2）在"列和行设置"区域,将"列数"设为 7,"数据行数"设为 4,同时可自定义列宽和行高;在"设置单元样式"区域,将"第一行单元样式"设为表头,"第二行单元样式"设为数据。（注意:由于系统会给新建的表格自动增加第一行"标题"和第二行"表头",在设置"数据行数"时要比实际的表格行数少两行。例如,要绘制一个 6 行的表格,"数据行数"应该设为 4。）设置完毕后,一个如图 1-6-20 所示的空表格就绘制完成了。

（3）修改表格。

- 修改列宽和行高。选中表格,表格上会出现许多蓝色的夹点。单击其中一个方形的夹点,在适当的地方再次单击,即可修改单列的宽度,如图 1-6-21 所示。若要修改行高,先选择一个单元格,再利用方形夹点进行修改。若要均匀修改表格的列宽和行高,可单击浅蓝色的三角形夹点。

- 合并单元格。选中某个单元格,单击右下角的菱形夹点,拖动到适当的位置并单击,就选中了多个单元格,如图 1-6-22（b）所示。右击,选择合并、按列,即合并成一个新的单元格。

继续对表格进行修改,直到修改为图 1-6-23 显示的那样。

（4）双击单元格,即可在其中输入文字。

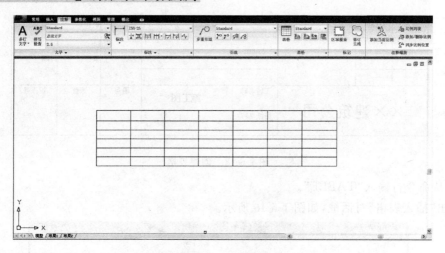

图 1-6-20　绘制空表格

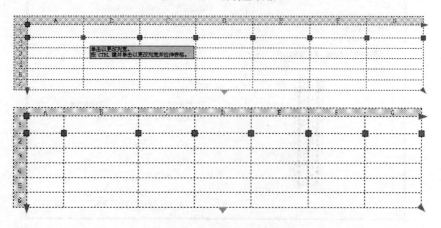

图 1-6-21　修改单列宽度

图 1-6-22　合并单元格

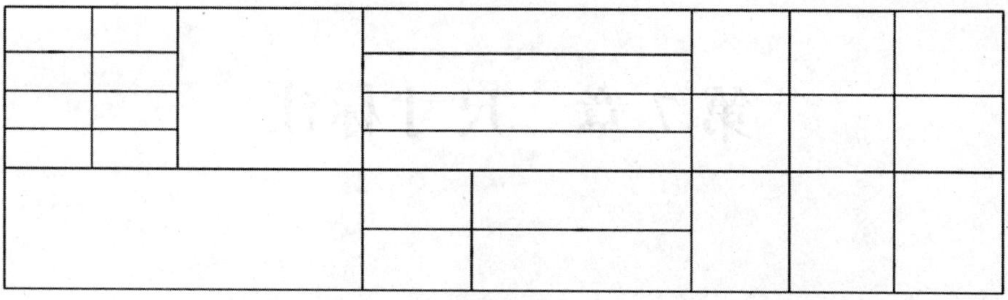

图 1-6-23　修改表格

（5）完成绘制表格。

6.5.2　创建表格的其他方式

（1）从数据链接创建表格，即将表格链接至 Microsoft Excel 电子表格中的数据。方法是依次单击"插入"标签、"链接和提取"面板上的"数据链接"按钮 ；或在命令提示下，输入"DATALINK"。（注意：要使用这种方式创建表格，需要安装 Microsoft Excel 2007。）

（2）从数据提取创建表格，即从已经存在的图形中提取出有用的数据，供下次使用。方法是依次单击"插入"标签、"链接和提取"面板上的"提取数据"按钮 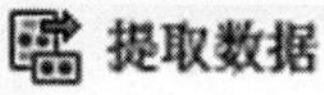 提取数据；或在命令提示下，输入"DATAEXTRACTION"。

第7章 尺寸标注

学习目标

- 了解标注样式定义中各参数的含义与作用。
- 理解标注样式设置对标注的影响。
- 掌握标注样式的设定，不同类型标注的生成与编辑。
- 熟练掌握标注样式的设定及标注的生成。

标注是向图形中添加测量注释的过程。图形只能表达物体的形状，而物体的大小和结构间的相对位置必须要有尺寸标注来确定。使用 AutoCAD 2010，可以方便快捷地为图形创建符合标准的尺寸标注样式。

7.1 标注样式

7.1.1 标注的基本概念

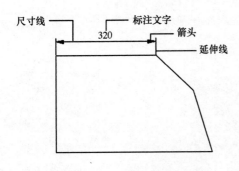

图 1-7-1 尺寸标注的组成

标注具有以下几种独特的元素：标注文字、尺寸线、箭头和尺寸延伸线，如图 1-7-1 所示。

7.1.2 标注样式

标注样式是标注设置的命名集合，可用来控制标注的外观，如箭头样式、文字位置和尺寸公差等。

（1）启动"标注样式"命令。执行创建标注样式的方法有以下两种：

- 单击"注释"面板、在"标注"面板上单击"⬛"。
- 在命令行输入"DIMSTYLE"。

执行此命令后，弹出"标注样式管理器"对话框，如图 1-7-2 所示。

该对话框中各选项功能介绍如下：

- "样式"区。显示图形文件中已有的标注样式。其中，选中的标注样式以高亮度显示。
- "列出"下拉列表框。用于控制显示标注样式的过滤条件，即"所有样式"和"正在使用的样式"。前者显示所有标注样式，后者仅显示当前图形使用的标注样式。
- "预览"区。用于预览当前尺寸标注样式的显示效果。
- "置为当前"按钮。单击该按钮，系统会将在"样式"列表框中选中的标注样式设置为当前尺寸标注样式。

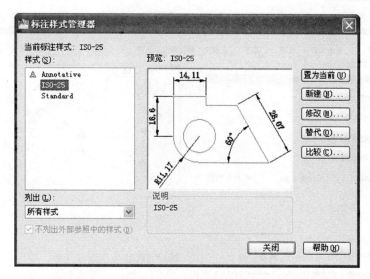

图 1-7-2 标注样式管理器

• "新建"按钮。用于创建一种新的尺寸标注样式。
• "修改"按钮。用于修改当前的尺寸标注样式。
• "替代"按钮。用于替代当前的尺寸标注样式。
• "比较"按钮。用于比较两种尺寸标注样式之间的差别。

（2）设置尺寸标注的具体格式。在"标注样式管理器上"单击"新建"按钮，弹出"创建新标注样式"对话框，如图 1-7-3（a）所示。在该对话框的"新样式名"文本框中输入样式名称，单击"继续"按钮，系统弹出对话框，如图 1-7-3（b）所示。

在标注样式对话框中，可对尺寸线和延伸线、符号和箭头、标注文字、单位和换算单位、公差等特性进行具体的设定。

各选项卡的功能如下：

• "线"选项卡。在"尺寸线"选项组中，"颜色"、"线型"和"线宽"用来设置尺寸线的颜色、线型以及线宽；"超出标记"用来设置当"箭头"采用斜线、建筑标记、小点、积分或无标记时，尺寸线超出延伸线的长度；"基线间距"用来设置当采用基线标注方式标注尺寸时（基线标注的含义见第 7 章第 2 节），各尺寸线之间的距离；与"隐藏"项对应的"尺寸线 1"和"尺寸线 2"分别用于确定是否省略第一段尺寸线、第二段尺寸线以及对应的箭头。在"延伸线"选项组中，"超出尺寸线"用来设置延伸线超出尺寸线的距离；"起点偏移量"用来确定延伸线的实际起始点相对

（a）

(b)
图 1-7-3　新建标注样式

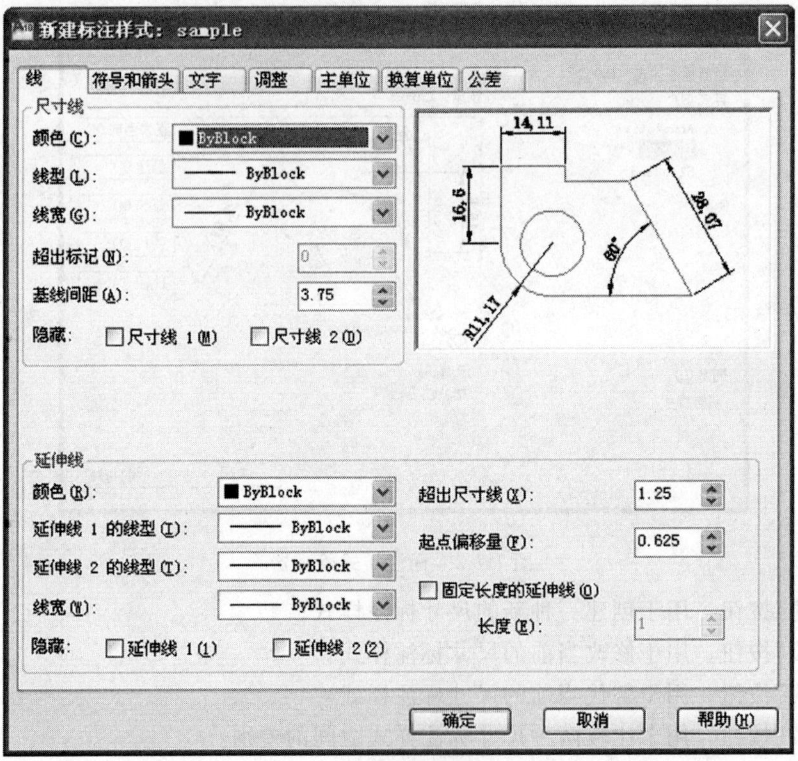

于其定义点的偏移距离；"固定长度的延伸线"复选框可使标注采用相同长度的延伸线。

- "符号和箭头"选项卡。该选项组用于设定箭头的样式、圆心标记、折断标注的大小、弧长符号、折弯角度大小(折断、弧长、折弯标注的含义见第 7 章第 2 节)等。
- "文字"选项卡。用于设置标注文字的样式、位置、对齐方式等。
- "调整"选项卡。用于设置尺寸文字、尺寸线、箭头等的位置以及其他一些特征。
- "主单位"选项卡。用于设置单位的格式、精度以及标注文字的前缀和后缀。
- "换算单位"选项卡。用于确定是否使用换算单位以及换算单位的格式。
- "公差"选项卡。用于确定是否使用标注公差以及标注公差的方式。

7.2　尺寸标注

在 AutoCAD 2010 中,尺寸标注的基本类型共有五类,分别是:线性标注、径向标注、角度标注、坐标标注和弧长标注。其中,线性标注又可以分为水平、垂直、对齐、基线和连续(链式)标注。径向标注可以分为半径、直径和圆心标注。

7.2.1　线性标注

(1) 水平、垂直和对齐。

● 水平和垂直。单击"标注"面板上的"线性"按钮 ⊢⊣ ;或在命令提示下,输入"DIMLIN-EAR"。然后在提示下完成创建。

● 对齐。与指定位置或对象平行的标注。单击"对齐"按钮 ↖ ;或在命令提示下,输入"DIMALIGNED",效果如图 1-7-4 所示。

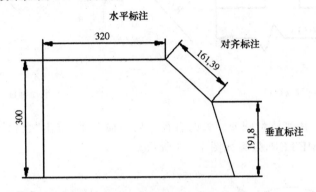

图 1-7-4 水平、垂直和线性标注

（2）基线和连续。在创建基线标注和连续标注之前,需创建线性、对齐或角度标注,在已有标注的基础上,才能继续创建。

● 基线。自同一基线测量的多个标注。单击"基线"按钮 ⊢⊣ ;或在命令提示下,输入"DIMBASELINE"。

● 连续。首尾相连的多个标注。单击"连续"按钮 ⊦⊦⊦ ;或在命令提示下,输入"DIM-CONTINUE",效果如图 1-7-5 所示。

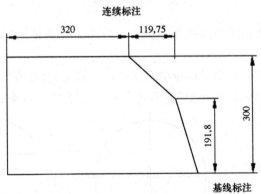

图 1-7-5 基线和连续标注

（3）线性折弯。当标注对象中间有折断时,可在水平、垂直或对齐标注上创建线性折弯标注。启动命令是单击"折断"按钮 ⋀ ,或从命令行输入"DIMJOGLINE",效果如图 1-7-6 所示。

7.2.2 径向标注

（1）半径标注。用来测量圆或圆弧的半径。启动命令是:单击"半径"按钮 ◯ ;或在命令行中输入 DIMRADIUS，效果如图 1-7-7 所示。图 1-7-7(b)是在选择圆弧后，输入"角度(A)"
(A＝1)的效果。

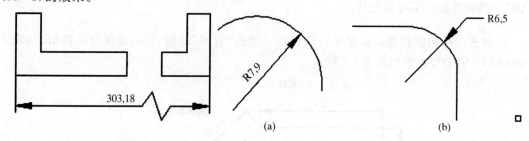

图 1-7-6 线性折弯标注   图 1-7-7 半径标注

（2）直径标注。用来测量圆或圆弧的直径。启动命令是：单击"直径"按钮 ；或在命令
行中输入 DIMDIAMETER，效果如图 1-7-8 所示。

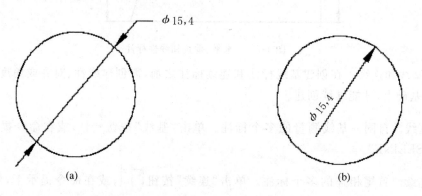

图 1-7-8 直径标注

（3）圆心标注。用来标注圆或圆弧的圆心。启动命令是单击"圆心"按钮 ；或在命令
行中输入 DIMCENTER。

如果要创建如图 1-7-9(b)所示的带中心线的圆心标记，只要在"修改标注样式"对话框的
"符号和箭头"选项卡中，将"圆心标记"下的选项更改为"直线"，效果如图 1-7-9 所示。

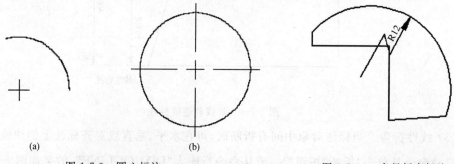

图 1-7-9 圆心标注   图 1-7-10 半径折弯标注

（4）半径折弯。当圆弧或圆的中心位于布局外部，且无法在其实际位置显示时，可以另外指定
一个中心点来替代圆弧或圆的圆心，创建一个"折弯半径标注"，也称为"缩放的半径标注"。启动命

令是单击"半径折弯"按钮 ；或从命令行输入"DIMCJOGGED"，效果如图 1-7-10 所示。

7.2.3 角度标注

角度标注主要用来测量角度的大小。这个角度可以是一段圆弧的圆心角，也可以是两条直线或三个点之间的夹角。启动命令是：单击"角度"按钮 ；或在命令行中输入"DIMAN-GULAR"，效果如图 1-7-11 所示。

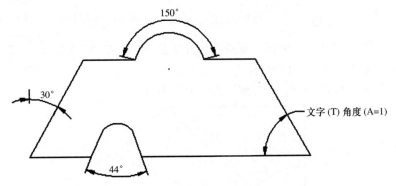

图 1-7-11 角度标注

7.2.4 坐标标注

坐标标注用来测量原点到特征（如部件上的一个孔）的垂直距离。启动命令是：单击"坐标"按钮 ；或从命令行输入"DIMORDINATE"，然后在提示下完成创建，效果如图 1-7-12 所示。

用户还可以根据需要自己指定原点的位置，依次单击"视图"选项卡、"坐标"面板上的"原点"按钮 ，即可自定义一个新的原点。如图 1-7-13 所示，是以图 1-7-12 中的长方形的一个顶点为原点所创建的坐标标注。

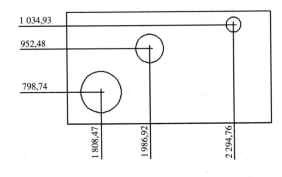

图 1-7-12 坐标标注

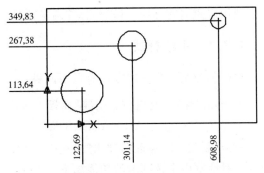

图 1-7-13 自定义原点创建坐标标注

7.2.5　弧长标注

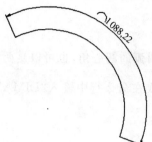

图 1-7-14　弧长标注

弧长标注用于测量圆弧或多段线圆弧段上的距离。启动命令是：单击"弧长"按钮 ；或在命令行中输入"DIMARC"，效果如图 1-7-14 所示。

7.2.6　打断标注

当标注或延伸线与对象相交的时候，可以在交点处对标注进行打断操作。方法是：单击"打断"按钮 ；或在命令行输入"DIMBREAK"，效果如图 1-7-15 所示。

如果标注已被打断，再次点击"打断"，可恢复原有标注。

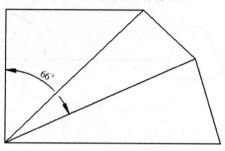

图 1-7-15　打断标注

7.2.7　快速标注

选择"快速坐标"命令 ，或在命令行中输入"QDIM"，可对选中对象快速创建一组坐标，尤其是创建基线或连续坐标、或者对一系列圆或圆弧创建坐标时，此命令非常有用。

7.3　多重引线标注

使用多重引线标注，可以对标注对象添加一些注释性的文字。

7.3.1　引线样式

执行创建引线样式的方法有以下两种：

- 单击"注释"面板、在"引线"面板上单击" "。
- 在命令行输入"MLEADERSTYLE"。

单击"新建"或"修改"，弹出"多重引线样式"对话框，如图 1-7-16 所示。

该对话框中个选项卡的功能如下：

（1）"引线格式"选项卡。用于设定引线和箭头的外观、引线打断的大小等。

（2）"引线结构"选项卡。用于设定对引线的一些约束条件、水平基线的设置以及引线的缩放比例。

（3）"内容"选项卡。用于设定引线类型、标注文字的样式以及引线的连接方式。

图 1-7-16 修改多重引线样式

7.3.2 创建多重引线标注

创建多重引线标注的启动命令是：单击"多重引线"按钮 ，或从命令行输入"MLEAD-ER"，效果如图 1-7-17 所示。

7.3.3 编辑多重引线

（1）对齐。可以将几条多重引线对齐并按一定间距排列。单击"引线"面板上的"对齐"按钮 ，或从命令行输入"MLEADERALINE"。然后选择要对齐的引线，并指定对齐方式，效果如图 1-7-18 所示。

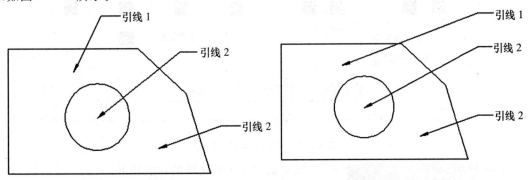

图 1-7-17 引线标注　　　　　　　　图 1-7-18 对齐引线

（2）合并。可以将包含块的多重引线组织到行或列中，如图 1-7-19（a）所示，并使用单引线显示结果。创建方法是单击"引线"面板上的"合并"按钮 ，或从命令行输入"MLEAD-ERCOLECT"，效果如图 1-7-19（b）所示。

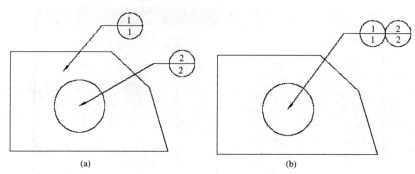

图 1-7-19　合并多重引线

7.4　形位公差

形位公差表示被测对象的实际形状、轮廓、方向、位置相对其理想形状、轮廓、方向、位置的允许偏差。

7.4.1　创建形位公差

执行创建形位公差的方法有以下两种：

（1）单击"注释"面板、在"标注"面板上单击"公差"按钮 。

（2）在命令行输入"TOLERANCE"。

执行此命令后，弹出"形位公差"对话框，如图 1-7-20 所示。

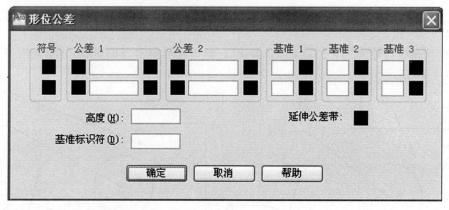

图 1-7-20　"形位公差"对话框

图 1-7-21　特征符号

该对话框中主要选项的功能如下：

（1）符号。确定形位公差的符号，即应用公差的几何特征，如位置、轮廓、形状、方向或跳动。单击"符号"下面的小黑框，会弹出"特征符号"的选择框，如图 1-7-21 所示。

其中，各符号的含义如表 1-7-1 所示。

表 1-7-1　　　　　　　　　　　　特征符号的含义

符号	含义	符号	含义
⊕	直线度（位置）	▱	平面度（形状）
◎	同轴度（位置）	○	圆度（形状）
⊨	对称度（位置）	—	直线度（形状）
∥	平行度（方向）	⌒	面轮廓度（轮廓）
⊥	垂直度（方向）	⌒	线轮廓度（轮廓）
∠	倾斜度（方向）	↗	圆跳动（跳动）
⌀	圆柱度（形状）	↗↗	全跳动（跳动）

（2）公差 1、2。确定公差值，在文本框中输入，可单击文本框前的小黑框确定是否在公差值前面添加直径符号。单击文本框后的小黑框，会弹出"附加符号"选择框，如图1-7-22所示。

这三个特殊符号代表公差的包容条件，他们的含义分别是：

M——最大包容条件，特征包含极限尺寸内的最大包容量。

L——最小包容条件，几何特征包含极限尺寸内的最小包容量。

S——不考虑特征尺寸，指的是几何特征可以是极限尺寸内的任何尺寸。

（3）基准 1、2、3。确定基准条件和对应的包容条件，最多可设定 3 个基准条件及其修饰符号。基准是用来测量和验证标注的理论上精确的点、轴或平面的。通常两个或三个相互垂直的平面效果最好，这几个相互垂直的平面可以构成一个基准参考框，如图 1-7-23 所示。

图 1-7-22　附加符号

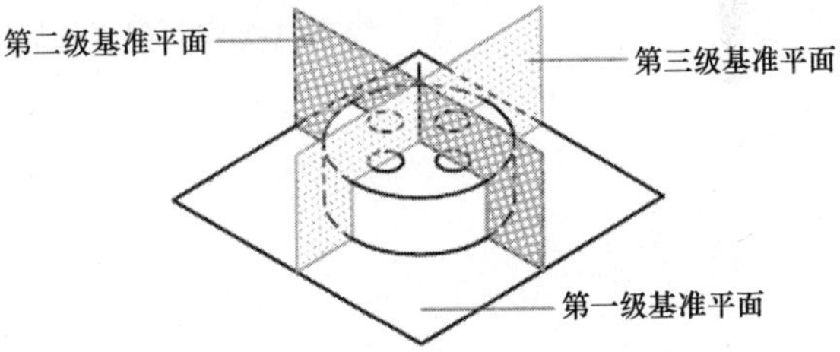

图 1-7-23　基准参考框

（4）高度（H）。指定延伸公差带的高度。

（5）基准标识符（D）。指定由参照字母组成的基准标识符。

（6）延伸公差带。单击小黑框，在投影公差带值的后面插入投影公差带符号 Ⓟ。指定投影公差可以使公差更加明确。例如，使用投影公差控制嵌入零件的垂直公差带。延伸公差符号 Ⓟ 的前面为高度值，该值指定最小的延伸公差带。投影公差带的高度和符号出现在特征控制框下的边框中，如图 1-7-24 所示。

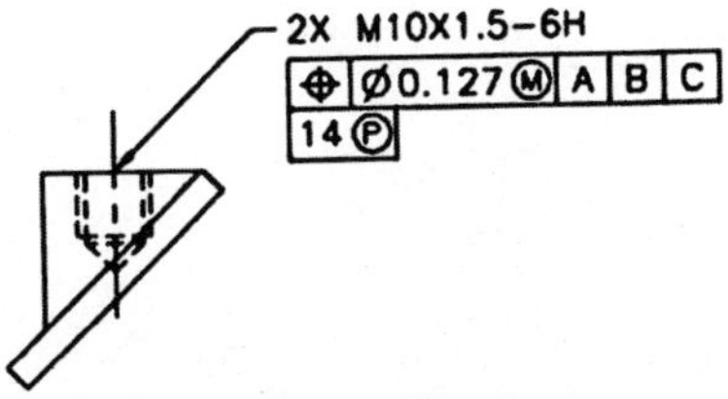

图 1-7-24　延伸公差带

7.4.2 创建带有引线的形位公差

有时可以对特征控制框添加引线，创建带有引线的形位公差，如图 1-7-25 所示。

步骤如下：

（1）在命令提示下，输入"LEADER"。

（2）指定引线的端点。

（3）按两次 Enter 键以显示"注释"选项。

（4）输入"T"（公差），弹出"形位公差"对话框，在该对话框中输入数据，如图 1-7-26 所示。

（5）完成创建。

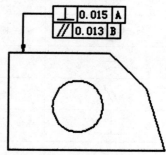

图 1-7-25　带有引线的形位公差

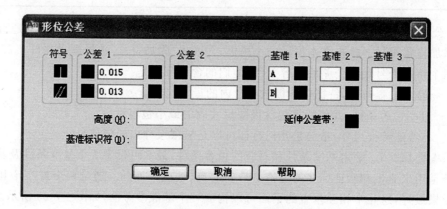

图 1-7-26　创建特征控制框

第 8 章 图块与外部参照

 **学习目标**

- 了解图块的存储原理和使用图块的优点。
- 理解图块插入的各参数的含义,图块与外部参照的区别。
- 掌握图块的定义和插入的方法;属性块的作用和插入方法;外部参照的操作及管理方法。
- 着重掌握图块在日常绘图中经常使用,其定义方法及插入时各参数的含义。

什么是图块? BLOCK 原意就是个块,它就是把几个对象并在一起。我们现实生活中也经常这么做,如汽车的轮子由许多零件组成,但对汽车来说,它就是一个零件;电脑硬盘也是由很多零件组成,但对大多数人来说,它就是一个整体,不需要再细分。

不管是什么专业的图纸,上面总会有一些永远或多数情况下搭配在一起不需要拆分的由多个对象组成的块。正因为这样,几乎所有 CAD 软件都会提供这么一个功能——创建和调用这样的组件。

8.1 图块的基本特点

块是一个或多个图形元素的集合,是 AutoCAD 图形设计中的一个重要概念,常用于绘制复杂、重复的图形。可以根据需要为块创建属性和各种信息,也可以使用外部参照功能,把已有的图形文件以外部参照的形式插入到当前图形当中。

总体来说,AutoCAD 中的块具有以下特点。

8.1.1 提高绘图速度

在 AutoCAD 中绘图时,常常要绘制一些重复出现的图形。如果把这些图形做成块保存起来,绘制它们时就可以用插入块的方法实现,即把绘图变成了拼图,从而避免了大量重复性的工作,提高了绘图效率。

8.1.2 节省存储空间

AutoCAD 要保存图中每一个对象的相关信息,如对象的类型、位置、图层、线型及颜色等,这些信息要占用存储空间。如果一幅画中包含有大量相同的图形,就会占据较大的磁盘空间。但如果把相同的图形事先定义成一个块,绘制它们时就可以直接把块插入到图中的相应位置。这样既满足了绘图要求,又可以节省磁盘空间。因为虽然在块的定义中包含了图形的全部对象,但系统只需要一次这样的定义。对块的每次插入,AutoCAD 仅需记住这个块对象的有关信息(如块名、插入点坐标及插入比例等)。对于复杂但需多次绘制的图形,这一优点更为明显。

8.1.3 便于修改图形

一张工程图纸往往需要多次修改。如在机械设计中,旧的国家标准用虚线表示螺栓的内径,新的国家标准则用细实线表示。如果对旧图纸上的每一个螺栓按新国家标准修改,既费时又不方便。但如果原来各螺栓是通过插入块的方法绘制的,那么只要简单地对块进行再定义,就可以对图中的所有螺栓进行修改。

8.1.4 可以添加属性

很多块还要求有文字信息以进一步解释其用途。AutoCAD 允许用户为块创建这些文字属性,并可以在插入的块中指定是否显示这些属性。此外,还可以从图中提取这些信息并将它们传送到数据库中。

8.2 定义图块

BLOCK(块)可以是绘制在几个图层上的不同颜色、线型和线宽特性的对象的组合。尽管块总是在当前图层上,但块参照保存了有关包含在该块中的对象的原图层、颜色和线型特性的信息。可以控制块中的对象是保留其原特性还是继承当前的图层、颜色、线型或线宽设置。

一旦对象被定义为图块,AutoCAD 就把它当做一个对象来处理。通过拾取图块内的任一对象,可以实现对整个图块对象进行复制、移动和镜像等编辑操作。

块分为内部块和全局块两种类型,本节将讲解运用 BLOCK 和 WBLOCK 命令定义内部块和外部块的操作。

8.2.1 创建内部块

输入命令"BLOCK"(快捷键"B")回车,或点击工具栏"插入|块"中的"创建",或点击菜单"绘图|块|创建"会弹出"块定义"的对话框。可以将已绘制的图形定义为块,如图 1-8-1 所示。

(1)"块定义"对话框中主要选项的功能说明如下。

• "名称"文本框。输入块的名称,最多可以使用 255 个字符。当行中包含多个块时,还可以在下拉列表框中选择已有的块。

• "基点"选项区域。设置块的插入基点位置。用户可以直接在 X、Y、Z 文本框中输入,也可以点击"拾取点"按钮切换到绘图窗口并选择基点。一般基点选在块的对称中心、左下角或其他有特征的位置。

• "对象"选项区域。设置组成块的对象。其中单击"选择对象"按钮,可以切换到绘图窗口选择组成块的各对象;单击"快速选择"按钮 ▨,可以使用弹出的"快速选择"对话框设置所选择对象的过滤条件;选择"保留"单选按钮,创建块后仍在绘图窗口上保留组成块的各对象;选择"转换为块"单选按钮,创建块后将组成块的各对象保留并把它们转换为块;选择"删

图 1-8-1　"块定义"对话框

除"单选按钮,创建块后删除绘图窗口组成块的原对象。

　　•"方式"选项区域。设置组成块的对象的显示方式。选择"按同一比例缩放"复选框,设置对象是否按同一比例进行缩放;选择"允许分解"复选框,设置对象是否允许被分解。

　　•"设置"选项区域。设置块的基本属性。单击"块单位"下拉列表框,可以选择从 Auto-CAD 设计中心中拖动块时的缩放单位;单击"超链接"按钮,将打开"插入超链接"对话框,在该对话框中可以插入超链接文档,如图 1-8-2 所示。

图 1-8-2　"插入超链接"对话框

　　•"说明"文本框。用来输入当前块的说明部分。

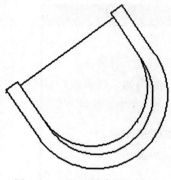

图 1-8-3　用于创建块的图形

（2）创建块操作步骤。下面将图 1-8-3 所示图形定义为块。

- 输入命令"BLOCK"（快捷键"B"）回车弹出"块定义"的对话框。
- 在"名称"文本框输入块的名称，如"新块 L"。
- 在"基点"选项区域点击"拾取点"按钮，拾取特定点确定基点位置。
- 在"对象"选项区域中选择"保留"单选按钮，再点击"选择对象"按钮切换到绘图窗口，选择所需对象。
- 在"块单位"下拉列表中使用默认的"毫米"选项，将单位设置为毫米。
- 在"说明"文本框中输入对图块的说明，如"键槽剖面"。
- 设置完毕，按"确定"按钮保存设置。

注意：创建块时，必须先绘出要创建的块的对象。块名必须唯一，不可以重复。

8.2.2　创建全局块

使用 BLOCK 命令创建的图块是图形内部文件，只能在该图形文件中使用。如果要在其他文件中使用该块，最简单的方法是采用 WBLOCK 命令创建全局块。

WBLOCK 命令和 BLOCK 命令一样可以定义块，只是该定义可以将块、选择集或整个图形作为一个图形文件单独存储在磁盘上。它建立的块本身既是一个图形文件，可以被其他图形引用，也可以单独打开，这样的块称为全局块。

操作步骤如下：

（1）输入"WBlock 命令"，弹出"写块"对话框，如图 1-8-4 所示。

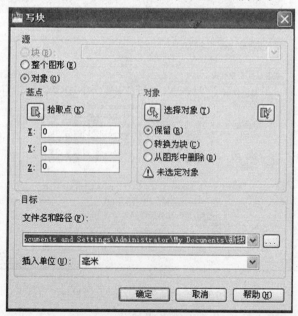

图 1-8-4　写块对话框

（2）写块的源可分为三种情况，如果已经事先定义内部块，则点击"块（B）"，并在右侧的下拉列表中选择定义好的内部图块，进入第（3）步；如果点击"整个图形（E）"，则将图纸中所有对象保存为外部图块，进入第（3）步；如果点击"对象（O）"，则需要像定义内部图块一样，进行对象选择和基点定义，单击"对象"选项区域中的"选择对象"按钮切换到绘图窗口，选择所需对象，回车回到"写块"对话框。在"基点"选项区域可点击"拾取点"按钮，拾取特定点确定基点位置，也可在对话框中直接输入基点坐标。

（3）在"文件名和路径"中输入保存路径和文件名，"插入单位"默认为"毫米"。

（4）单击"确定"按钮，弹出块预览窗口，然后完成写块操作。

所有的 dwg 图形文件均可视为外部块插入到其他的图形文件中，不同的是，用 WBLOCK 命令定义的外部块文件其插入基点是由用户设定好的，而用 NEW 命令创建的图形文件，在插入其他图形中时将以坐标原点（0，0，0）作为其插入基点。

8.3　插入图块

图块可以由绘制在几个图层上的若干对象组成，图块中保留图层的信息。可以在当前图形中插入图块或别的图形。插入的图块是作为一个单个实体。

当插入图块或图形的时候，必须定义插入点、比例、旋转角度。插入点是定义图块时的基点。

插入图块命令为"INSERT"，启动命令的方式有以下几种：

（1）在命令行输入"INSERT"或者"I"后回车。

（2）点击工具栏"插入｜块"中的"插入"。

（3）点击菜单"插入｜块"。

执行该命令后，将打开如图 1-8-5 所示的"插入"对话框。

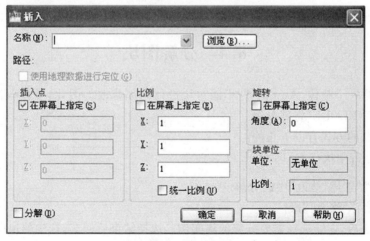

图 1-8-5　插入块对话框

8.3.1　插入

对话框中主要选项的功能说明如下。

（1）"名称"文本框。该下拉列表框中选择欲插入的内部块名。如果没有内部块，则是空白。当插入的块为外部块，则需要点击"浏览"按钮，在弹出的对话框中选择要插入的外部图块文件路径及名称。

（2）"插入点"选项区域。输入坐标值确定在图形中的插入点。也可以通过选中"在屏幕上指定"复选框，用对象捕捉的方法在工作区间上直接捕捉确定。

（3）"比例"选项区域。此三项输入框用于预先输入图块在 X 轴、Y 轴、Z 轴方向上缩放的比例因子。这三个比例因子可相同，也可不同。也可以通过选中"在屏幕上指定"复选框，在工作区间上动态确定缩放比例。选中"统一比例"复选框，则在 X 轴、Y 轴、Z 轴三个方向上的缩放比例相同。

（4）"旋转"选项区域。设置块实例相对于块定义的旋转角度。可以在"角度"文本框中输入旋转角度值，也可以通过选中"在屏幕上指定"复选框，在工作区间上动态确定旋转角度。

（5）"分解"复选框。该复选框用于指定是否在插入图块时将其分解，使它恢复到元素的原始状态。

8.3.2　插入块操作步骤

下面以图 1-8-6 所示的图形插入图块为例说明。

（1）输入"INSERT"/"I"命令，弹出"插入"对话框。单击"名称"文本框右侧的浏览按钮，找到需要插入的外部图块，单击"打开"按钮，返回"插入"对话框。

（2）在"插入点"和"旋转"选项区域分别勾选"在屏幕上指定"复选框。

图 1-8-6　插入前的图形

（3）在"比例"选项区域勾选"统一比例"，然后在 X 对应的文本框中输入需要的比例值，如 0.8。

（4）点击"确定"按钮，返回绘图区，根据命令行提示，为图块指定合适的插入点和旋转角度。

8.4　分解图块

由于图块是一个整体，AutoCAD 不能对块进行局部修改。因此，要修改图块，必须先用分解块命令"EXPLODE"将其分解。

启动该命令的方式有以下几种：

（1）在命令行中执行 EXPLODE 或 X 命令。

（2）工具栏"常用|修改"中的分解 ⬚。

（3）点击菜单"修改|分解"。

执行该命令后，连续选择需要分解的块实例。选择结束后回车，选中的块即被分解。图块被分解为彼此独立的普通图形对象后，每一个对象可以单独被选中，而且可以分别对这些对象进行修改操作。如果插入的图块是以等比例方式插入的，则分解后它将被分解成原始对象组件；如果插入图块时在 X、Y、Z 方向上设置了不同的比例，则图块可能被分解成意外的对象。

EXPLODE 命令不仅可以分解图块，还可以分解尺寸标注、填充区域等复合图形对象。

8.5　重定义图块

通过对图块的重定义,可以更新所有与之有关联的块实例,实现自动修改。其方法与定义图块的方法基本相同。其具体操作步骤如下:

(1) 使用分解命令将当前图形中需要重新定义的图块分解为由单个元素组成的对象。

(2) 对分解后的图块组成元素进行编辑。完成编辑后,再重新执行定义块命令,在打开的"块定义"对话框的"名称"下拉列表中选择源图块的名称。

(3) 选择编辑后的图形并为图块指定插入基点及单位,单击"确定"按钮,在打开的询问对话框中单击"是"按钮,即完成图块的重定义。

8.6　图块属性

一个零件、符号除自身的几何形状外,还包含很多参数和文字说明信息(如规格、型号、技术说明等),我们将图块所含的附加信息称为属性,如规格属性、型号属性。而具体的信息内容则称为属性值。可以使用属性来追踪零件号码与价格,属性可为固定值或变量值。插入包含属性的图块时,程序会新增固定值与图块到图面中,并提示要提供变量值。插入包含属性的图块时,可提取属性信息到独立文件,并使用该信息于空白表格程序或数据库,以产生零件清单或材料价目表。还可使用属性信息来追踪特定图块插入图面的次数。属性可为可见或隐藏,隐藏属性既不显示,亦不出图,但该信息储存于图面中,并在被提取时写入文件。属性是图块的附属物,它必须依赖于图块而存在,没有图块就没有属性。

8.6.1　属性的定义

定义属性的命令为"ATTDEF",启动命令的方式有以下几种:

(1) 在命令行输入"ATTDEF"或"ATT"后回车。

(2) 点击菜单"绘图|块|"定义属性。

ATTDEF 命令用于定义属性。将定义好的属件连同相关图形一起,用 BLOCK/B 命令定义成块(生成带属性的块),在以后的绘图过程中可随时调用它,其调用方式跟一般的图块相同。

执行该命令后,将打开如图 1-8-7 所示的"属性定义"对话框。

"属性定义"对话框中主要选项的功能说明如下。

(1) "模式"选项区域。用于设置属性的模式。"不可见"表示插入块后是否显示属性值;"固定"表示属性是否固定值,为固定值则插入后块属性值不再发生变化;"验证"用于验证所输入的属性值是否正确;"预设"表示是否将属性值直接预设成它的默认值;"锁定位置"用于固定插入块的坐标位置;"多行"表示使用多段文字来标注块的属性值。

(2) "属性"选项区域。用于定义块的属性。"标记"文本框中可以输入属性的标记;"提示"文本框可以输入插入块时系统显示的提示信息;"默认"文本框用于输入属性的默认值。

(3) "插入点"选项区域。用于设置属性值的插入点。可以输入坐标值确定在图形中的插入点。也可以通过选中"在屏幕上指定"复选框,用对象捕捉的方法在工作区间上直接捕捉确定。

(4) "文字设置"选项区域。用于设置属性文字的格式。

图 1-8-7　"属性定义"对话框

定义好所有的属性项后,就可以开始给图块添加属性了。添加属性的过程,就是建立图块与属性项关联关系过程,可以给一个图块添加多个属性项。

添加属性的具体步骤如下:

下面以图 1-8-8 所示的图形定义属性为例说明:

(1)在命令行输入"ATTDEF"或"ATT"后回车,弹出如图 1-8-9 所示的属性定义对话框。

(2)在"标记"文本框中输入"冠幅";在"提示"文本框中输入"请输入冠幅大小";在"默认"文本框中输入"500";在"文字高度"文本框中输入"150",如图 1-8-9 所示。

(3)单击"确定"按钮,返回绘图区,在图例的右上角单击鼠标,结果如图 1-8-10 所示。

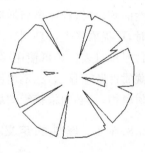

图 1-8-8　定义前的图形

图 1-8-9　属性定义

属性在未定义成图块前,其属性标志只是文本文字,可用编辑文本的命令对其进行修改、编辑。只有当属性连同图形被定义成块后,属性才能按用户指定的值插入到图形中。当一个图形符号具有多个属性时,要先将其分别定义好后再将它们一起定义成块。

8.6.2　创建属性块

创建属性块与创建普通块的方法完全相同,创建属性块是将定义好的属件连同相关图形一起,用 BLOCK/B 命令定义成块(生成带属性的块)。在以后的绘图过程中可随时调用它,其调用方式跟一般的图块相同。但是需要注意的是属性块也同样分为内部块和外部块两种。

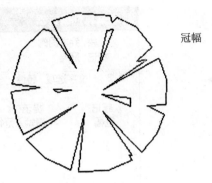

图 1-8-10　添加结果

创建属性块的步骤如下:

(1) 创建内部属性块。将上节定义好属性的块打开,执行 BLOCK/B 命令,打开"块定义"对话框在"名称"文本框输入块的名称,如乔木。在"基点"选项区域点击"拾取点"按钮,拾取中心点确定基点位置。在"对象"选项区域中点击"选择对象"按钮切换到绘图窗口,同时选择对象和属性。设置完毕,按"确定"按钮保存设置。完成属性块的定义。

(2) 定义为外部块。输入"WBLOCK 命令",弹出"写块"对话框,单击"对象"选项区域中的"选择对象"按钮切换到绘图窗口,选择所需对象,回车回到"写块"对话框。在"基点"选项区域点击"拾取点"按钮,拾取中心点确定基点位置。在"文件名和路径"中输入保存路径和文件名,"插入单位"默认为"毫米"。单击"确定"按钮,弹出块预览窗口,然后完成写块操作。

8.6.3　插入属性块

插入属性块和插入图块的操作方法是一样的,插入的属性块是一个单个实体。插入属性图块,必须定义插入点、比例、旋转角度。插入点是定义图块时的引用点。当把图形当作属性块插入时,程序把定义的插入点作为属性块的插入点。属性块的调用命令与普通块的是一样的,只是调用属性块时提示要多一些。

当插入的属性块被 EXPLODE 命令分解后,其属性值将丢失而恢复成属性标志。因此,用 EXPLODE 命令对属性块进行分解要特别谨慎。

8.6.4　编辑属性块

对属性块的编辑主要包括块属性定义的修改和属性值的修改。

(1) 修改属性值。使用"增强属性编辑器"可以方便地修改属性值和属性文字的格式。打开增强属性编辑器的方式有以下几种:

- 在命令行输入"ATTEDIT"后回车。
- 点击菜单"修改|对象|属性|Single"选项。
- 直接双击块中的属性文字。

ATTEDIT 命令可对图形中所有的属性块进行全局性的编辑。它可以一次性对多个属性块进行编辑,对每个属性块也可以进行多方面的编辑。它可修改属性值,属性位置,属性文本高度、角度、字体、图层、颜色等。

执行 ATTEDIT 命令后,选择需要修改的属性文字,激活"增强属性编辑器"对话框,如图 1-8-11 所示。

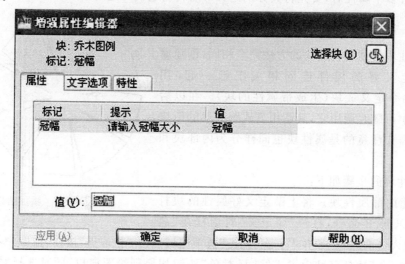

图 1-8-11　增强属性编辑器

该对话框有三个标签页,分别介绍如下:

• "属性"标签页。该标签页显示了所选择"块引用"中的各属性的标记、提示和它对应的属性值。单击某一属性,就可在"值"编辑框中直接对它的值进行修改。

• "文字选项"标签页。可在该标签页直接修改属性文字的样式、对齐方式、高度、文字行角度等项目。各项的含义与设置文字样式命令 STYLE 对应项相同。

• "特性"标签页。可在该标签页的编辑框中直接修改属性文字的所在图层、颜色、线形、线宽和打印样式等特性。

属性不同于块中的文字标注的特点能够明显地看出来,块中的文字是块的主体,当块是一个整体的时候,是不能对其中的文字对象进行单独编辑的。而属性虽然是块的组成部分,但在某种程度上又独立于块,可以单独进行编辑。

(2)修改块属性定义。使用"块属性管理器"可以修改所有图块的块属性定义。打开属性管理器的方式有以下几种:

• 在命令行输入"BATTMAN"后回车。

• 点击菜单"修改|对象|属性|块属性管理器"选项。

执行该命令后将打开如图 1-8-12 所示的"块属性管理器"对话框。

修改属性项——对话框中显示了已附加到图块的所有块属性列表。选择需要修改的块属性,单击"编辑"按钮打开如图 1-8-13 所示的"编辑属性"对话框,其结构与"增强属性编辑器"完全相同,我们可以在其中编辑属性项。完成后单击"确定"按钮即可。

删除属性项——在"编辑属性"对话框中选择需要删除的块属性,单击"删除"按钮即可将选中属性项从块属性定义中删除。

更新块——对块属性修改完成后,在"编辑属性"对话框中单击右面的"同步"按钮可以更新相应的所有块。该更新操作只适用于块属性定义,不能修改属性值。

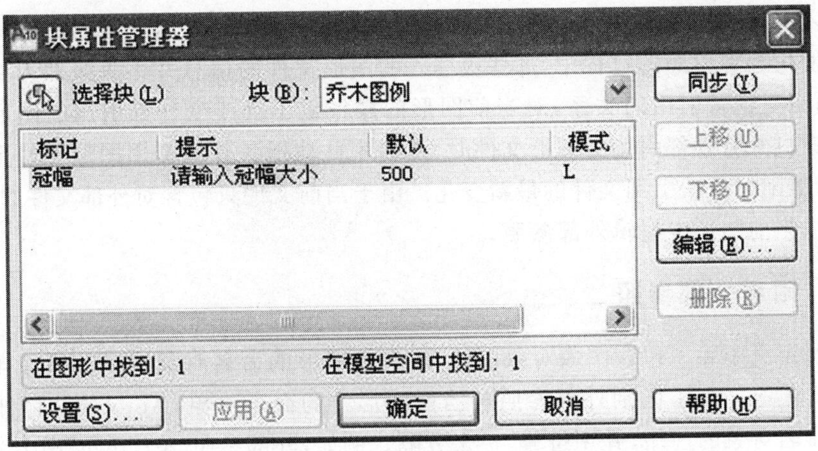

图 1-8-12　"块属性管理器"对话框

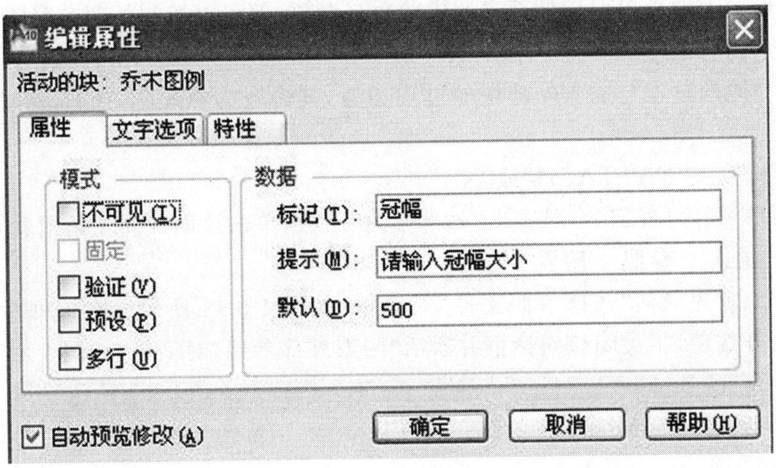

图 1-8-13　"编辑属性"对话框

8.6.5　提取块属性

附加在块上的块属性数据是重要的工程数据。在实际工作中,通常需要将块属性数据提取出来,供其他程序或外部数据库分析使用。属性提取功能可以将图块属性数据输入到表格或外部文件中,供分析使用。

利用 AutoCAD 提供的属性提取向导,只需根据向导提示按步骤操作,即可方便地提取块属性数据。

打开属性提取向导的方式有:

- 在命令行中输入"ATTEXT"后回车。
- 点击菜单"工具 | 数据提取"。

8.7　外部参照

外部参照是把已有的图形文件像块一样插入到图形中,但外部参照不同于图块插入,在插入图块时插入的图形对象作为一个独立的部分存在于当前图形中,与原来的图形文件丧失了关联性。在使用外部参照的过程中,那些被插入的图形文件的信息并不直接加入到当前的图形文件中,而只是记录引用的关系,对当前图形的操作也不会改变外部引用的图形文件的内容。只有用户打开有外部引用的图形文件时,系统才自动把各外部引用图形文件重新调入内存,且该文件能随时反映引用文件的最新变化。由于当前文件只包含对外部文件的一个引用,因此不可以在当前图形中编辑外部参照。

8.7.1　附着外部参照

外部参照定义中除了包含图像对象以外,还包括图形的命名对象,如块、标注样式、图层、线型和文字样式等。为了区别外部参照与当前图形中的命令对象,AutoCAD 将外部参照的名称作为其命名对象的前缀,并用符号"|"来分隔。例如,外部参照"8-1. dwg"中名为"Center"的图层在引用它的图形中名为"8-1| Center"。

在当前图形中不能直接引用外部参照中的命名对象,但可以控制外部参照图层的可见性、颜色和线型。

附着外部参照的过程与插入外部块的过程类似,其命令为 XATTACH,启动该命令有以下几种方式:

a. 在命令行输入"XATTACH"或"XA"。

b. 单击菜单"插入|外部参照"弹出"外部参照"面板,单击该面板左上角附着 dwg 按钮。

c. 工具栏"插入 | 参照 | 附着"。

执行该命令,首先激活"选择参照文件"对话框,如图 1-8-14 所示。在该框中选择参照文件之后,单击打开按钮,将关闭该对话框并激活"附着外部参照"对话框,如图 1-8-15 所示。

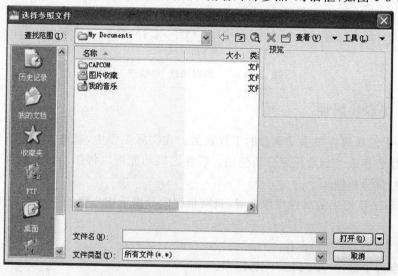

图 1-8-14 "选择参照文件"对话框

(1)"附着外部参照"对话框中主要选项的功能说明如下。

该对话框中的"插入点"、"比例"和"旋转"等项与插入图块对话框相同,其他项的作用为:

a. "路径类型"。设置外部参照的路径类型。如果选择了"完整路径"选项,外部参照的

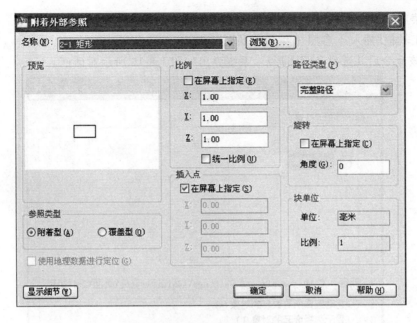

图 1-8-15　"附着外部参照"对话框

全路径将保存到图形数据库中;"相对路径"选项将保存外部参照相对于主图形的位置;"无路径"只保存外部参照的名称而不保存其路径,AutoCAD 将在主图形文件夹中寻找外部参照。

　　b. "参照类型"。指定外部参照是"附着型"还是"覆盖型",其含义为:

● "附着型"。显示出嵌套参照中的嵌套内容。

● "覆盖型"。不显示嵌套参照中的嵌套内容。

　　(2) 引入外部参照的操作步骤如下。

　　a. 确定外部参照文件。

　　b. 在"名称"中列出选好的文件名。如果想再选择别的文件作参照文件,可以单击"浏览"按钮,再打开"选择参照文件"对话框。

　　c. 指定参照类型:附加型和覆盖型选择其中之一。

　　d. 设定"插入点"、"比例"和"旋转"等项参数,可用"在屏幕上指定"或直接在编辑框键入的方式来设定。

　　e. 单击"确定"按钮,完成操作。

　　外部参照提供了把整个文件作为图块插入时无法提供的性能。当把整个文件作为图块插入,实体虽然保存在图形中,但原始图形的任何改变都不会在当前图形中反映。不同的是当链接一个外部参照时,原始图形的任何改变都会在当前图形中反映。当每次打开包含外部参照的文件时,改变会自动更新。如果知道外部参照已修改,可以在画图的任何的时候重新加载外部参照。从分图汇成总图时,外部参照是非常有用的。有外部参照定位在组中用户与其他人的位置。外部参照帮助减少文件量,并确保我们总是工作在图形中最新状态。

8.7.2　编辑外部参照

　　启动参照编辑命令有以下几种方式:

　　(1) 在命令行输入"REFEDIT"后回车。

（2）菜单"工具｜外部参照和块在位编辑｜在位编辑参照"。

（3）工具栏"插入｜参照｜编辑参照"。

执行该命令后并选择参照图形后，系统弹出如图 1-8-16 所示对话框。

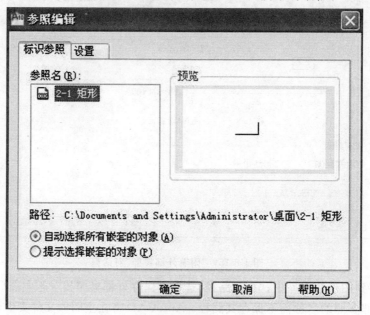

图 1-8-16 "参照编辑"对话框

选择参照后可以指定编辑其中的哪些对象。提示用户从当前图形中选择要编辑的外部参照或块参照，用户可以对外部参照或块做少量的修改，而不必打开参照图形或分解和重定义块。

8.7.3 管理外部参照

在 AutoCAD2010 中，可以在"外部参照"面板中对外部参照进行编辑和管理。

"外部参照"面板中各选项功能如下：

（1）按钮区域。该区域位于外部参照面板的最上面，共有 3 个按钮：附着 dwg、刷新和帮助。附着 dwg 按钮可以用于添加不同格式的外部参照文件；刷新按钮用于刷新当前面板的显示；帮助按钮可以打开系统的帮助页面。

（2）文件参照区域。该区域位于面板的中部，显示了当前图形中各个外部参照文件名称，单击其上方的列表或树形按钮可以设置文件列表框的显示形式。列表显示如图 1-8-17 所示，树形显示如图 1-8-18 所示。

（3）详细信息选项区域。该区域位于面板的下部，用于显示选定外部参照的详细信息。选择任意一个外部参照文件后，将再次出现时该外部参照文件的名称、加载状态、文件大小、参照类型等内容。

在文件参照列表上右击可以弹出如图 1-8-19 所示的快捷菜单，选择不同命令可以对外部参照文件进行相关操作。快捷菜单各命令含义如下：

（1）打开。在新建窗口中打开选定的外部参照文件进行编辑。

（2）附着。打开"选择参照文件"对话框。

图 1-8-17　列表显示参照

图 1-8-18　树形显示参照

（3）卸载。从当前图形中移走不需要的外部参照文件，但仍保留该文件的路径，当希望再次参照该图形时，单击对话框中的重载即可。

（4）重载。可以在不退出当前图形的情况下，更新外部参照文件。

（5）拆离。可以从当前图形中移除不再需要的外部参照文件。

图 1-8-19　外部参照文件

第9章 设计中心

学习目标

- 了解设计中心的功能组成。
- 理解设计中心各功能的作用。
- 掌握设计中心的操作,通过设计中心管理不同 AutoCAD 图形文件中图块、图层、外部参照等图形元素的方法。

AutoCAD 设计中心是 AutoCAD 提供的一个直观、高效并与 Windows 资源管理器相类似的工具。利用此设计中心,用户不仅可以浏览、查找、预览和管理 AutoCAD 图形、光栅图像等不同的资源,而且还可以通过简单的拖放操作,将位于本地计算机、局域网或因特网的块、图层、文字样式、标注样式等插入到当前图形。如果打开多个图形文件,在各文件之间也可以通过简单的拖放操作实现图形的插入,从而使已有资源得到再利用和共享,提高了图形管理和图形设计的效率。

9.1 设计中心功能简介

设计中心可以将位于本地计算机、局域网或因特网上的图块、图层、外部参照和用户自定义的图形内容复制并粘贴到当前绘图区中。同时,如果在绘图区打开多个文档,在多个文档之间也可以通过简单的拖放操作来实现图形的复制和粘贴。粘贴内容除了包含图形本身外,还包含图层定义、线型、字体等内容。这样资源可得到再利用和共享,提高了图形管理和图形设计的效率。

通常使用 AutoCAD 设计中心可以完成以下功能:

(1) 浏览和查看各种图形图像文件,并可显示预览图像及其说明文字。

(2) 查看图形文件中命名对象的定义,将其插入、附着、复制和粘贴到当前图形中。

(3) 将图形文件(dwg)从控制板拖放到绘图区域中,即可打开图形;而将光栅文件从控制板拖放到绘图区域中,则可查看和附着光栅图像。

(4) 在本地和网络驱动器上查找图形文件,并可创建指向常用图形、文件夹和因特网地址的快捷方式。

使用 AutoCAD 设计中心可以管理块参照、外部参照、光栅图像以及来自其他源文件或应用程序的内容。重复利用和共享图形内容是有效管理绘图项目的基础。不仅如此,如果同时打开多个图形,就可以在图形之间复制和粘贴内容(如图层定义)来简化绘图过程。

AutoCAD 设计中心也提供了查看和重复利用图形的强大工具。用户可以浏览本地系统、网络驱动器,甚至从因特网下载文件。使用 Autodesk 收藏夹(AutoCAD 设计中心的缺省文件夹),不用一次次寻找经常使用的图形、文件夹和因特网地址,从而节省了时间。收藏夹汇集了到不同位置的图形内容的快捷方式。例如,用户可以创建一个快捷方式,指向经常访问的网络文件夹。

使用 AutoCAD 设计中心还可以:

(1) 浏览不同图形内容源,从经常打开的图形文件到网页上的符号库。

(2) 查看图形文件中的对象(如块和图层)的定义,将定义插入、附着、复制和粘贴到当前图形中。

(3) 创建指向常用图形、文件夹和因特网地址的快捷方式。

(4) 在本地和网络驱动器上查找图形内容。例如,可以按照特定图层名称或上次保存图形的日期来搜索图形。找到图形后,可以将其加载到 AutoCAD 设计中心,或直接拖放到当前图形中。

(5) 将图形文件(dwg)从控制板拖放到绘图区域中即可打开图形。

(6) 将光栅文件从控制板拖放到绘图区域中即可查看和附着光栅图像。

(7) 通过在大图标、小图标、列表和详细资料视图之间切换控制板的内容显示,也可以在控制板中显示预览图像和图形内容的说明文字。

在 AutoCAD 设计中心中可以使用下列内容:

(1) 图形、可用作块参照或外部参照。

(2) 图形中的外部参照。

(3) 其他图形内容,如图层定义、线型、布局、文字样式和标注样式。

(4) 光栅图像。

(5) 由第三方应用程序创建的自定义内容。

9.2 设计中心选项板介绍

启动 AutoCAD 设计中心命令为"ADCENTER",启动命令的方式有以下几种:

- 命令行。ADCENTER(或别名 ADC)。

- 工具栏。视图 | 选项板工具集中 。

- 菜单。工具|选项板 | 设计中心。

- 组合键 Ctrl+2 键。

调用该命令后,将显示"设计中心"窗口,如图 1-9-1 所示。

9.2.1 AutoCAD 设计中心工具栏按钮含义和功能(图 1-9-2)

(1) 加载。用于向内容窗口中加载内容。

(2) 上一页、下一页。其功能与操作系统中同类按钮的作用相同。

(3) 上一级。单击该按钮,可返回上一级目录。

(4) 搜索。单击该按钮后,将打开"搜索"对话框,可对图形文件进行搜索。

(5) 收藏夹。单击该按钮后,可以列出 AutoCAD 收藏夹。

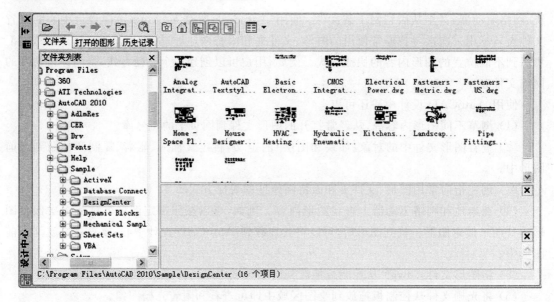

图 1-9-1　设计中心

图 1-9-2　设计中心工具栏

（6）主页。用于返回刚打开"设计中心"选项板时的路径。

（7）树状图切换。该按钮控制显示和不显示树状图窗口。

（8）预览。该按钮控制显示和不显示预览视图。

（9）说明。该按钮控制显示和不显示说明视图。

（10）视图。指定控制板中内容的显示方式。

9.2.2　AutoCAD 设计中心选项卡功能（图 1-9-3）

图 1-9-3　设计中心选项卡

（1）文件夹。显示设计中心资源，可以将设计中心内容设置为本计算机桌面，或是本地计算机的资源信息，也可以是网上邻居的信息，如图 1-9-4 所示。

（2）打开的图形。显示在当前 AutoCAD 环境中打开的所有图形，其中包括最小化的图形。此时单击某个文件图标，就可以看到该图形的有关设置，如图形、线性、文字样式、块及尺寸样式等，如图 1-9-5 所示。

（3）历史记录。显示最近通过设计中心访问过的文件，包括这些文件的完整路径，如图 1-9-6所示。

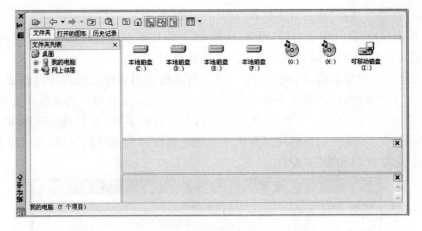

图 1-9-4 文件夹选项卡

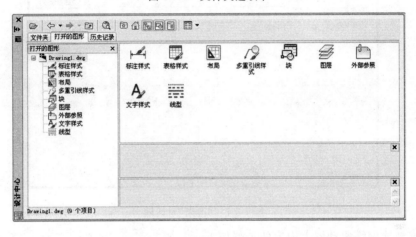

图 1-9-5 打开的图形选项卡

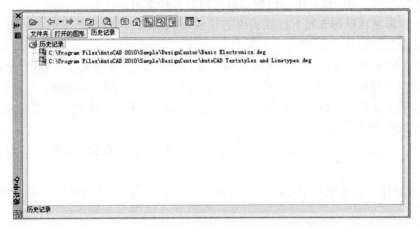

图 1-9-6 历史记录选项卡

9.3 利用设计中心打开图形和查找内容

将图形从 AutoCAD 设计中心中拖放到绘图区域的空白处,或者在控制板的图形文件图标上单击右键,然后选择"在窗口中打开"都可打开图形。

利用 AutoCAD 设计中心中的"搜索"功能,用户不仅可以浏览树状视图来定位文件,还可以搜索图形和其他内容(如块和图层定义以及任意自定义内容)。

单击设计中心的搜索按钮,可打开图 1-9-7 所示搜索对话框。用户可以在搜索对话框中设置条件(如上次修改时间)来缩小搜索范围,或者搜索块定义说明中的文字和其他任何"图形属性"对话框中指定的字段。例如,如果不知道图形文件的名称,可以搜索在搜索下拉列表中选择搜索"图形"。如果不记得将块保存在图形中还是保存为单独的图形,则可以在搜索下拉列表中选择搜索"图形和块"类型。

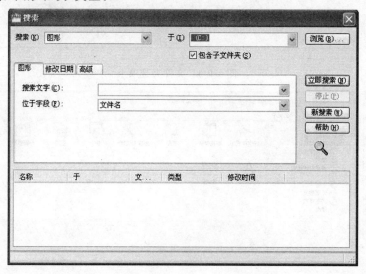

图 1-9-7 "搜索"对话框

查找本地或网络驱动器上内容的步骤如下:

(1)选择 AutoCAD 设计中心中的搜索按钮打开搜索对话框。

(2)在搜索对话框的查找下拉列表中选择要查找的内容类型,此时该对话框下方的选项卡将根据此处选择而变化。

(3)在"于"下拉列表中制定要搜索的驱动器,选择"浏览"或输入搜索路径,指定开始搜索的位置。如果想搜索指定位置的所有层次,请选择"包含子文件夹"复选框。

(4)如果在查找下拉列表中选择了图形,则搜索对话框中将包含三个选项卡。每个选项卡中包含不同的搜索条件。

• 图形。在搜索文字编辑框中指定要搜索的名称或文字,在位于字段下拉列表中选择可用的字段。

• 修改日期。指定文件创建或上一次修改的日期,或指定日期范围。缺省情况下,不指定日期。

• 高级。指定其他搜索参数。例如,可以输入文字进行搜索,查找包含特定文字的块定义名称、属性或图形说明。还可以在该选项卡中指定搜索文件的大小范围。例如,如果在大小下拉列表中选择"至少",并在其后的编辑框中输入"100",则表示查找大小为 100KB 以上的文件。

(5)如果在查找下拉列表中指定的不是图形文件,则搜索对话框显示下列选项卡中的一个:

• 块。搜索块的名称。

- 标注样式。搜索标注样式的名称。
- 图形和块。搜索图形和块的名称。
- 图层。搜索图层的名称。
- 布局。搜索布局的名称。
- 线型。搜索线型的名称。
- 文字样式。搜索文字样式的名称。
- 外部参照。搜索外部参照的名称。

（6）单击立即搜索按钮开始搜索,并在对话框下方显示搜索结果。如果在搜索完成以前已经找到了所需的内容,可单击停止按钮停止搜索,以节省时间。

（7）单击新搜索按钮可以清除当前搜索,使用新条件进行新搜索。

（8）要重新使用搜索条件,单击搜索框旁边的箭头按钮显示搜索名称列表,可以从中选择以前定义的搜索条件。

在搜索结果列表中找到所需项目后,可以将其添加到打开的图形或控制板中,或将搜索结果列表中的结果直接加载到控制板中。

从"搜索"对话框中加载控制板的方法有以下两种:

- 将搜索结果列表中的项目拖到控制板中。
- 在搜索结果列表中的项目上单击右键,然后从弹出的快捷菜单中选择加载。

9.4　使用设计中心添加内容

在 AutoCAD 设计中心中,可以将控制板或搜索对话框中的内容直接拖放到打开的图形中,还可以将内容复制到剪贴板上,然后粘贴到图形中。根据插入内容的类型,可以选择不同的方法。

9.4.1　使用 AutoCAD 设计中心插入块

可以将块定义插入到图形中。将块插入图形时,块定义被复制到图形数据库中,以后在该图形中插入的块实例都将参照该定义。

在使用其他命令的过程中,不能向图形中添加块,每次只能插入或附着一个块。例如,当命令行上有处于活动状态的命令时,如果试图插入一个块,则图标会变为"禁止",说明操作无效。

在 AutoCAD 设计中心中可以使用两种方法插入块:

（1）从 AutoCAD 设计中心的控制板或"查找"对话框中找到要插入的块,将其拖到 Auto-CAD 绘图窗口中,当把块拖动到插入位置时松开鼠标键,即可实现块的插入,且 AutoCAD 按在"选项"对话框的"用户系统配置"选项卡中确定的单位,自动转换插入比例。

（2）从 AutoCAD 设计中心的控制板或"查找"对话框中选择要插入的块,用鼠标将该块右拖到绘图窗口后释放右键,此时 AutoCAD 会弹出一快捷菜单,从快捷菜单中选择"插入块"命令,AutoCAD 打开"插入"对话框。利用该对话框中确定插入点、插入比例、旋转角度后,单击"确定"按钮,即可实现插入。

9.4.2　使用 AutoCAD 设计中心附着光栅图像

用户还可以利用 AutoCAD 设计中心在图形中插入光栅图像。光栅图像和外部参照类

似,用户可在插入时指定坐标、缩放比例和旋转。其步骤如下:

（1）从控制板中将要附着的光栅图像文件的图标拖放到绘图区域中。

（2）输入插入点、缩放比例和旋转角度值。

9.4.3　使用 AutoCAD 设计中心附着外部参照

与块参照相同,外部参照在图形中显示为单一对象,可以指定坐标、缩放比例和旋转参数进行附着。使用 AutoCAD 设计中心附着或覆盖外部参照的步骤如下:

（1）在控制板或"查找"对话框中,用定点设备的右键单击并拖动要附加或覆盖的外部参照到打开的图形中。此时需在导航窗口选定文件夹名称,以使控制板中显示图形文件名。

（2）松开定点设备按钮,然后从快捷菜单中选择"附着外部参照"。

（3）在"附着外部参照"对话框的"参照类型"中选择附着型或覆盖型。

（4）输入插入点、缩放比例和旋转角度,或选择"在屏幕上指定"复选框用定点设备指定。

（5）单击确定按钮。

9.4.4　在图形之间复制块

用 AutoCAD 设计中心可以浏览和定位要复制的块,然后即可将块复制到剪贴板,再粘贴到图形中。

9.4.5　插入自定义的内容类型

与块和图形一样,也可以通过把选定的内容从控制板拖到 AutoCAD 绘图区域将线型、标注样式、文字样式、布局和自定义内容添加到打开的图形中。根据生成自定义内容的应用程序的不同,AutoCAD 提示也有所不同。

9.4.6　在图形之间复制图层

利用 AutoCAD 设计中心,可以通过拖放操作在所有图形之间复制图层。例如,如果一个图形中包含了项目所需的所有标准图层,则可以创建一个新图形,通过 AutoCAD 设计中心将预定义图层拖动到新图形。这样不仅节省了时间,还保证了图形之间的一致性。

在拖放图层到 AutoCAD 设计中心之前,要保证复制图层名称的唯一性。

将图层拖动到打开的图形的步骤如下:

（1）确认包含要复制的图层的图形已经打开并置为当前。

（2）在控制板或搜索对话框中选择一个或多个要复制的图层。

（3）将图层拖放到打开的图形中,然后松开定点设备按钮,选定的图层将复制到打开的图形中。

9.5　收　藏　夹

AutoCAD 提供了一种快速访问有关内容的方法——收藏夹。用户可以将经常访问的内容放入收藏夹。

9.5.1 向收藏夹添加快捷访问路径

向收藏夹添加快捷访问路径的方法是：在设计中心的树状视图窗口或控制板中选择要添加快捷路径的内容，单击鼠标右键，在弹出的快捷菜单中选择"添加到收藏夹"命令，AutoCAD就会在收藏夹中建立相应内容的快捷访问方式，即将选中内容的相关快捷路径添加到收藏夹中。添加后原始内容并没有移动。实际上，用 AutoCAD 设计中心创建的所有快捷路径都保存在收藏夹中。AutoCAD 收藏夹中可以包含本地计算机、局域网或因特网站点的所有内容的快捷路径。

9.5.2 显示收藏夹中的内容

单击 AutoCAD 设计中心的"收藏夹"按钮，即可观察到收藏夹中的内容。

9.5.3 组织收藏夹中的内容

用户可以将保存到 Favorites\Autodesk 收藏夹内的快捷访问路径进行移动、复制或删除等操作。具体方法是：在 AutoCAD 设计中心背景处单击鼠标右键，从弹出的快捷菜单中选择"组织收藏夹"命令，AutoCAD 弹出 Autodesk 收藏夹的文件夹，如图 1-9-8 所示。用户可对此文件夹进行相应的组织操作。同样，在 Windows 资源管理器和 IE 浏览器中，也可以进行添加、删除和组织收藏夹中内容的操作。

图 1-9-8 收藏夹的文件夹

第10章 模型空间与图纸空间

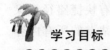

学习目标

- 了解模型空间和图纸空间的基本概念。
- 理解模型空间与图纸空间的关联。
- 掌握图纸空间及视口的创建方法,通过图层设置控制图纸空间中的显示与打印输出。
- 灵活掌握图纸空间能够简化模型的打印输出。

10.1 图纸空间与模型空间的基本概念

AutoCAD有两个不同的空间,即模型空间和图纸空间(又称为"布局")。模型空间的主要用途是创建平面或三维图形,而图纸空间的用途是设置二维打印空间。图纸空间是一种用于打印的几种视图布局的特殊的工具。它模拟一张用户的打印纸,用户借助浮动视口安排视图。

针对不同的图形对象,AutoCAD既可以从模型空间打印输出,也可以从图纸空间打印输出。从模型空间打印输出适用于单视口的平面图形,其基本的指导思想就是利用所见即所得的特性,将所要打印在图纸上的内容显示在模型空间中。比如图形、标注文字、图框、标题栏等,全部都创建在模型空间中,再打印出图。

在模型空间里,许多打印功能难以实现。因此,目前的设计方向是从图纸空间利用布局内创建视口的打印输出方法,它适用于三维视图以及复杂平面图形的处理。一般做法是,在模型空间完成图形的创建,尺寸标注和文字注释可以在模型空间进行也可以在图纸空间中进行,图框和标题栏在图纸空间下插入,之后完成多个视口的创建,排布好图纸,进行页面设置,配置打印机,最后打印出图。

图纸空间更好地解决了出图比例的问题。当需要在一张图纸上同时表现平面图和节点详图等很多不同层次、不同比例的图形时,可以在图纸空间使用布局创建多个不同比例的视口,这比模型空间下多次缩放图形,再排好位置之后打印出图要便捷得多。

10.2 图纸空间的激活(创建)与设置

10.2.1 激活(创建)布局

在模型空间完成图形绘制工作后,通过"模型/布局"选项卡,如图1-10-1所示,切换到图纸空间。在任一"布局"选项卡上,点击鼠标右键,通过弹出的菜单可完成新建布局、删除布局和命名等工作。还可以通过下拉菜单[插入]→[布局]→[新建布局]来创建新的布局。

| ◀ ◀ ▶ ▶▮ | 模型 | 布局1 | 布局2 |

图 1-10-1　模型/布局选项卡

10.2.2　页面设置

选择"布局 1"，在"布局 1"选项卡上，点击鼠标右键，在菜单中选择"页面设置管理器"，如图 1-10-2 所示，则弹出如图 1-10-3 所示的"页面设置管理器"对话框，单击"修改"按钮，弹出如图 1-10-4 所示的"页面设置 — 布局 1"对话框。指定的设置与布局可以一起存储为页面设置。创建布局后，还可以修改这些设置。

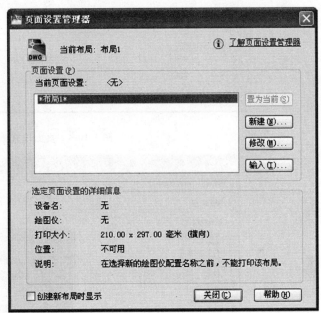

图 1-10-2　快捷菜单　　　　　　　图 1-10-3　页面设置管理器

设置需要的打印机，如果没有安装打印机，可选择"dwg to pdf.pc3"。选择图纸尺寸纸张，常用的有 A2、A3、A4 等，打印比例设置为 1∶1，图形方向可以选择纵向或横向。可以编辑打印样式表，通过颜色来设置图形中线的粗细和打印颜色，而不需要在绘图时就在图层中设置线的宽度，设置完成后可以保存自己的打印样式表以备以后继续使用。

10.2.3　插入图框和标题栏

预先绘制好图框，固定形式的图框可以先保存为 dwg 文件，然后在图纸空间中插入。在图框的标题栏中填入相应信息。

10.2.4　视口的创建和修改

点击"布局 1"选项卡之后即自动生成一个视口，点击视口的边界线，可以用拉伸命令或用夹点编辑方法调整视口的大小，用移动命令可以将视口放到合适的位置。

如果要新建多个视口，可选择下拉菜单[视图]→[视口]→[新建视口]，弹出图 1-10-5 所示对话框。在对话框中可选择 1～4 个视口，多个视口的相对位置可在预览中看到。新建多个视口后，还可以对其大小及相对位置进行修改。

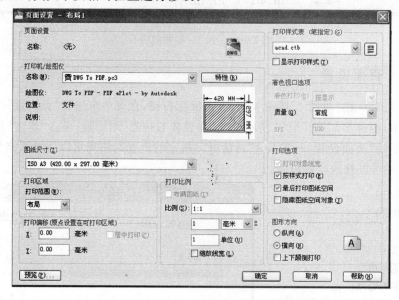

图 1-10-4　页面设置

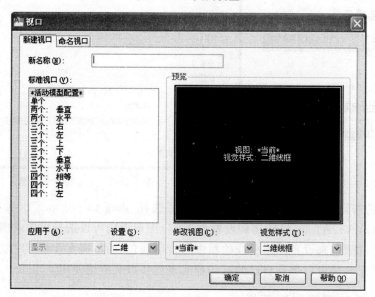

图 1-10-5　新建视口

对视口的两个特殊控制。

（1）不打印视口线的两种办法。

• 建立一个新的图层，如 layout，然后将视口线设置在该图层中，打印之前隐藏视口线图层。

• 可以把视口线的颜色设置为 255 号颜色，在打印时是无色的。

（2）视口中图层的控制。

152

如果仅需要在当前视口不打印某一图层,如在当前视口不打印标注尺寸层,而在其他视口内仍打印该图层,这时不能在模型空间内隐藏图层,而应采取以下方法:用鼠标双击当前视口,即进入视口中的模型空间,打开图层特性管理器,选中指定图层进行隐藏。

这样就可以实现只在当前视口隐藏图层的目的,而不影响其他视口,也不影响模型空间的图层状态。这一功能对于一个文件要打印出几种不同表现图来说非常有用,比修改模型空间的图层设置要方便得多。

10.2.5　设置视口的视图比例

建立视口时,AutoCAD 默认视口显示全部图形并充满视口。因此,还需根据需要对视口中显示的图形及视图比例进行调整。如果要在同一张图纸中按不同比例打印几个图,则需要建立若干个视口来达到目的。

【实例】

在 A3 图纸上,左边打印 1∶50 的楼梯平面图,右边打印1∶100的楼梯剖面图。

(1) 为了方便工作,先设置好标注样式,在标注样式中创建两个样式,一个是 1∶50 的图纸用的,另一个是 1∶100 图纸用的。1∶50 样式的中文字高度为 150,1∶100 样式中文字高度为 300,其他设置相应改变。

(2) 在模型空间按 1∶1 画图,楼梯平面图用 1∶50 的标注样式进行标注,楼梯剖面图用 1∶100 的标注样式进行标注。为方便工作,在模型空间将建筑剖面图适当偏离楼梯平面图,如图 1-10-6 所示。

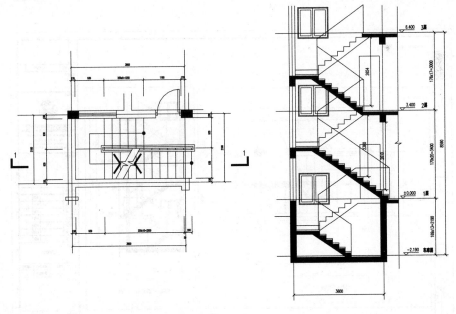

图 1-10-6　楼　梯

(3) 进入图纸空间,在页面设置中将图纸选择为 A3 尺寸,打印比例先不修改。

(4) 用插入命令插入制作成块的图框和标题栏,注意输入适当的比例因子。

(5) 创建两个左右并列的视口。点击左边视口的边界线,在出现的窗口内将比例设置为

1∶50，如图 1-10-7 所示。然后双击左边视口内的空白处，这时该视口线显示为粗线，表示已激活。在视口内用平移命令移动楼梯平面图到合适的位置，然后双击视口外的空白处回到图纸空间，调整左边视口的大小，使得楼梯平面图完全显示在左边的视口内。再点击右边视口的边界线，在出现的窗口内将比例设置为 1∶100，然后双击右边视口内的空白处，激活该视口。同样用平移命令移动楼梯剖面图到合适的位置，然后双击视口外的空白处回到图纸空间，调整右边视口的大小，使得楼梯剖面图完全显示在右边的视口内。调整两个视口的大小及位置，使两个视口处于图框以内。可以利用比例锁定来锁定选定视口中设置的比例，锁定比例后，可以继续修改当前视口中的几何图形而不影响视口比例。

图 1-10-7　设置比例

（6）在两个图的下方加入图名和比例的说明文字，得到如图 1-10-8 所示图纸。为了不打印视口线，新建图层"视口线"，将两个视口的视口线都设为此图层，然后将"视口线"图层隐藏，如图 1-10-9 所示。

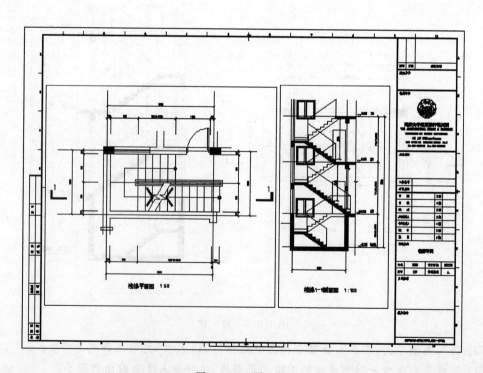

图 1-10-8　图　纸

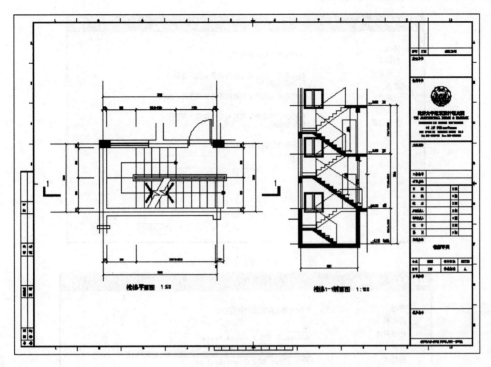

图 1-10-9　隐藏视口线

这样,打印前的准备都已完成,只要以后改图的时候不整体移动图,那么这个布局就永远不会变,每次打印的图纸都和第一次打印的模式一样。

10.3　使用布局向导设置图纸空间

入门者如果希望从头开始,配置打印机、确定图纸尺寸、图纸方向、插入标题栏、定义视口、确定图纸插入时的拾取位置到完成,就可以使用"布局向导",依靠系统提示一步一步完成操作。在向导中所作的设置,如果有不满意的地方可以通过调出"页面设置"对话框再加以修改。

10.3.1　开始创建布局

下拉菜单[工具]→[向导]→[创建布局]或[插入]→[布局]→[布局向导],进入如图1-10-10所示的窗口。开始窗口可以为布局定义名称,也可采用默认名称,完成后点击"下一步"。同一个模型空间可以设置多个布局,采用不同的名字进行区分,如"建筑图"、"结构图"等,模型与布局保存在一个图形文件中。

10.3.2　配置打印机

在图 1-10-11 所示窗口中,可以检查配置好的打印设备,选择合适的打印机,完成后点击"下一步"。

(1)确定图纸尺寸。如图 1-10-12 所示,可选择布局使用的图纸尺寸和图形单位,完成后点击"下一步"。图纸的大小由打印设备决定,可选的图纸尺寸有许多标准,如 ISOANSI、DIN、JIS 等。

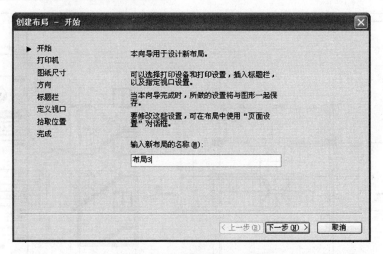

图 1-10-10 创建布局—名称

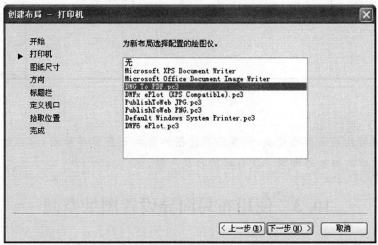

图 1-10-11 创建布局—打印机

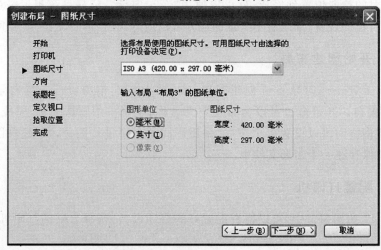

图 1-10-12 创建布局—图纸尺寸

（2）确定图纸方向。如图 1-10-13 所示,图纸方向分为纵向和横向,选择完成后点击"下一步"。

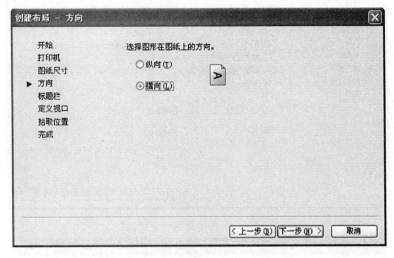

图 1-10-13　创建布局—图纸方向

（3）插入标题栏和图框。在如图 1-10-14 所示窗口中可以选择用于此布局的标题栏和图框,以块或外部参照的形式插入,完成后点击"下一步"。在 AutoCAD 中文版中有多种标准的图框,如 ANSI、ISO、GB、DIN、JIS 等。

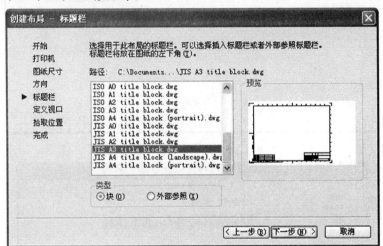

图 1-10-14　创建布局—标题栏

（4）定义视口。如图 1-10-15 所示,向布局中添加视口,可以指定视口的类型、比例及阵列形式,完成后点击"下一步"。

（5）确定图纸插入时的拾取位置。如图 1-10-16 所示,在图形中指定要创建的视口的角点,完成后点击"下一步"。

（6）完成。完成界面如图 1-10-17 所示,单击"完成"即可。

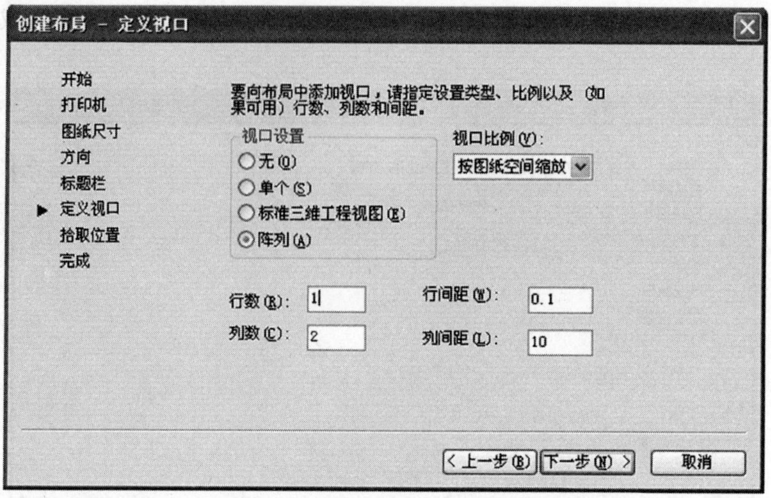

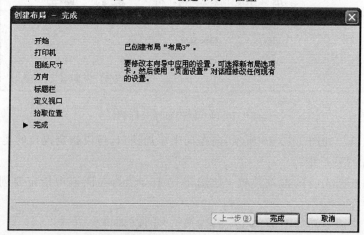

图 1-10-15 创建布局—定义视口

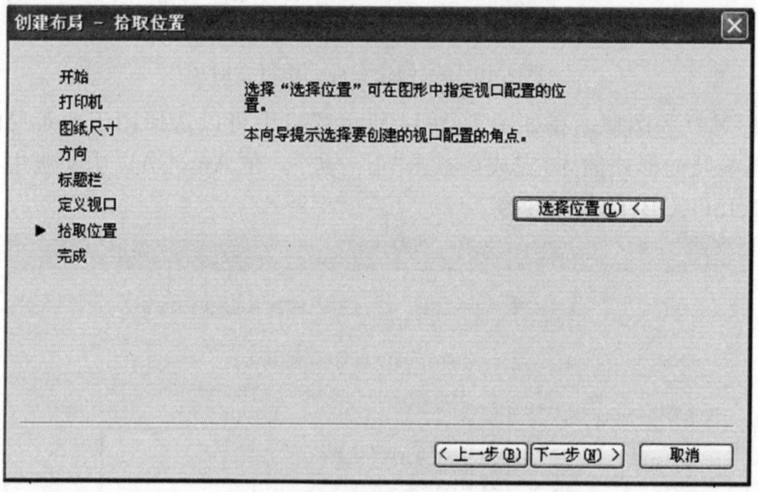

图 1-10-16 创建布局—位置

图 1-10-17 创建布局—完成

第 11 章 打印与输出

学习目标

> • 了解不同软件间数据交换的方法。
> • 理解 AutoCAD 不同版本、不同格式文件的使用；AutoCAD 通过数据文件与其它软件交换数据的方法。
> • 掌握打印机添加与设置的方法；AutoCAD 输出、导入不同格式文件中不同对象的方法。

运用 AutoCAD 完成绘图任务后，图纸的打印输出是最后一步十分重要且不可缺少的环节。如何将 AutoCAD 设计产生的电子格式的图纸转换成绘制在规定幅面上的纸基图纸，是一个与生产实际结合得非常紧密的问题。用户还可以将图形输出到其他应用软件上，使资源共享。

目前采用的绘图设备主要分为打印机和绘图仪两大类。打印机出图主要用于个人用户或者出草图，生成较小图幅的图纸，如 A3、A4 号图纸；而绘图仪则用于比较专业的设计单位和工厂等，可生成较大图幅的图纸，如 A1、A0 及加长 A0 号图纸等。

打印输出主要分为三部分的工作：
• 对打印设备进行配置。
• 设置一些有特殊要求的打印效果，如线宽。
• 对具体图纸的打印参数进行设置。

11.1 打印设备的配置

在使用打印设备之前，必须安装与打印设备所匹配的设备驱动程序。在 AutoCAD 中可以使用的打印机分为三种：第一种是 Windows 系统的打印设备，第二种是 AutoCAD 在本地计算机上设置的打印设备，第三种是在网络上的打印设备。

11.1.1 配置 Windows 系统打印机

如果在使用 Windows 系统下的其他应用软件，如 Word 时打印机可以正常工作，则在 AutoCAD 中无需进行配置即可在"打印"对话框种选择该打印机，如图 1-11-1 所示。如果首次使用打印机，则必须在控制面板中添加打印机。

11.1.2 配置本地计算机上的 HDI 打印机

配置本地 HDI 打印机的步骤如下：

图 1-11-1　打印配置

(1) 点击左上角的 AutoCAD 图标,在出现的下拉菜单中点击"选项"按钮,弹出"选项"对话框,选择"打印和发布"选项卡,点击其中的"添加或配置绘图仪"按钮,如图 1-11-2 所示;或者选择下拉菜单[文件]→[绘图仪管理器],将弹出 Plotters 文件夹,双击其中的"添加绘图仪向导"图标,系统又弹出"添加绘图仪—简介"对话框,点击"下一步"进入打印设备的配置。

(2) 在"添加绘图仪—开始"对话框中,如果选择"系统打印机"则可直接选用 Windows 系统已经安装的各种设备驱动程序。要配置本地打印机,选择"我的电脑"单选框,然后点击"下一步"。

(3) 在"添加绘图仪—绘图仪型号"对话框中,"生产商"选择生产商,如"HP",在"型号"中

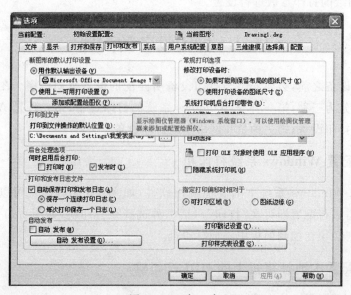

图 1-11-2　打　印

选择打印机型号,如"DesignJet 430 C4713A"。后面的四个对话框都按默认设置即可,最后点击"完成"按钮。至此,就在 AutoCAD 2010 系统中新增了一种名称为"DesignJet 430 C4713A"的打印设备。

11.1.3　配置连接到网络服务器上的打印机

随着网络的发展,越来越多的设备被连接到网络上,打印设备也不例外。同一个公司的用户可以共用一台打印设备,这样就无需购买多台打印机,也免去了把文件拷贝到一台连接打印机的电脑上的麻烦。

设置网络打印机的方法为:

(1) 在"添加绘图仪—开始"对话框中,选择"网络绘图仪服务器"单选框,然后点击"下一步"。

(2) 在"添加绘图仪—网络绘图仪"对话框中,指定管理该绘图仪的服务器名称(UNC),然后点击"下一步"。

(3) 出现与配置本地打印机第 3 步相同的一系列对话框,按要求进行选择后单击"完成",即在打印机管理器文件夹中创建了一个新的打印机配置文件。要使用该配置,可在打印对话框(图 1-11-1)的"打印机/绘图仪"一栏的"名称"列表中选择打印机配置文件。使用"打印机配置编辑器"可以修改打印设备的设置,如介质类型、颜色深度、光栅图像的质量和设备的缺省图纸尺寸,修改标准图纸尺寸的可打印区域,或者创建自定义图纸尺寸。

11.2　打印样式的设定

在页面设置对话框中,有"打印样式表(笔指定)"列表,可以新建打印样式表,也可以对已有的打印样式表进行编辑。打印样式表文件能够控制图形的线宽、颜色、颜色淡显、灰度、抖动、线型、线的端点和连接样式、填充模式和打印时的笔数。打印样式表独立于设备,是通过对话框中的列表来进行附着的。

11.2.1　使用打印样式表编辑笔指定

如图 1-11-3 所示,在"打印样式表(笔指定)"列表中选择打印样式表,然后点击右边的"编辑"按钮,使用"打印样式表编辑器"进行编辑,如图 1-11-4 所示。

图 1-11-3　页面设置

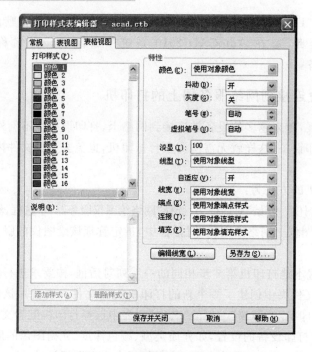

图 1-11-4　打印样式表编辑

在"表格视图"选项卡内,可以修改打印样式的各种特性,包括颜色、颜色淡显、抖动、灰度、线型、线宽、线的端点和连接样式、填充模式等。编辑完成后点击"保存并关闭"。

11.2.2　在新打印样式表中创建笔指定

点击下拉菜单[文件]→[打印样式管理器],出现如图 1-11-5 所示窗口,双击"添加打印样式表向导"出现"添加打印样式表"对话框,点击"下一步"开始新建打印样式表;或者在页面设置对话框的"打印样式表"列表内选择"新建",也可以出现同样的"开始"对话框。

图 1-11-5　打印机样式管理器

在"开始"页中,选择"创建新打印样式表",然后单击"下一步"。"选择打印样式表"对话框,有"颜色相关打印样式表"和"命名打印样式表"可选。如果要创建参照每个对象的 Auto-CAD 2010 颜色的打印样式表,则选择前者;如果要命名样式特性,则选择后者。然后单击"下一步",进入"文件名"对话框。

输入新打印样式表的文件名,然后单击"下一步",进入"完成"对话框,如果点击"打印样式表编辑器",则弹出"打印样式表编辑器"对话框,设置完成后保存并关闭对话框,返回"完成"对话框,单击"完成",则新创建的打印样式表附着到图形上并准备好打印。

11.3　打印输出

打印的基本流程如下:

(1) 在模型空间绘制好图形后进入图纸空间进行页面设置并安排视口(也可在模型空间中直接打印)。

(2) 打印预览,检查有无错误;如有则返回继续调整。

(3) 打印出图。

其中的第 1 步已经在第 10 章进行了简单的介绍,下面再对页面设置对话框中未提及的各项进行说明,如图 1-11-6 所示。

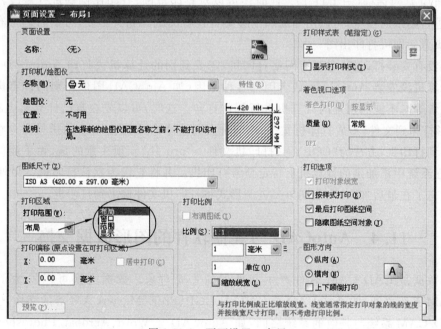

图 1-11-6　页面设置—布局 1

11.3.1　打印区域

打印范围列表包括以下几项可选:

(1) 布局。打印所创建布局中的图形,只在图纸空间可用。

(2) 窗口。返回到绘图窗口进行选择,将矩形选择框内的图形打印。

(3) 范围。所打印图形为绘图界限(LIMITS 命令)设定的范围。

（4）显示。仅打印当前屏幕显示的图形。

以上打印范围可根据情况灵活使用，但要注意它们的不同之处。

11.3.2 打印偏移

在此设定图形在纸张上 X、Y 方向的偏移量，一般采用默认数值即可。

11.3.3 打印比例中的"缩放线宽"

图形一般要按比例绘制，根据相关绘图标准，各种图线要设定不同线宽。比如，可见轮廓线为 0.4mm。在打印时如果改变比例，此选项将决定线的宽度是否随之按比例改变，此选项只在图纸空间可用。

11.3.4 着色视口选项

选择要图纸的打印质量。

11.3.5 打印选项

一般采用默认选项即可。当布局 1 设置完成之后，点击下拉菜单［文件］→［打印］，弹出"打印—布局 1"对话框（图 1-11-1）。此时还可以对打印范围、打印比例等进行修改，单击"预览"按钮进行图纸的预览，可以用缩放和平移工具查看图纸。如有不妥，可重新调整布局和视口，预览满意后即可打印出图。

如果没有安装打印机，也没有网络打印机，需要到别的计算机去打印 AutoCAD 图形，但是别的计算机没安装 AutoCAD，或者因为各种原因（如 AutoCAD 图形在别的计算机上字体显示不正常等），不能利用别的计算机进行正常打印。这时，可以先在自己计算机上将 AutoCAD 图形打印到文件，形成打印机文件，然后再在别的计算机上用 DOS 的拷贝命令将打印机文件输出到打印机，方法为"COPY ＜打印机文件＞ prn /b"。须注意的是，为了能使用该功能，需先在系统中添加别的计算机上特定型号打印机。并将它设为默认打印机。另外，COPY 文件不要忘了在最后加"/b"，表明以二进制形式将打印机文件输出到打印机。

11.4 AutoCAD 与其他软件的图形数据交换

图形数据是 CAD/CAM 软件产生和处理的主要对象。数据交换可以发生于不同的 CAD/CAM 系统之间，如 AutoCAD 与 CATIA、UGII、ProE、MasterCAM 等的交换，也可以发生在 CAD/CAM 系统与其他的系统之间，如 AutoCAD 与 Word、Acrobat、Photoshop、CorelDraw 等的交换。对于前者，可采用中性文件交换方式，即首先在一个 CAD/CAM 系统中，将图形文件写入一个纯文本格式的、有国际通用标准的文件中，如 DXF 格式，然后在另一个 CAD/CAM 系统中打开这个中性文本文件，再将其翻译成该 CAD/CAM 系统的图形。目前 DXF 格式已经被广泛接受，它还有个二进制格式，即 DXB 格式。在 CAD/CAM 系统与其他的系统的数据交换中，CAD/CAM 系统采用矢量图形，而非 CAD/CAM 系统可以处理的是光栅图像（点阵）格式图形，如 bmp、tiff、jpg、gif、tga 等，这就需要进行矢量—光栅图像格式转换。

11.4.1 向 AutoCAD 输入图形

（1）dwg、dws、dxf、dwt 文件输入的方法是点击［文件］→［打开］，出现"选择文件"窗口。dxf(drawing interchange format 图形交换格式)文件是图形文件的二进制或 ASCII 表示法。它通常用于在其他 CAD 程序之间共享图形数据。dwt 是一种样板文件，它保存图形的所有设置，包括图层、标注样式等，此类文件通常保存在 Template 目录中。

（2）dxb(图形交换二进制)文件是 dxf 文件用于打印的一种特殊的二进制编码格式文件，可以用于将三维线框图形"展平"为二维矢量。dxb 文件的输入可点击"插入→二进制图形交换"。

（3）可以向 AutoCAD 输入的其他格式的图形可分为两大类：一类是光栅图像格式文件，又称为点阵格式文件，AutoCAD 把这些文件转换为包括一系列实体的块进行附着；另一类是wmf、dxf(dxb)、sat、3ds 和 eps 等常见的图形文件，可用 IMPORT 命令直接输入。

a. 光栅图像格式文件的输入。光栅图像(Raster Image)是由称为像素的矩形栅格组成的，通过扫描仪、数码相机或图像应用软件可以形成一个文件。输入这类文件可点击下拉菜单［插入］→［外部参照］，出现如图 1-11-7 的对话框。在对话框左上角点击"附着图像"图标(也可以直接点击下拉菜单［文件］→［附着］)，出现"选择参照文件"窗口。选择要输入的图形文件并确定，这时在命令行出现：

命令：_IMAGEATTACH

指定插入点＜0,0＞：输入坐标值↓（或直接用鼠标点选）

指定缩放比例因子＜1＞：输入数值↓

这样就把图形文件插入到了 AutoCAD 中。可以附着的文件除了 dwg、bmp、jpg、gif 等格式，还包括：

图 1-11-7 "外部参照"对话框

• dwf 文件。包括 dwf（二维矢量文件）和 dwfx（dwf 和xps）文件。

• dgn 文件。dgn 数据可以作为创建总设计图时的精确参照。

• pdf 文件。pdf(Portable Document Format)文件格式是 Adobe 公司开发的电子文件格式，可以使用 Autodesk Design Review 查看 pdf 文件。

b. 其他常见图形文件的输入。点击下拉菜单［文件］→［输入］，或者键入命令"IM-PORT"，出现"输入文件"窗口，如图 1-11-8 所示。AutoCAD 允许以下四种格式的文件输入：

• wmf 文件。wmf(Windows 图元文件格式)文件为标准的 Windows metafile 格式，它主要用于 Word 中的图形转换，文件包括屏幕向量几何图形和光栅几何图形格式两种。

• sat 文件。sat(ACIS 实体对象)文件为 ASCII 格式，是由 AutoCAD 的几何造型器(也叫几何引擎)ACIS 写出来的，它包含对三维模型的描述，如 NURB 表面、面域等。

• 3D Studio(3D 动画)文件。3DS 格式为 Autodesk 公司的 3D Studio 的主数据文件格式。

• V8 DGN 文件。

（4）插入 OLE 对象。OLE(Object Linking and Embedding 对象的链接和嵌入)是由操作系统支持的。点击［插入］→［OLE 对象］，出现如图 1-11-9 所示对话框，选择"新建"，则将一个

图 1-11-8　插入对象

新文件插入文档；如果选择"由文件创建"，则将选择的文件内容作为对象插入文档，如图 1-11-10所示。不选择"链接"，则插入的方法为嵌入，文件内容被精确复制到目标文档中，对象数据保存在两个地方：一份存在于源文件内，另一份保存在目标文档中，若源文件中的对象数据改变，目标文件中对应的数据不会自动更新。而链接方式的文件内容并未拷贝到目标文件中，而是在目标文件中建立一种链接关系，对象数据只保存在源文件内，当源文件中的对象数据改变，目标文件中对应的数据也随之变化。

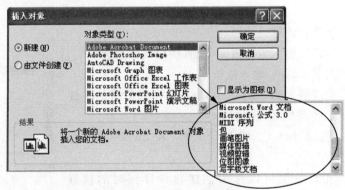

图 1-11-9　插入 OLE 对象

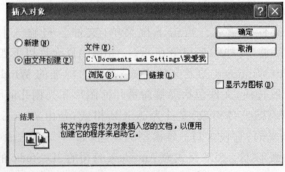

图 1-11-10　插入文件对象

11.4.2 从 AutoCAD 输出图形

(1) AutoCAD 的图形数据文件的基本形式是以矢量方式表示的,其扩展名为 dwg。通过点击下拉菜单[文件]→[另存为],可以将图形另存为各版本的 dws、dxf 和 dwt 格式。

(2) 输出光栅图像格式文件,可以点击下拉菜单[工具]→[显示图像]→[保存],弹出"渲染输出文件"窗口。能保存的文件格式有 bmp、tga 和 tif 等。当选择 tga 格式时,点击"保存"会出现如图1-11-11所示的格式选项对话框;当选择 tif 格式时,点击"保存"会出现如图1-11-12所示的格式选项对话框。

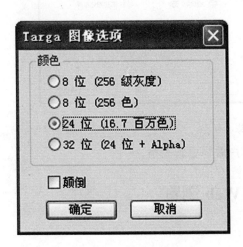

图 1-11-11　Targa 图像选项

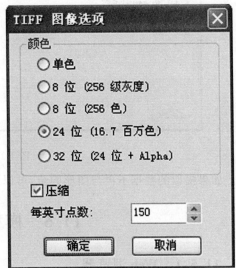

图 1-11-12　TIFF 图像选项

(3) 点击下拉菜单[工具]→[输出],弹出"输出数据"窗口。可以保存的文件格式除了之前介绍过的外,还有:

- eps 格式,即 Encapsulated Post Script 格式。
- stl 格式。它是一种三维几何形状信息标准,主要用于快速原型生产。stl 格式与 SLA 设备兼容,实体数据以模型的镶嵌面形式传递给 SLA,镶嵌面由一组近似于模型面的三角形(具有向外的法线)组成。SLA 工作站生成一组轮廓,这些轮廓定义了一系列代表待建部分的层,同时 FACETRES 系统变量确定 AutoCAD 怎样将实体分成三角形。

输入文件名并选择好文件格式后点击"保存",则文件以新的文件格式进行存盘。

(4) 点击下拉菜单[文件]→[发布],弹出如图 1-11-13 所示的对话框,可以将文件直接用绘图仪打印,也可以选择 dwf、dwfx 和 pdf 等格式进行输出。

(5) 数据提取。可以从图形中的对象提取特性数据并将结果输出到表格或外部文件,方法是点击下拉菜单[工具]→[数据提取]。弹出数据提取向导对话框,如果创建新数据提取,则弹出"将数据提取另存为"窗口。根据向导的步骤可选择对象及其属性,从中提取数据,包括块及其属性以及图形特性(例如,图形名和概要信息),也可将提取的数据与 Microsoft Excel 电子表格中的信息合并,也可以输出到表格或外部文件中。如果选择"将数据提取处理表插入图形"则在下一步中出现表格样式设定界面,可以快速创建预先设定格式的包含标题和列标签的表格。如果只选择"将数据输出至外部文件(.xls.csv.mdb.txt)",则直接进入完成界面。

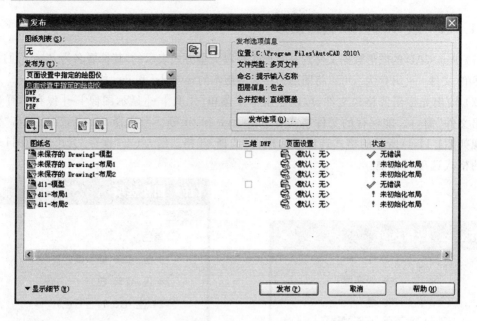

图 1-11-13 发 布

如果提取的数据不再与图形同步,可以通知用户需要更新表格。

11.5 模型的 Web 浏览

11.5.1 Web 浏览器

AutoCAD 中的 Web 浏览器是用于通过 URL 来获取并显示 Web 网页的一种软件工具。在 Windows 环境中较为流行的 Web 浏览器为 Netscape Navigator 和 Internet Explorer。用户可在 Auto CAD 系统内部直接调用 Web 浏览器进入 Web 网络世界。

调用 Web 浏览器的方式为:

工具栏:[Web]→[或者命令行:browser]

调用 Web 浏览器时缺省的 Web 地址是"http://www.autodesk.com/",如果用户需要访问其他网站,则可在命令行的提示后输入完整的 Web 地址(URL),或者在浏览器中的"地址"栏输入 Web 地址。若要改变从 AutoCAD 启动浏览器时的默认网页,可改变系统变量 INet-Location 中的设置。这个系统变量保存了 Browser 命令和 Browser the Web 对话框使用的 URL。

11.5.2 发送电子邮件

如果想将当前文件以电子邮件的形式进行发送,可以首先将文件制作成传递包,然后发送电邮。方法是将文件保存为 DWG 文件后,点击下拉菜单[文件]→[电子传送],出现如图 1-11-14所示的对话框,点击[传送设置]→[修改],出现如图 1-11-15 所示所示对话框。传递包的格式可以是".zip"或".exe",如果要在制作好传递包后发送电邮,则选择"动作"内的"用传递发送电子邮件"。在"保存文件"窗口内确定传递包保存的位置和名称,点击"保存"。如果没有选择制作好传递包后发送电邮,也可以从[文件]→[发送]进入 Internet 连接向导。

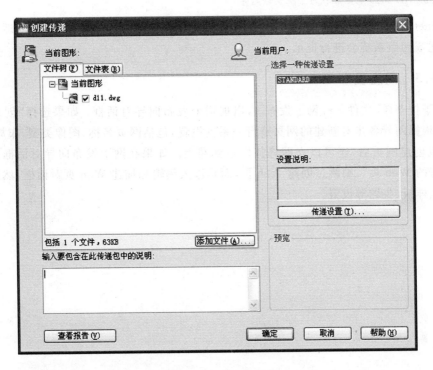

图 1-11-14 创建传递

图 1-11-15 修改传递

Internet 连接向导的提示设置账户所需的所有信息后单击"完成"保存设置,即可以进行发送,发送成功后系统会进行提示。

11.5.3 网上发布

单击下拉菜单[文件]→[网上发布],出现网上发布向导对话框,如果选择"创建新 Web页",则可根据向导各步对新建的网页进行一系列设置,包括网页名称、图像类型、布局样板、主题等,完成创建网页后,还可以立即将其发布到网上。如果在网上发布向导对话框首页选择"编辑现有的 Web 页",则跳过创建 Web 页,而是进入编辑和描述 Web 页对话框,然后再进行图像类型、样板、主题等设置。

下篇 上机实验指导

下篇　土壤实验统计

【建筑部分】

实验 1　基本操作

实 验 目 的

通过本实验理解和掌握 AutoCAD 2010 的基本操作,包括系统的启动和退出,命令和数据的输入,命令的终止、重复、取消和撤销,以及文件的新建、存盘、打开和关闭等。

实验内容和要求

1.内容

绘制图 2-1-1～图 2-1-4 所示图形,将它们保存在同一文件内。

(1) 练习从命令行或菜单、工具条中启动命令的操作方法。

(2) 练习用键盘输入数据、选择项的操作方法,初步熟悉捕捉的用法。

(3) 练习文件的新建、保存、打开和关闭等操作。

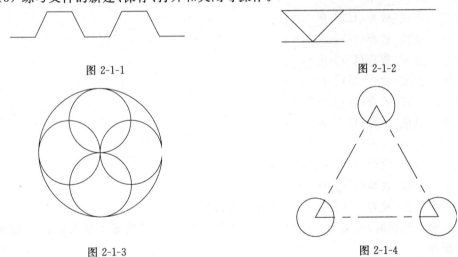

图 2-1-1　　　　　　　　　　　　　　　图 2-1-2

图 2-1-3　　　　　　　　　　　　　　　图 2-1-4

2.要求

操作时,应随时注意命令行的提示和屏幕绘图区的变化,通过观察每一步操作的结果,了解各个命令的操作步骤。

实 验 指 导

1.系统的启动

在进入 Windows 后,双击 AutoCAD 2010 图标,即可启动系统。

2.新建文件

单击下拉式菜单[文件]→[新建],在"选择模板"对话框中选择"acad.dwt",单击"打开"

按钮。

3. 绘图设定

(1) 按以下步骤设定绘图区域(冒号后带下划线的为键盘输入内容,小括号内为鼠标操作内容,冒号前为命令行处的屏幕提示)。

命令:LIMITS↓

指定左下角点或[开(ON)/关(OFF)]<0.0000,0.0000>:↓

指定右上角<12.0000,9.0000>:120,90↓

命令:Z↓

指定窗口角点,输入比例因子(nX 或 nXP),或

[全部(A)/中心点(C)/动态(C)/范围(E)/上一个(P)/比例(S)/窗口(W)]<实时>:A↓

(2) 进行正交和捕捉的设定。

可利用键盘上的 F8 快捷键进行"正交"模式的切换,绘图前,将"正交"模式设为"开"。单击下拉式菜单[工具]→[草图设置],在弹出的对话框中进行捕捉设置。在"对象捕捉"属性页的捕捉模式中选择"端点"、"中点"、"圆心"、"象限点"和"交点",单击"确定"完成设定。

4. 绘制图 2-1-1 所示的压型钢板断面图

命令:L↓(或单击绘图工具条的"直线"图标调出该命令)

指定第一点:5,70↓

指定下一点或[放弃(U)]:@8,0↓

指定下一点或[放弃(U)]:@4,8↓

指定下一点或[放弃(U)]:@8,0↓

指定下一点或[放弃(U)]:@4,-8↓

指定下一点或[放弃(U)]:@8,0↓

指定下一点或[放弃(U)]:@4,8↓

指定下一点或[放弃(U)]:@8,0↓

指定下一点或[放弃(U)]:@4,-8↓

指定下一点或[放弃(U)]:@8,0↓

指定下一点或[放弃(U)]:↓(或单击鼠标右键)

当出现操作错误时,可按 Esc 键取消当前命令。在"命令:"状态下键入U↓,可撤销前一条命令的操作。

5. 绘制图 2-1-2 所示的标高符号

命令:L↓(或单击绘图工具条的"直线"图标调出该命令)

指定第一点:70,80↓

指定下一点或[放弃(U)]:@20,0↓

指定下一点或[放弃(U)]:@30,0↓

指定下一点或[放弃(U)]:↓

命令:OFFSET↓(或单击绘图工具条的"偏移"图标调出该命令)

指定偏移距离或[通过(T)/删除(E)/图层(L)]<通过>:10↓

选择要偏移的对象,或[退出(E)/放弃(U)]<退出>:(选择画好的第一段直线)

指定要偏移的那一侧上的点,或[退出(E)/多个(M)/放弃(U)]<退出>:(点击选定直线

下方任一点)

　　选择要偏移的对象，或［退出（E）/放弃（U）］＜退出＞：↓

　　命令：L↓

　　指定第一点：（捕捉第一段直线的起点）

　　指定下一点或［放弃（U）］：（捕捉下方直线的中点）

　　指定下一点或［放弃（U）］：（捕捉第一段直线的终点）

　　指定下一点或［放弃（U）］：↓

6．将所绘图形存盘

　　单击下拉式菜单［文件］→［保存］，出现"图形另存为"对话框，选择存储的目录，将文件命名为"test0"，单击"保存"按钮，完成存盘。命名后的文件如果再次存盘，则不再出现对话框。该命令也可通过键入Q↓调出。

7．绘制图 2-1-3 所示的五个圆，已知大圆的直径为 40mm

　　命令：C↓

　　CIRCLE 指定圆的圆心或［三点（3P）/两点（2P）/相切、相切、半径（T）］：30,30↓

　　指定圆的半径或［直径（D）］：20↓

　　命令：↓

　　CIRCLE 指定圆的圆心或［三点（3P）/两点（2P）/相切、相切、半径（T）］：2P↓

　　指定圆直径的第一个端点：（捕捉大圆的圆心）

　　指定圆直径的第二个端点：（捕捉大圆的左侧象限点）

　　命令：↓

　　CIRCLE 指定圆的圆心或［三点（3P）/两点（2P）/相切、相切、半径（T）］：2P↓

　　指定圆直径的第一个端点：（捕捉大圆的圆心）

　　指定圆直径的第二个端点：（捕捉大圆的右侧象限点）

　　命令：↓

　　CIRCLE 指定圆的圆心或［三点（3P）/两点（2P）/相切、相切、半径（T）］：2P↓

　　指定圆直径的第一个端点：（捕捉大圆的圆心）

　　指定圆直径的第二个端点：（捕捉大圆的上侧象限点）

　　命令：↓

　　CIRCLE 指定圆的圆心或［三点（3P）/两点（2P）/相切、相切、半径（T）］：2P↓

　　指定圆直径的第一个端点：（捕捉大圆的圆心）

　　指定圆直径的第二个端点：（捕捉大圆的下侧象限点）

8．绘制图 2-1-4 所示的三柱平面图

　　先进行线型的设置，单击下拉式菜单［格式］→［线型］，出现"线型管理器"对话框，单击"加载"按钮，出现"加载或重载线型"对话框，选择 center 线型，单击"确定"回到"线型管理器"对话框。单击"显示细节"按钮，将"全局比例因子"设定为 10，如图 2-1-5 所示，单击"确定"关闭对话框。

　　命令：L↓

　　指定第一点：70,15↓

　　指定下一点或［放弃（U）］：@40,0↓

图 2-1-5

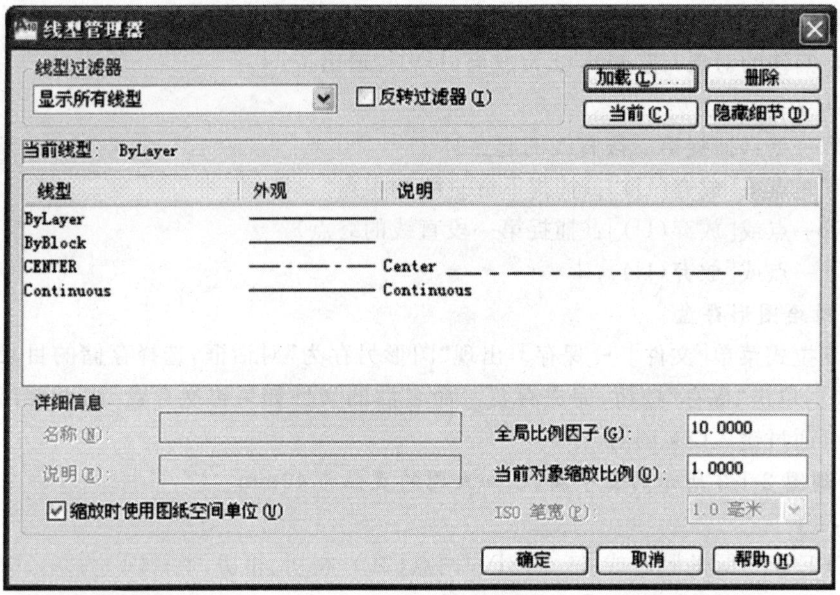

指定下一点或[放弃(U)]:@40<120↓

指定下一点或[放弃(U)]:C↓

命令:C↓

CIRCLE 指定圆的圆心或[三点(3P)/两点(2P)/相切、相切、半径(T)]:(捕捉画好的三角形左下角点)

指定圆的半径或[直径(D)]:3↓

命令:↓

CIRCLE 指定圆的圆心或[三点(3P)/两点(2P)/相切、相切、半径(T)]:(捕捉画好的三角形右下角点)

指定圆的半径或[直径(D)]:3↓

命令:↓

CIRCLE 指定圆的圆心或[三点(3P)/两点(2P)/相切、相切、半径(T)]:(捕捉画好的三角形顶点)

指定圆的半径或[直径(D)]:3↓

命令:MO↓(或单击下拉式菜单[修改]→[特性])

选择三角形的三个边,将其特性中的"线型"改为"CENTER",然后单击"X"退出特性对话框,即完成图 2-1-4 的绘制。

9. 以其他文件名保存

单击下拉式菜单[文件]→[另存为],出现"图形另存为"对话框,选择存储的目录,将文件命名为"test1",单击"保存"按钮,完成存盘。

习 题

(1) 绘制图 2-1-6 所示的两个正方形,已知大正方形边长为 30mm。

(2) 绘制图 2-1-7 所示的三角形和内切圆，已知三角形边长为 40mm。

(3) 绘制图 2-1-8 所示的螺栓孔，已知孔径为 20mm。

(4) 绘制图 2-1-9 所示的轴线。

(5) 将以上图形保存在同一文件内，文件命名为"exer1"，各图的定位可以自行调整。

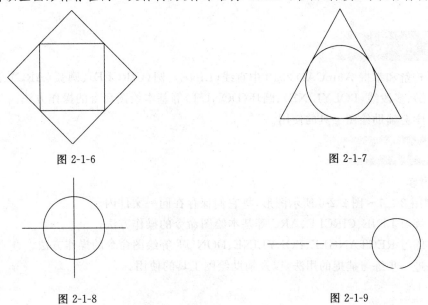

图 2-1-6   图 2-1-7

图 2-1-8   图 2-1-9

实验 2 绘图和编辑命令（一）

实验目的

（1）理解和掌握 AutoCAD 2010 中直线（LINE）、圆（CIRCLE）、圆弧（ARC）、矩形（REC-TANGLE）、多段线（POLYLINE）、圆环（DONUT）等基本绘图命令的操作方法。

（2）学会辅助绘图工具的使用。

实验内容和要求

1. 内容

绘制图 2-2-1～图 2-2-6 所示图形，将它们保存在同一文件内。

（1）练习 LINE、CIRCLE、ARC 等基本绘图命令的操作方法。

（2）练习 RECTANGLE、POLYLINE、DONUT 等绘图命令的操作方法。

（3）进一步练习捕捉的用法，以及辅助绘图工具的使用。

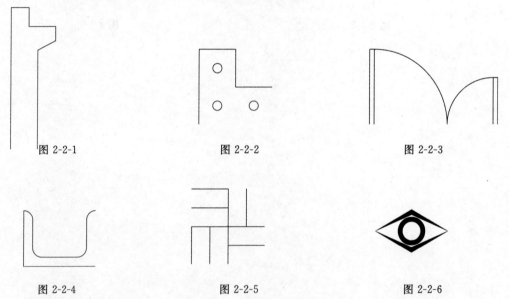

图 2-2-1　　　　　　　　　图 2-2-2　　　　　　　　　图 2-2-3

图 2-2-4　　　　　　　　　图 2-2-5　　　　　　　　　图 2-2-6

2. 要求

通过练习完成绘图（注意根据图形的特点选择相应的辅助绘图工具）。

实验指导

1. 将图幅大小设置为（500,300）

2. 绘制图 2-2-1 所示厂房牛腿柱

（1）从牛腿柱的左下角开始画起，调用直线命令向上画线，起点为（0,120），柱端为终点，

用直角坐标系下的相对坐标法输入@0,150。

(2) 向右画线,输入第二段直线的终点坐标@20,0。

(3) 向下画线,输入第三段直线的终点坐标@0,-20。

(4) 向右画线,输入第四段直线的终点坐标@30,0。

(5) 向下画线,输入第五段直线的终点坐标@0,-15。

(6) 输入第六段直线的终点坐标@-20,-10。

(7) 向下画线,输入第七段直线的终点坐标@0,-105。

(8) 输入 C,画出最后一段直线。

3. 绘制图 2-2-2 所示的开孔的连接钢板

(1) 从钢板的左下角点开始,即以(140,160)为起点向上画一条长 80 的直线。

(2) 连续向右画第二条直线为长 40 的水平线。

(3) 向下画长为 40 的直线。

(4) 向右画长为 40 的直线。

(5) 向下画长为 40 的直线。

(6) 输入 C 结束直线绘图命令。

(7) 分别以(160,220)、(160,180)、(200,180)为圆心,画半径为 5 的圆。

4. 绘制图 2-2-3 所示的不等宽门

(1) 启用矩形命令,以坐标(290,160)为起点,绘制一个长 5 高 80 的矩形。

(2) 启用圆弧命令,捕捉矩形的右下角点为圆弧的圆心,捕捉矩形的右上角点为圆弧的起点,输入圆弧的角度为-90°。

(3) 直接回车再次启用圆弧命令,以连续法画第二个圆弧,即在提示输入起点时直接回车,使圆弧的起点为上一个圆弧的终点,然后输入圆弧终点相对坐标为@50,50。

(4) 启用矩形命令,起点捕捉上一步圆弧的终点,输入矩形的终点相对坐标@5,-50。

5. 绘制图 2-2-4 所示的槽钢截面

(1) 以槽钢截面的左下角点,坐标(0,50)为起点画一条长为 80 的水平线。

(2) 连续向上画长为 60 的直线。

(3) 启用圆弧命令,以起点、圆心、角度法绘制一个四分之一圆,圆心输入@0,-10,角度为 90,如图 2-2-7 所示。

(4) 启用直线命令,以连续法向下画一条长为 30 的直线。

(5) 以连续法画第二条圆弧,圆弧的终点为@-10,-10。

(6) 以连续法向左画一条长为 40 的水平线,如图 2-2-8 所示。

(7) 以连续法依次再画圆弧、直线、圆弧,得到图 2-2-9 所示图形。

(8) 将最后一条圆弧的终点与第一条直线的起点连线,完成绘制。

图 2-2-7   图 2-2-8   图 2-2-9

6. 绘制图 2-2-5 所示的地板花纹图案

（1）点击[工具]→[草图设置]菜单，在如图 2-2-10 所示的"草图设置"对话框的"捕捉和栅格"属性页中，设置栅格和捕捉的间距均为 20，并启用栅格显示和捕捉。

（2）启用画线命令，将鼠标移动到(140,40)处点击鼠标左键，作为线段的起点，向上移动两格，点击鼠标画出长 40 的直线，再连续画出一条长 80 的水平线和长 40 的竖线，如图 2-2-11 所示。

（3）按同样方法画出图 2-2-12 所示的结果。

（4）仍然以栅格和捕捉方法绘制四条横竖线，即绘制出图 2-2-5 的图案。

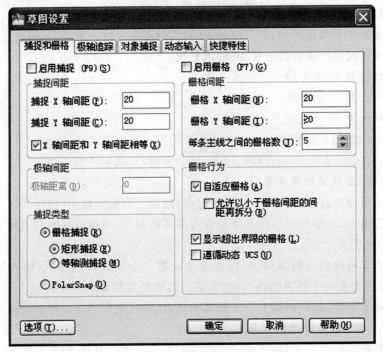

图 2-2-10

图 2-2-11　　　　　　　　　　图 2-2-12

7. 绘制图 2-2-6 所示的图案

（1）启用多段线命令，输入起点坐标为(330,80)，设置起点宽度为 0，终点宽度为 5，输入下一点相对坐标为@40,20。

（2）再次设置多段线起点宽度为 5，终点宽度为 0，输入下一点相对坐标为@40,−20。

（3）再次设置多段线起点宽度为 0，终点宽度为 5，输入下一点相对坐标为@−40,−20。

（4）再次设置多段线起点宽度为 5，终点宽度为 0，输入 C 使多段线闭合。

（5）启用圆环命令,设置圆环的内径为 10,外径为 15,中心点为(370,80)。

习　题

（1）绘制图 2-2-13 所示的牛腿柱。

（2）绘制图 2-2-14 所示的开孔钢板。

（3）用多段线命令绘制图 2-2-15 所示的力偶符号。

（4）绘制习图 2-2-16 所示的不等边角钢截面。

（5）借助栅格捕捉,绘制图 2-2-17 所示的窗。

（6）借助栅格捕捉,绘制图 2-2-18 所示的书橱。

（7）将以上图形保存在同一文件内,文件命名为"exer2",各图的定位可以自行调整,尺寸不必标出。

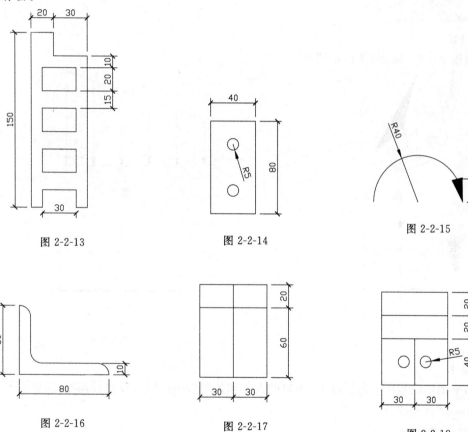

图 2-2-13　　　　图 2-2-14　　　　图 2-2-15

图 2-2-16　　　　图 2-2-17　　　　图 2-2-18

实验 3　绘图和编辑命令(二)

🔆 实 验 目 的

通过本实验理解和掌握实多边形(SOLID)、删除(ERASE)、复制(COPY)、移动(MOVE)、旋转(ROTATE)、拉伸(STRETCH)、修剪(TRIM)和延伸(EXTEND)等命令的功能、用法和操作方法。

✒ 实验内容和要求

1. 内容

绘制图 2-3-1～图 2-3-4 所示图形。

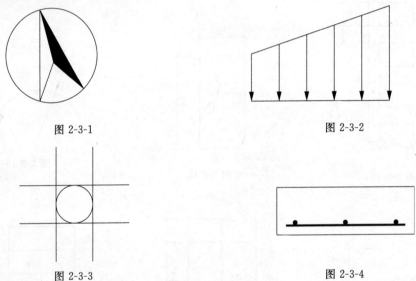

图 2-3-1

图 2-3-2

图 2-3-3

图 2-3-4

2. 要求

将四个图形绘制在一幅图纸上,图幅的大小和各图形的位置可以自行调整,绘好后将文件命名为"test3"进行保存。

💡 实 验 指 导

1. 绘制图 2-3-1 所示的指北针

(1) 绘制一个直径为 100 的圆。

(2) 捕捉圆的上下两个象限点,绘制一条直线。

(3) 以上一条直线的上端点为起点,以极坐标系的相对坐标输入法输入终点坐标@100<－75,画一条直线;然后仍捕捉第一条直线的上端点为起点,输入终点坐标@100<－105,再画一条直线,如图 2-3-5 所示。

（4）以上一步所画竖线左边的直线与圆的下交点为起点画一条直线，终点输入@50＜55；再以竖线右边的直线与圆的下交点为起点画一条直线，终点捕捉上一条直线与竖线的交点，如图 2-3-6 所示。

（5）启用修剪命令，选择圆和竖线为边界，将第三步所画直线超出圆的部分及第四步所画的前一条直线超出竖线的部分剪去。

（6）用正多边形命令，依次选择竖线及右边两条直线的两两交点，然后回车，将三条直线包围的区域进行填充，得到如图 2-3-7 所示图形。

（7）启用删除命令删除竖线。

（8）启用旋转命令，选择圆内部的图形，以圆心为基点，角度为 15°进行旋转，即得到图 2-3-1 所示图形。

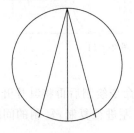  

图 2-3-5   图 2-3-6   图 2-3-7

2. 绘制图 2-3-2 所示的梯形分布荷载

（1）画一条长 150 的水平线。

（2）连续向上画一条长为 100 的竖线。

（3）从水平线的起点开始向上画一条长为 50 的竖线，然后捕捉第二步所画竖线的上端点画出一条斜线，组成一个梯形。

（4）启用多段线命令，以梯形左下角点为起点，设置起点宽度为 0，终点宽度为 5，向上画长度为 10 的箭头，如图 2-3-8 所示。

（5）启用复制命令，选择箭头及所在直线，以箭头顶点为基点，分别输入第二点与基点的位移为 30、60、90、120、150，复制出如图 2-3-9 所示的一系列带箭头的直线。

（6）启用延伸命令，选择斜线为边界将中间四段带箭头的直线向上延伸到与斜线相交，即得到图 2-3-2 所示图形。

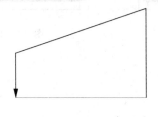   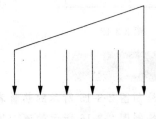

图 2-3-8   图 2-3-9

3. 绘制图 2-3-3 所示的图形

（1）绘制一条长为 120 的直线。

（2）启用复制命令，在该直线下方间距 40 的位置复制出一条等长的直线。

（3）启用圆命令，采用两点法，分别捕捉两条直线的中点，画一个直径 40 的圆，如图 2-3-10 所示。

（4）分别以圆的左象限点和右象限点为起点，向上画两条长度为 60 的直线，如图 2-3-11 所示。

（5）启用拉伸命令，分别框选两条竖线与圆的交点，任意选择基点，输入第二点与基点的位移为 60，将直线向下拉伸，即得到图 2-3-3 所示图形。

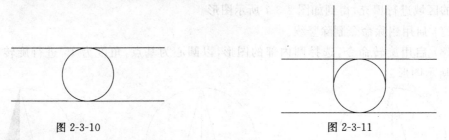

图 2-3-10   图 2-3-11

4. 绘制图 2-3-4 所示的配筋板截面

（1）用直线命令画出一个长 150，高 50 的板截面（或者用矩形命令绘制后再将其炸开）。

（2）启用复制命令，分别将下直线向上、左直线向右、右直线向左进行复制，复制的间距为 10，如图 2-3-12 所示。

（3）启用多段线命令，分别以上一步所画三条直线的两个交点为起点和终点，绘制一条宽度为 2 的多段线。

（4）启用圆环命令，设置内径为 0，外径为 5，分别以多段线的两个端点和中点为圆心画出 3 个实心圆，如图 2-3-13 所示。

（5）启用移动命令，选择左边的实心圆，任意选择基点，输入第二点与基点的位移为 @ 10,3。

（6）回车再启用移动命令，选择右边的实心圆，任意选择基点，输入第二点与基点的位移为 @−10,3。

（7）再次用移动命令，将中间一个实心圆向上移动，移动距离为 3，得到图 2-3-14。

（8）删除矩形内多余的三条直线，完成绘制。

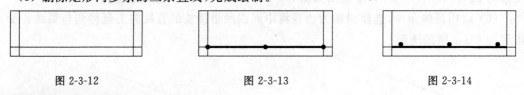

图 2-3-12   图 2-3-13   图 2-3-14

习 题

（1）绘制图 2-3-15 所示的热量表图例。

（2）绘制图 2-3-16 所示的离心风机图例。

（3）绘制图 2-3-17 所示的指北针。

（4）绘制图 2-3-18 所示的台阶截面。

（5）将以上图形保存在同一文件内，文件命名为"exer3"，各图的定位可以自行调整，尺寸不必标出。

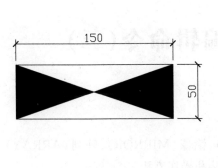

图 2-3-15

图 2-3-16

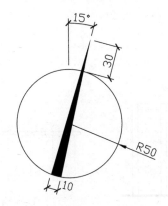

图 2-3-17

图 2-3-18

实验4 绘图和编辑命令(三)

实 验 目 的

（1）通过本实验理解和掌握偏移（OFFSET）、镜像（MIRROR）、阵列（ARRAY）、倒角（CHAMFER）和圆角（FILLET）等命令的功能、用法和操作方法。

（2）熟悉线型设置等操作。

实验内容和要求

1. 内容

绘制图 2-4-1～图 2-4-6 所示图形。

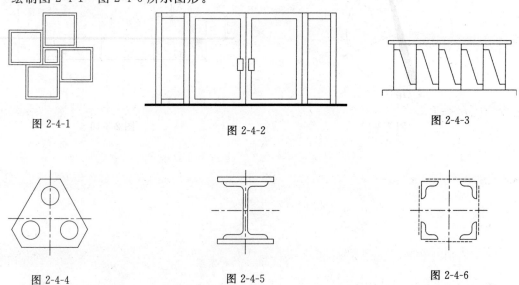

图 2-4-1

图 2-4-2

图 2-4-3

图 2-4-4

图 2-4-5

图 2-4-6

2. 要求

将六个图形绘制在一幅图纸上，图幅的大小和各图形的位置可以自行调整，绘好后将文件命名为"test4"进行保存。

实 验 指 导

1. 绘制图 2-4-1 所示的建筑立面花饰

（1）启用矩形命令绘制一个边长为 15 的正方形。

（2）再次用矩形命令，捕捉上一个正方形的左下角点为起点，输入@－30,30，画一个边长为 30 的正方形，如图 2-4-7 所示。

（3）启用偏移命令，指定偏移距离为 2，将两个正方形向内进行偏移复制，结果如图 2-4-8 所示。

（4）启用复制命令,选择大的双层正方形为对象,以其外框的左下角点为基点,第二点捕捉小正方形外框的左上角点,复制出右上的双层正方形。

（5）用同样方法重复 2 次复制大的双层正方形,分别以左上角点和右上角点为基点将其复制到右下和左上位置即完成绘制。

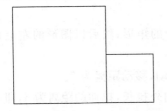

图 2-4-7

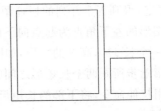

图 2-4-8

2. 绘制图 2-4-2 所示的双扇弹簧门

（1）画一条长 180 的水平多段线作为地坪,线宽为 2。

（2）先画一个宽 30,高 80 的矩形,然后以其右下角点为起点再画一个宽 50,高 80 的矩形。

（3）启用偏移命令,将两个矩形向内偏移复制,偏移距离为 5,结果如图 2-4-9 所示。

（4）用分解命令将左扇门的内框矩形炸开,然后启用延伸命令,将矩形的两条竖边分别向上、下延伸至门的外框处。

（5）将左扇门内框的下边直线向上进行偏移复制,偏移距离为 30,然后用移动命令将偏移得到的直线移动到与右扇门内框右竖边相交的位置,从而确定门把手中心的位置,如图 2-4-10 所示。

（6）画一个宽 5,高 10 的矩形,然后用直线命令画出矩形的一条对角线,对角线的中点即矩形的中心。用移动命令,捕捉矩形的中心,将其移动到第五步确定的门把手中心位置上,如图 2-4-11 所示。

（7）删除矩形对角线和门把手处的水平线这两条辅助线。

（8）启用裁剪命令,选择门把手为边界,将把手内的一段门内框线剪掉。

（9）启用镜像命令,选择除地坪以外的全部图形,以右扇门的右上角点和右下角点连线为对称轴,将图形进行镜像复制,即完成绘制。

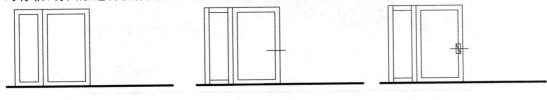

图 2-4-9   图 2-4-10   图 2-4-11

3. 绘制图 2-4-3 所示的阳台栏杆

（1）绘制一个长 20,高 40 的矩形,然后将其炸开。

（2）启用偏移命令,将矩形的四条边分别向内偏移复制,偏移距离为 5。

（3）将偏移得到的四条线的左上交点和右下交点连线,如图 2-4-12 所示。

（4）启用裁剪命令,将偏移出的两条水平线分别在左上交点和右下交点处进行裁剪,保留上水平线的左边和下水平线的右边部分。

（5）删除两条竖向的辅助线，得到如图 2-4-13 所示的图形。

（6）启用阵列命令，在弹出的对话框中选择"矩形阵列"，"行"为 1，"列"为 5，"列偏移"拾取矩形的左下角点和右下角点，显示偏移距离为 20"选择对象"拾取所画的图形，如图 2-4-15 所示，单击确定，得到五个并列的栏杆图样。

（7）以图形的左下角点为起点向下画一个长 110，高 5 的矩形；然后以图形的左上角点为起点向上画一个长 110，高 3 的矩形，如图 2-4-14 所示。

（8）将第七步所画两个长矩形之间的栏杆部分向右移动，移动距离为 5。

（9）启用拉伸命令，将下部的长矩形的左右两端分别向外拉长，拉伸的距离为 5，即完成图形 2-4-3 的绘制。

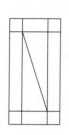  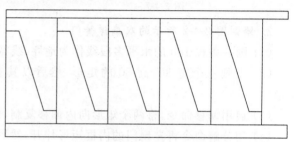

图 2-4-12　　　　　　　图 2-4-13　　　　　　　　　　图 2-4-14

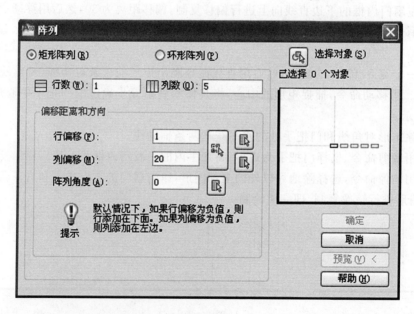

图 2-4-15

4. 绘制图 2-4-4 所示的三桩承台平面图

（1）先进行线型设置，加载 center 线型。

（2）画出横竖两条直线，然后将其线型修改为 center，即为图形的轴线，其交点为承台的中心点。

（3）以轴线交点为圆心画一个半径为 8 的圆，然后将其沿竖直轴线向上移动，移动的距离为 20,得到图 2-4-17。

(4) 启用阵列命令,在弹出的对话框中选择"环形阵列","项目总数"为 3,如图 2-4-16 所示,"中心点"拾取轴线交点,"选择对象"拾取所画的圆,单击确定,得到三个"品"字型排列的圆。

(5) 连接两两圆心,得到一个等边三角形,如图 2-4-18 所示。

(6) 启用偏移命令,将三角形的三个边向外偏移复制,偏移距离为 15,得到承台的三个边。

(7) 启用倒角命令,输入倒角距离为 18,选择承台的两个边,得到如图 2-4-19 所示的结果。

(8) 再以同样方法重复两次使用倒角命令,完成承台轮廓线的绘制。

(9) 删除连接两两圆心的三条辅助线,完成绘制。

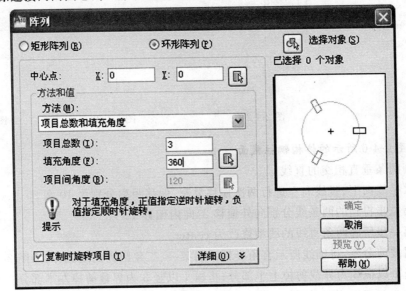

图 2-4-16

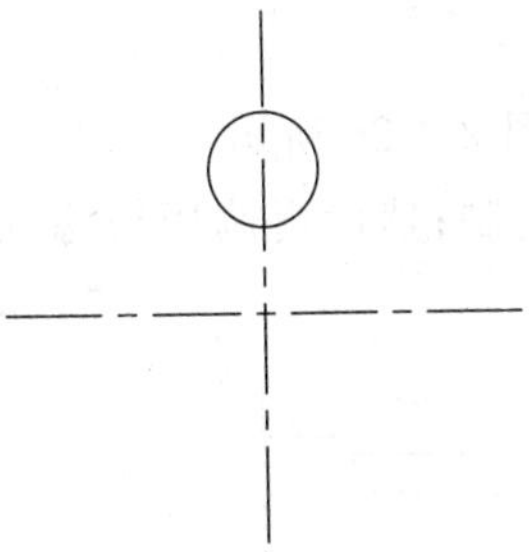

图 2-4-17 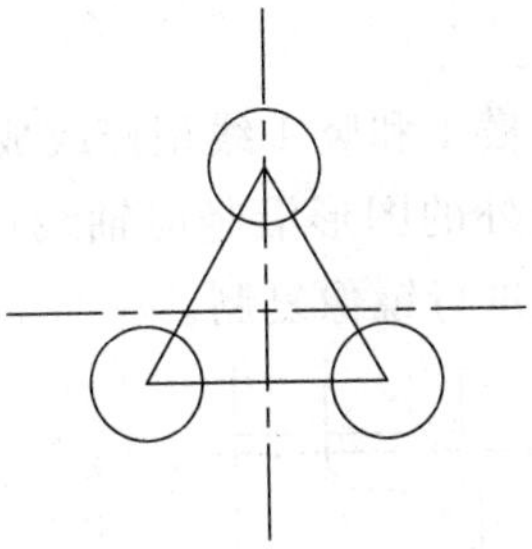   图 2-4-18 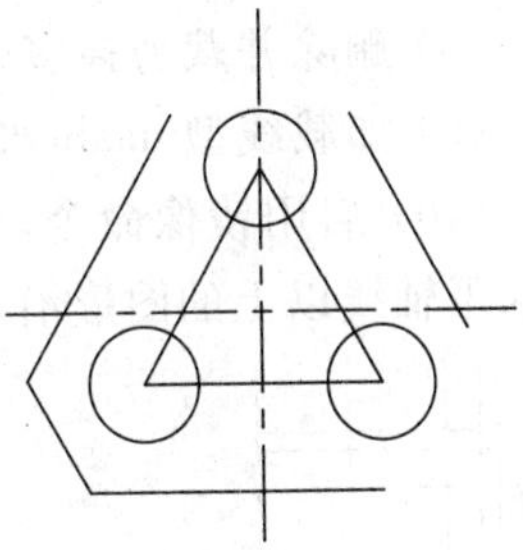   图 2-4-19

5. 绘制图 2-4-5 所示的工字钢柱截面

(1) 先画两条垂直相交的直线。

(2) 将水平直线向上偏移复制,偏移距离为 20;然后将偏移出的直线向上下进行偏移复制,偏移距离为 4。

(3) 将竖线向左进行三次偏移复制,偏移距离分别为 2、20 和 25。

(4) 将第一步所画两条直线的线型修改为 center,得到如图 2-4-20 所示的图形。

189

（5）启用裁剪命令，将轴线所示直角坐标系的第一、三象限内的线裁掉，如图 2-4-21 所示。

（6）启用圆角命令，设定半径为 4，然后将水平向下数第三条直线（简称横 3）分别与左起第二条直线（简称竖 2）和左起第三条直线（简称竖 3）进行圆角处理，得到如图 2-4-22 所示的结果。

（7）将横 1、横 2 和竖 1 多余的部分进行裁剪，再删除左起第二条直线，如图 2-4-23 所示。

（8）启用镜像命令，将轴线之外的图形沿竖向轴线进行镜像复制；然后再调用镜像命令将水平轴线以上的图形沿水平轴线进行镜像复制。

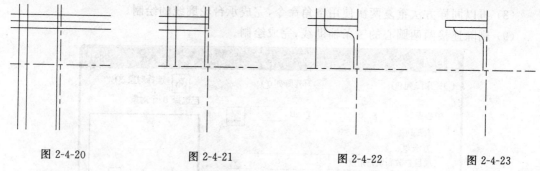

图 2-4-20   图 2-4-21   图 2-4-22   图 2-4-23

6. 绘制图 2-4-6 所示的格构钢柱截面

（1）先画两条垂直相交的直线。

（2）将水平线向上、竖线向左进行两次偏移复制，偏移距离分别为 10 和 25。

（3）将第二步得到的两条线分别向外偏移 2，向内偏移 4。

（4）将第一步所画两条直线的线型修改为 center。

（5）启用裁剪命令，将轴线所示直角坐标系的第一、三象限内的线裁掉，如图 2-4-24 所示。

（6）将竖 1 以横 3 为界裁剪掉上半部分；将横 1 以竖 3 为界裁剪掉左半部分。

（7）将横 3 与竖 3、横 3 与竖 4、横 4 与竖 3 分别进行圆角处理，得到如图 2-4-25 所示的结果。

（8）删除并裁剪掉多余的线条。

（9）加载线型 dashed2，然后将横 1 和竖 1 线型修改成虚线，如图 2-4-26 所示。

（10）启用镜像命令，将轴线之外的图形沿竖向轴线进行镜像复制；然后再调用镜像命令将水平轴线以上的图形沿水平轴线进行镜像复制。

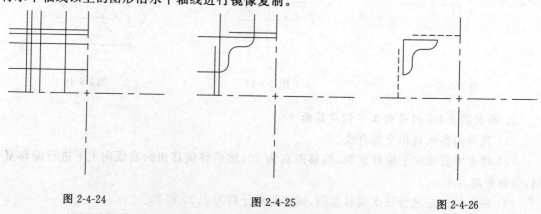

图 2-4-24   图 2-4-25   图 2-4-26

习 题

（1）用镜像命令绘制图 2-4-27 所示的牛腿柱。

（2）用偏移复制命令绘制图 2-4-28 所示的底板花纹。

（3）用阵列和镜像命令绘制图 2-4-29 所示的压型钢板组合。

（4）用阵列和倒角命令绘制图 2-4-30 所示的开孔连接板。

（5）用阵列命令绘制图 2-4-31 所示的圆柱配筋截面。

（6）用镜像和圆角命令绘制图 2-4-32 所示的等边角钢组合。

（7）将以上图形保存在同一文件内,文件命名为"exer4",各图的定位可以自行调整,尺寸不必标出。

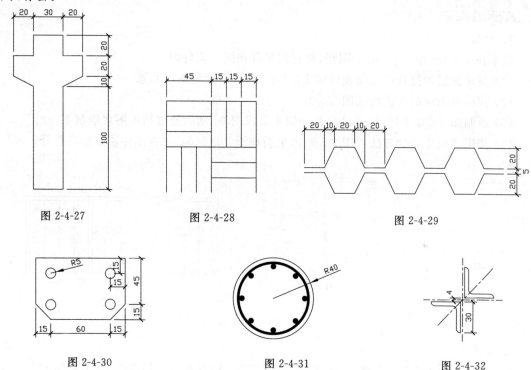

图 2-4-27　　　　　　图 2-4-28　　　　　　　　　图 2-4-29

图 2-4-30　　　　　　　图 2-4-31　　　　　　　　图 2-4-32

实验 5　图层与图块

实验目的

通过本实验理解和掌握图层的新建、设定、打开和关闭，以及图块的定义、插入和更新等操作。

实验内容和要求

1. 内容

绘制图 2-5-1～图 2-5-3 所示图形，将它们保存在同一文件内。

(1) 通过图层的打开和关闭使得图 2-5-1 有(a)、(b)两种显示状态。

(2) 用插入图块的方法绘制图 2-5-2。

(3) 绘制图 2-5-3 中的(a)和(b)，并分别定义成图块，然后通过插入图块绘制图(c)。

(4) 使用图块更新的方法将图 2-5-3(c)更新成图 2-5-3(d)，并在图中添加标高符号。

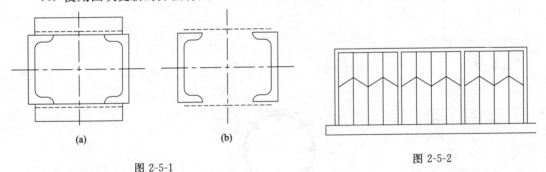

(a)　　　　　　　(b)

图 2-5-1

图 2-5-2

2. 要求

将图 2-5-1 和图 2-5-2 绘制在一幅图纸上，图 2-5-3 绘制在另一幅图纸上，图幅的大小和各图形的位置可以自行调整，绘好后将文件命名为"test5-1"和"test5-2"进行保存。

实验指导

1. 绘制图 2-5-1 所示的角钢缀条格构柱截面详图 2-5-1(a)及其截面简图 2-5-1(b)

(1) 先画两条垂直相交的直线。

(2) 将水平线向上偏移复制，偏移距离为 20，偏移得到的直线再向上偏移 2 和 10，向下偏移 4。

(3) 将竖线向左偏移 30，偏移得到的直线再向右偏移 4 和 15。

(4) 将第一步所画两条直线的线型修改为 center。

(5) 启用裁剪命令，将轴线所示直角坐标系的第一、三象限内的线裁掉，如图 2-5-4 所示。

(6) 新建图层 aided，将轴线以外的直线所在图层修改为 aided，当前图层仍为 0。

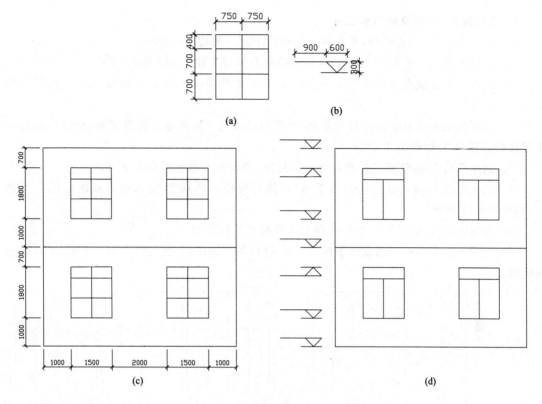

图 2-5-3

（7）捕捉辅助线交点画出半个槽钢截面和半个角钢缀条，注意槽钢与角钢交界处应分别画为两条部分重叠的水平线。然后关闭 aided 图层，得到如图 2-5-5 所示的结果。

（8）将槽钢端部和内折处分别进行圆角处理，半径为 4。

（9）加载线型 dashed2，然后将横 2 线型修改成虚线，如图 2-5-6 所示。

（10）新建图层 angle，将缀条部分的线条所在图层修改为 angle。

（11）启用镜像命令，将轴线之外的图形沿竖向轴线进行镜像复制；然后再调用镜像命令将水平轴线以上的图形沿水平轴线进行镜像复制，即得到截面详图(a)。

（12）锁定 angle 图层，新建 dashed 图层并设为当前层，线型设为 dashed2。

（13）在角钢虚线位置画一条重合的虚线。

（14）关闭 angle 图层，即得到截面简图 2-5-1(b)。

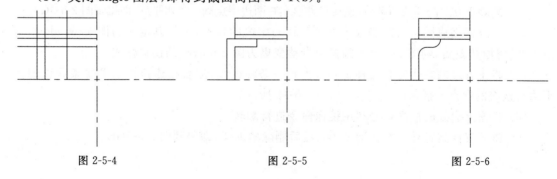

图 2-5-4   图 2-5-5   图 2-5-6

2. 绘制图 2-5-2 所示的阳台栏杆

（1）画一条长 10 的水平线，再在同一起点向下画一条长 40 的竖线。

（2）将水平线向下偏移 2、15 和 20，将竖线向右偏移 2 和 10，得到图 2-5-7。

（3）将横 4 竖 2 交点和横 3 竖 3 交点连线，然后删除横 3 和横 4，并将横 2、竖 2 和竖 3 按图 2-5-8 裁剪。

（4）将除竖 1 外的直线进行镜像复制，所得图形除竖 1 外再进行镜像复制，然后将最右一条竖线向右偏移 2，得到图 2-5-9。

（5）创建图块 1，将除竖 1 外的直线选为对象，拾取竖 2 的下端点为基点。

（6）插入图块 1，插入点为图形右下角点，然后再插入图块 1，插入点为新图形的右下角点，如图 2-5-10 所示。

（7）将图块炸开，将最右一条竖线向上延伸与水平线相交。

（8）以图形左下角点为起点向下画一个长 114，高 5 的矩形，然后将矩形向左移动 5，即完成绘制。

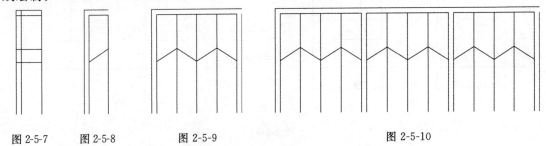

图 2-5-7   图 2-5-8   图 2-5-9   图 2-5-10

3. 绘制图 2-5-3 所示的建筑立面图，尺寸不必标出

（1）按所标尺寸绘制图 2-5-3(a)所示的窗，再复制一个，然后将其中之一定义为图块 window，基点为窗左下角点。

（2）按所标尺寸绘制图 2-5-3(b)所示的标高符号，然后将其定义为图块 level，基点为下部直线的右端点。

（3）用矩形命令绘制边长 7 000 的正方形，将其炸开，然后将下边向上偏移 1 000，左边向右偏移 1 000，如图 2-5-11 所示。

（4）用 MINSERT 命令，多重插入图块 window，比例因子等不作修改，2 行 2 列，行、列距均为 3 500，插入点为正方形内部两条线的交点。

（5）删除正方形内部的两条线，连接正方形左右两边中点画一条水平线，即得到图 2-5-3(c)。

（6）将未定义成图块的窗修改为图 2-5-3(d)中窗的样式，再将其定义为图块 window，基点不变，将原块覆盖，则图 2-5-3(c)的窗户自动变更为图 2-5-3(d)的窗户样式。

（7）将正方形的左边向右偏移 1 500，得到一条辅助线，然后在建筑物水平线条和窗的上下边与该线的交点处插入图块 level，如图 2-5-12 所示。

（8）将窗上边处的标高符号利用镜像命令进行翻转。

（9）将所有标高符号向左移动 2 000，然后删除辅助线，即得到图 2-5-3(d)。

图 2-5-11

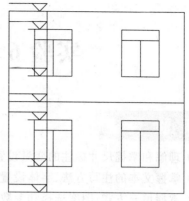

图 2-5-12

习 题

（1）绘制图 2-5-13 所示的窗平面，将其图层设为 windoor，然后定义为图块 win。

（2）绘制习图 2-5-14 所示的门平面，将其图层设为 windoor，然后定义为图块 door。

（3）绘制图 2-5-15，其中轴线所在图层为 axis，墙线所在图层为 wall，通过插入图块的方法绘制门窗，注意按要求更改旋转的角度和 X、Y 轴的比例，必要时用镜像命令将图块进行翻转。

（4）将以上图形保存在同一文件内，文件命名为"exer5"，各图的定位可以自行调整，尺寸不必标出。

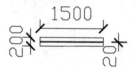

图 2-5-13

图 2-5-14

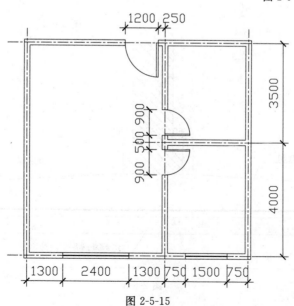

图 2-5-15

实验 6　标注与填充

实 验 目 的

（1）理解和掌握尺寸标注的变量设置、标注类型、标注方式和标注修改。

（2）掌握文本的注写方法、字体设置及文本的修改。

（3）掌握填充方式、图案选择和参数设定等的概念与操作。

实验内容和要求

1. 内容

绘制图 2-6-1～图 2-6-4 所示图形，标出所有标注和文字。

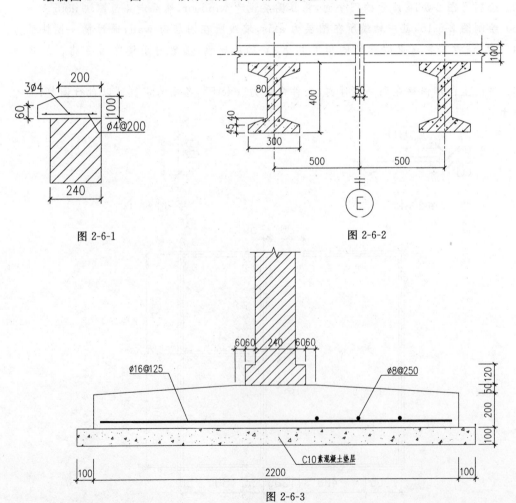

图 2-6-1

图 2-6-2

图 2-6-3

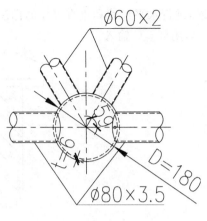

图 2-6-4

2. 要求

(1) 按图上所标尺寸绘制,将四个图形绘制在一幅图纸上。

(2) 绘制完成后,将图 2-6-1 和图 2-6-4 放大为原图的 2 倍,但标注的尺寸数值不能改变。

(3) 图幅的大小和各图形的位置可以自行调整,绘好后将文件命名为"test6"进行保存。

🍄 实验指导

1. 绘图前先进行以下设置

(1) 新建图层 hatch 和 dim。

(2) 打开"文字样式"对话框,新建样式 test,设其字体为 hztxt,"宽度因子"设为 0.8,将其置为当前。

(3) 打开"标注样式管理器"对话框,单击"修改",弹出"修改标注样式"对话框。在"线"属性页内,将延伸线的"超出尺寸线"和"起点偏移量"设为 20;在"符号和箭头"属性页内,将第一、二个箭头设为"建筑标记","箭头大小"设为 20;在"文字"属性页内,将文字样式改为 test,文字高度设为 40,文字位置"垂直"设为"上","从尺寸线偏移"设为 20,对齐方式选择"与尺寸线对齐";在"调整"属性页内,调整"文字始终保持在延伸线之间","文字位置"选择"尺寸线上方,不带引线",优化"在延伸线之间绘制尺寸线";在"主单位"属性页内,将"精度"设为 0。

(4) 打开"多重引线样式管理器"对话框,单击"修改",弹出"修改多重引线样式"对话框。在"引线格式"属性页内,将箭头大小设为 0;在"引线结构"属性页内,将基线距离设为 20;在"内容"属性页内,将"文字样式"设为 test,"文字高度"设为 40,选择"始终左对正","连接位置"选择"最后一行加下划线","基线间隙"设为 20。

2. 绘制图 2-6-1 所示的预制混凝土窗台

(1) 当前图层为 0。

(2) 用直线命令、偏移命令和裁剪命令画出窗台的外形线,如图 2-6-5 所示。

(3) 用多义线和圆环命令绘制钢筋。

(4) 将 hatch 层设为当前层,启用填充命令,点击"图案"后的"..."打开"填充图案选项板"对话框,在"ansi"属性页内选择 anst31 图案,比例修改为 300,选取砖墙矩形内部任一点确定边界后单击"确定",得到如图 2-6-6 所示的结果。

（5）将 dim 层设为当前层，进行水平尺寸和垂直尺寸的标注，以及用多重引线标注钢筋的说明文字，其中的一级钢符号 ϕ，用％％C 输入。

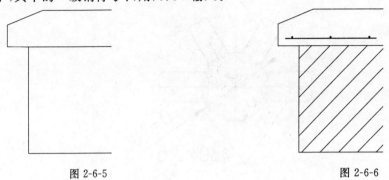

图 2-6-5   图 2-6-6

3. 绘制图 2-6-2 所示的伸缩缝详图

（1）当前层恢复为图层 0。

（2）画出水平轴线和垂直轴线。

（3）绘制垂直轴线的左边图形，利用偏移命令画出梁的轴线。

（4）根据给定的尺寸，用直线命令、偏移命令和裁剪命令绘制楼板和梁，其中的梁截面可调用镜像命令进行绘制。

（5）在板的左端绘制折断线，然后在右边的轴线上绘制对称符号。

（6）将 hatch 层设为当前层，启用填充命令，选择 anst31 图案，比例修改为 300，选取梁截面内轴线左边和右边各任一点确定边界后单击"确定"，得到如图 2-6-7 所示的结果。

（7）再启用填充命令，选择"其他预定义"属性页内的 ar-conc 图案，比例修改为 20，选取梁截面内轴线左边和右边各任一点确定边界后单击"确定"，则与上一步填充的图案共同组合成钢筋混凝土的图例。

（8）启用镜像命令，将中轴线左边的图案沿中轴线进行镜像复制，即得到图 2-6-8 所示图形。

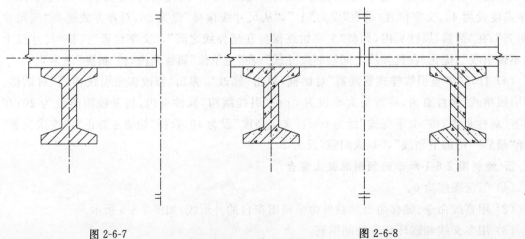

图 2-6-7   图 2-6-8

（9）图形中右边板的折断线和右边梁填充的斜线都是反的，因此，用镜像命令将它们进行翻转。

（10）以中轴线下端为圆心绘制直径 160 的圆，然后将圆向下移动，捕捉圆的上象限点与轴线的下端点重合。

（11）将 dim 层设为当前层，进行水平尺寸和垂直尺寸的标注，注意尺寸的连续标注。当标注的文字有重叠时，可选择热点将文字向外挪动一些。

（12）启用文字输入 DTEXT 命令输入轴线编号，设置文字高度为 70，输入"E"后两次回车结束输入。如果要进行内容的修改，可启用文字编辑 DDEDIT 命令。文字插入的位置可自由选择，然后移动到圆圈的中间。

4. 绘制图 2-6-3 所示的钢筋混凝土条形基础剖面

（1）当前层恢复为图层 0。

（2）画一条竖线作为对称轴，然后以其下端点为起点向左画长 1200 的水平线作为基础垫层的下边。

（3）用偏移命令，按图示尺寸进行偏移复制，如图 2-6-9 所示。

（4）用直线命令和裁剪命令进行绘制，得到如图 2-6-10 的半个基础轮廓。

（5）将对称轴删除，绘制砖墙上部的折断线，并用多段线和实心圆绘制钢筋，如图 2-6-11 所示。

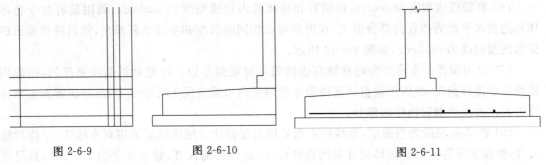

图 2-6-9　　　　　图 2-6-10　　　　　图 2-6-11

（6）将 hatch 层设为当前层，启用填充命令，选择 anst31 图案，比例修改为 300，选取砖墙内部任一点确定边界后单击"确定"，为砖墙填充斜线；然后再次启用填充命令，选择 ar-conc 图案，比例修改为 20，选取垫层矩形内部任一点确定边界后单击"确定"，为垫层填充素混凝土图案。

（7）将 dim 层设为当前层，进行水平尺寸和垂直尺寸的标注，以及用多重引线标注钢筋和垫层的说明文字。注意在连续标注时，由于捕捉点位置的关系，尺寸延伸线可能很长而影响图形线条的清晰，如图 2-6-12 所示，连续标注的垂直尺寸由于延伸线较长而容易与图线混淆，此时可增画一条辅助线，如以垫层右上角点为起点向上画一条直线，然后把超出辅助线的尺寸延伸线起点都移至与该辅助线的交点上，然后再删除辅助线。通过这样的优化处理，即可得到图 2-6-3。

5. 绘制图 2-6-4 所示的球铰节点

（1）当前层恢复为图层 0。

（2）先画出横竖两条轴线，然后以轴线交点为起点画一条与水平轴正方向夹角为 59° 的直线。

（3）以轴线交点为圆心画半径为 90 的圆，然后用偏移命令作出竖向对称轴右边的两根钢管的外边，并以圆为边界进行裁剪。

（4）在钢管折断线位置做辅助线，调用圆弧命令画出钢管的折断线；然后在水平钢管与球体连接的位置做辅助线，调用圆弧命令画出钢管与球体的交界线，如图 2-6-13 所示。

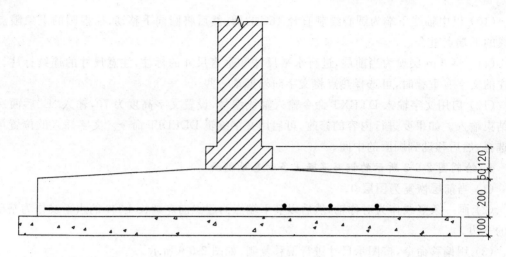

图 2-6-12

（5）删除辅助线，用偏移命令画出钢管和球体的内边，其中钢管的内边需调用裁剪或延伸命令使其两端分别交在球体外边和钢管折断线上。

（6）将轴线线型改为 center，将钢管和球体的内边线型改为 dashed2，调用裁剪命令将球体外边被水平钢管挡住的部分剪去，在原位置以相同的弧度和半径重新画出，然后将新画出的圆弧线型也改为 dashed2，如图 2-6-14 所示。

（7）启用镜像命令将竖向对称轴右边的图形复制到左边。注意到折断线是反的，因此用镜像命令进行翻转，然后用裁剪或延伸命令使钢管内边端点位于折断线上；此外还需剪去球体外边被左边水平钢管挡住的部分。

（8）将 dim 层设为当前层，轴线间夹角采用角度标注。球体厚度采用对齐标注，定位后输入 T，修改文字为 t=6。球体尺寸采用直径标注，定位后输入 T，修改文字为 D=180，其尺寸界线为短斜线，如图 2-6-15 所示，与作图要求不符，应为箭头，因此打开"标注样式管理器"对话框，单击"新建"，新建样式 dia，修改其第一、二个箭头为"实心闭合"，"箭头大小"设为 40，然后将直径尺寸线的标注样式更改为 dia。钢管尺寸采用多重引线标注，采用添加引线的方法标注同尺寸的另一根钢管，即得到图 2-6-4。

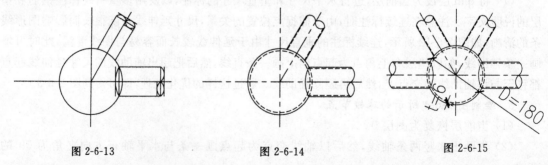

图 2-6-13　　　　　　　　　图 2-6-14　　　　　　　　　图 2-6-15

6. 将图 2-6-1 和图 2-6-4 放大为原图的 2 倍，尺寸数值和字体高度不变

（1）启用缩放 SCALE 命令，将图 2-6-1 和图 2-6-4 图形包括所有标注选为对象，输入比例 2，图形即放大为原图的 2 倍。

（2）此时尺寸的数值都变为原图的 2 倍，因此，打开"特性"窗口，选择所有的尺寸标注，在

"特性"中的"主单位"页上,将"标注线性比例"改为0.5,则尺寸数值恢复原值。

(3) 多重引线标注的字体高度变为原图的2倍,因此打开"特性"窗口,选择所有的多重引线标注,在"特性"中的"其他"页上,将"全局比例"改为0.5,则字体高度恢复原值。

(4) 填充的斜线间距变为原图的2倍,因此打开"特性"窗口,选择填充,在"特性"中的"图案"页上,将"比例"改为300,则填充间距恢复原值。

(5) 若由于图形放大而使标注的位置不太适合,可对其位置再进行调整,最后得到放大后的图形图2-6-16和图2-6-17。

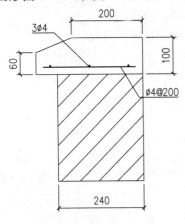

图 2-6-16

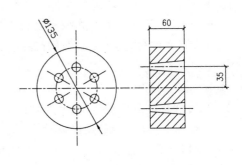

图 2-6-17

习 题

(1) 绘制图2-6-18所示的无筋条形基础剖面。

(2) 绘制图2-6-19所示的预应力锚具的锚板。

(3) 将图2-6-19绘制的图形放大4倍,但尺寸的数值不能改变。

(4) 将以上图形保存在同一文件内,文件命名为"exer6",各图的定位可以自行调整。

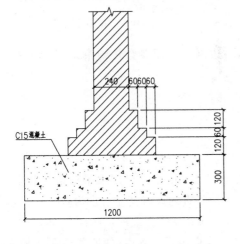

图 2-6-18

图 2-6-19

实验7　参数化约束

实验目的

（1）理解和掌握通过参数化约束进行设计绘图的基本概念与操作。

（2）合理选择几何约束和标注约束两种控制方法进行快速设计和修改。

实验内容和要求

1. 内容

绘制图 2-7-1 和图 2-7-2 所示图形。

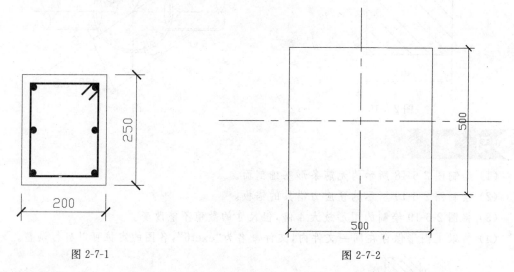

图 2-7-1　　　　　　　　　　　　　　图 2-7-2

2. 要求

一开始不使用正交，也不必按实际长度绘制，一边画一边用参数化约束来控制图形和尺寸。绘好后将文件命名为"test7"进行保存。

实验指导

1. 绘图前新建图层 axis、steel 和 dim

2. 绘制图 2-7-1 所示的梁配筋图

（1）图层 0 为当前层，随手绘制一个四边形，如图 2-7-3 所示。启用水平约束将其下边设为水平；再启用平行约束将上边设为与下边平行。启用竖直约束将其左边设为垂线；再启用平行约束将右边设为与左边平行，如图 2-7-4 所示。

（2）约束后四边形的边不再两两相交于一点，因此，启用重合约束，使四条边两两相交，得到一个矩形，如图 2-7-5 所示。

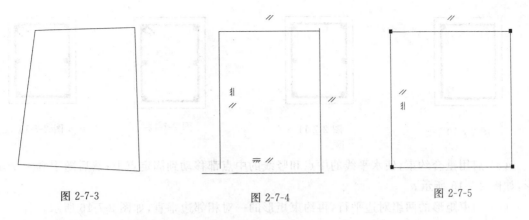

图 2-7-3　　　　　　　　图 2-7-4　　　　　　　　图 2-7-5

（3）启用线性标注约束标注矩形的两个边，将水平尺寸改为 d1＝200，竖向尺寸改为 d2＝250，如图 2-7-6 所示。

（4）将图层 steel 设为当前层，启用多段线命令，宽度为 4，在矩形内绘制箍筋，为一个四边形，如图 2-7-7 所示。启用水平约束将其下边设为水平；再启用平行约束将上边设为与下边平行。启用竖直约束将其左边设为垂线；再启用平行约束将右边设为与左边平行，四边形变为粗线矩形如图 2-7-8 所示。

（5）启用线性标注约束标注箍筋左下角点与外矩形左下角点的水平和垂直尺寸，d3 和 d4 都等于 20。再启用线性标注约束标注箍筋的两个边，将水平尺寸改为 d5＝d1－40，竖向尺寸改为 d6＝d2－40，如图 2-7-9 所示。

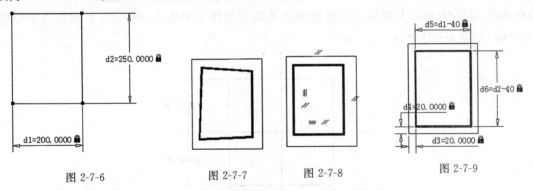

图 2-7-6　　　　　　图 2-7-7　　　　图 2-7-8　　　　　　图 2-7-9

（6）启用实心圆命令在箍筋右上角内侧绘制一个直径 15 的实心圆，如图 2-7-10 所示。

（7）启用阵列命令将圆进行矩阵阵列复制，3 行 2 列，如图 2-7-11 所示。

（8）在右上角的实心圆两侧画出箍筋的弯头，如图 2-7-12 所示。用平行约束将两个弯头设为平行，如图 2-7-13 所示，选择左边一个弯头为第一个对象，然后点击右边一个弯头上靠近箍筋的点，这样第二个弯头就参照该点旋转成与第一个弯头平行。

（9）因为标注约束不能打印，标注样式也无法修改，所以，用尺寸标注命令标注尺寸。将 dim 层设为当前层，按建筑图纸要求设置标注样式，然后标出梁的尺寸，即完成图 2-7-1 的绘制。

3. 绘制图 2-7-2 所示的柱子

（1）图层 0 为当前层，用点（POINT）命令画一个点，用固定约束将其固定。

（2）在正交状态下随手画一条水平线和竖线，然后将它们所在图层改为 axis 层，如图 2-7-14 所示。

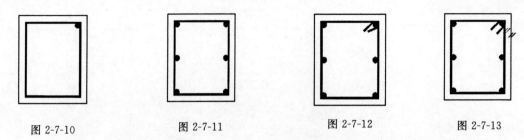

图 2-7-10   图 2-7-11   图 2-7-12   图 2-7-13

（3）启用重合约束，使水平线的中点和竖线的中点都移动到固定点上；然后随手画一个矩形，如图 2-7-15 所示。

（4）约束矩形的两组对边平行，再约束矩形的一对相邻边垂直，如图 2-7-16 所示。

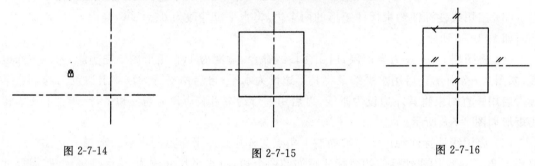

图 2-7-14   图 2-7-15   图 2-7-16

（5）启用线性标注约束，先分别标注矩形的水平边左端点与柱子中心点 d7＝250，右端点与中心点 d8＝d7；然后分别标注矩形的竖边下端点与柱子中心点 d9＝d7，上端点与中心点 d10＝d7，如图 2-7-17 所示。

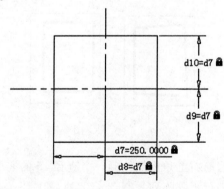

图 2-7-17

（6）将 dim 层设为当前层，然后标出柱的水平和竖向尺寸，即完成图 2-7-2 的绘制。

 习　题

利用参数化约束绘制图 2-7-18 的柱网图，绘好后保存成"exer7"文件。

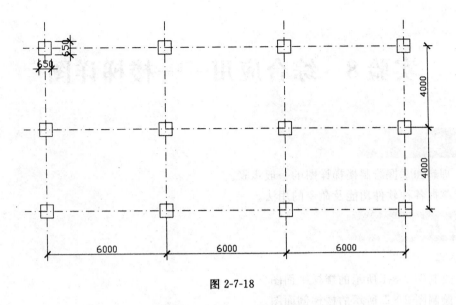

图 2-7-18

实验8　综合应用——楼梯详图

实验目的

（1）理解和掌握绘制楼梯详图的一般步骤。

（2）掌握各种软件功能及命令的用法。

实验内容和要求

1. 内容

（1）绘制图 2-8-1 所示的楼梯平面图。

（2）绘制图 2-8-2 所示的楼梯剖面图。

（3）标出所有轴线（编号不写，圆圈要画）、标注和文字。

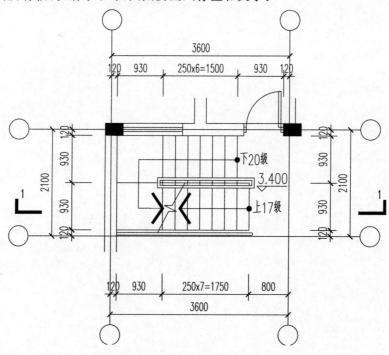

图 2-8-1

2. 要求

（1）按原尺寸绘图，两图绘制在一张图纸上。

（2）应用图层功能将轴线、墙、门窗、楼梯、标注和填充等分别置于相应的图层内。

（3）绘好后将文件命名为"test8"进行保存。

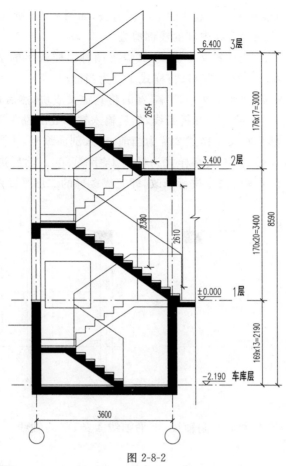

图 2-8-2

实验指导

1. 绘图前先进行以下设置

按要求定义 axis(轴线及编号)、wall(墙)、windoor(门窗)、stair(楼梯)、dim(标注)、hatch(填充)六个图层。将 axis 图层颜色设为 8 号色,线型设为 dashdot,若看不出点划线,则修改线型比例;wall 图层颜色设为黄色;windoor 图层颜色设为青色;stair 图层颜色设为蓝色;dim 图层颜色设为绿色;hatch 图层颜色设为 252 号色。

2. 楼梯平面图绘制

(1)设置 axis 为当前层,然后绘制轴线,水平轴线 2 条,竖向轴线 2 条。然后画出轴线端部的圆,圆的直径为 400。

(2)将 wall 设为当前层,绘制墙线和墙内构造柱,然后将 hatch 设为当前层,对构造柱进行填充,填充图案为 solid。

(3)将 windoor 设为当前层,绘制单个的窗和单扇门,如图 2-8-3所示。然后将窗和门分别定义成块,在适当位置进行插入。

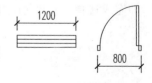

图 2-8-3

(4)将 stair 设为当前层,先画出上、下层楼梯的分界线和不靠墙一侧楼梯的边线这两条水平线,然后画出休息平台的边线这条竖线,如图 2-8-4 所示。用阵列命令对竖线进行矩形阵列复制,生成楼梯踏步,共 8 条竖线,间距为 250。用裁剪命令将最右边一条竖线的上半段剪去，如图 2-8-5 所示。

（5）画出楼梯扶手，将扶手双线内部的线都剪去。

（6）将 dim 设为当前层，先设置文字样式，共设置两种。样式 1 的字体为仿宋，宽度比例 0.6；样式 2 的字体为黑体，宽度比例 0.7；将样式 1 置为当前。

（7）绘制一个标高图案，并标上文字，字高 200，将其定义成块，然后移动到需要的位置。

（8）绘制表明上下楼方向的箭头和折断线，然后输入楼梯处的说明文字，字高 200。

（9）绘制剖面符号，然后将文字样式 2 置为当前，输入剖面编号，字高 300。

（10）修改尺寸标注属性，其中文字样式为样式 1，字高 200。然后进行所有尺寸的标注。踏步处标注的文字可用文字编辑命令进行修改，即完成楼梯的二层平面图绘制。

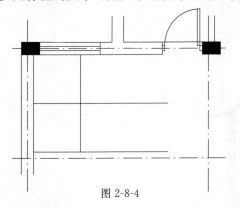

图 2-8-4

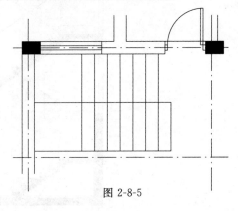

图 2-8-5

3. 楼梯剖面图绘制

（1）设置 axis 为当前层，然后绘制轴线，水平轴线 4 条，竖向轴线 2 条。然后画出轴线端部的圆，圆的直径为 400。

（2）将 wall 设为当前层，绘制墙线和右边的折断线。

（3）将 stair 设为当前层，画出楼梯踏步、楼梯平台、楼板和梁。在绘制过程中注意选择合适的命令进行复制。剖面剖在从楼层上到平台的这几段楼梯段上，因此，还要画出剖到处建筑物结构与面层的交界线，如图 2-8-6 所示。

（4）画出楼梯扶手，然后将 hatch 设为当前层，对剖到处结构部分进行填充，填充图案为 solid，如图 2-8-7 所示。

（5）将 windoor 设为当前层，绘制窗框和门框。

（6）将 dim 设为当前层，插入标高块到适当的位置，然后对文字进行修改。

（7）注写表示楼梯层数的文字，为样式 2，字高 300。

（8）在图形外侧标注水平尺寸和竖向尺寸，并在图内适当位置标注表示楼梯间净高的尺寸，即完成楼梯 1-1 剖面图的绘制。

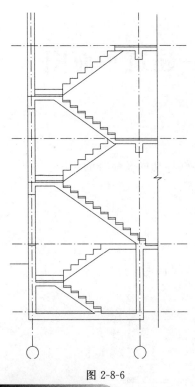

图 2-8-6

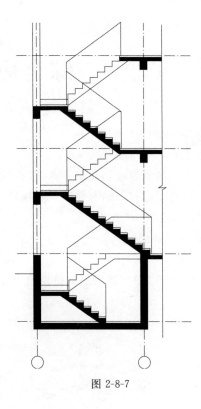

图 2-8-7

习　题

（1）绘制习图 2-8-8 所示的楼梯的一层平面图。

（2）应用图层功能将轴线及编号、墙、门窗、楼梯、标注和填充等分别置于相应的图层内。

（3）标出所有标注和文字，绘好后将文件命名为"exer9"进行保存。

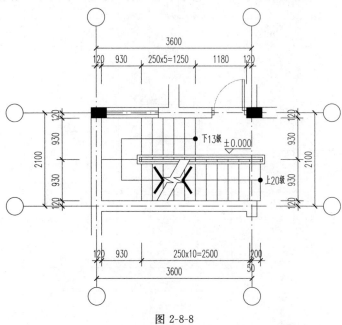

图 2-8-8

实验 9 综合应用——建筑平面图

实验目的

（1）理解和掌握绘制建筑平面图的一般步骤和各种软件功能及命令的用法。

（2）熟悉图形打印的参数设置和操作步骤。

实验内容和要求

1. 内容

（1）绘制图 2-9-1 所示的双拼别墅中左边一户的二层平面图。

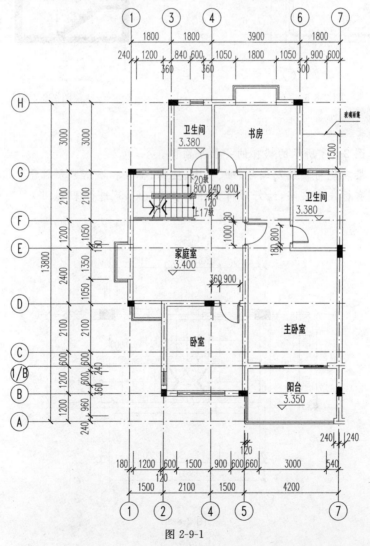

图 2-9-1

（2）用镜像命令得到图 2-9-2 所示的完整的平面图。

（3）标出所有轴线编号、标注和文字。注意除零散尺寸外,平面图四周应有三道完整的尺寸线。

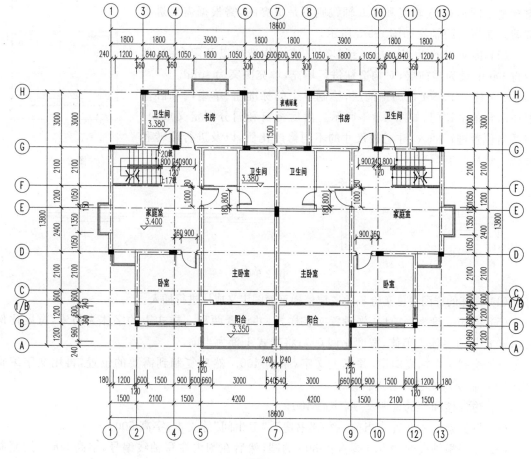

图 2-9-2

2. 要求

（1）按 1∶100 的比例绘制在 A3 图纸上,图框尺寸为 420mm×297mm。

（2）应用图层功能将轴线及编号、墙、门窗、楼梯、标注和填充等分别置于相应的图层内。

（3）绘好后将文件命名为"test9"进行保存。

🍄 实 验 指 导

1. 绘图前先进行以下设置

（1）为了用图形的实际尺寸数值进行绘图,必须将图幅放大为 A3 图纸尺寸的 100 倍,待打印设置时用 1∶100 的比例输出。因此,设置图幅尺寸为 42 000×29 700。

（2）按要求定义 axis（轴线及编号）、wall（墙）、windoor（门窗）、stair（楼梯）、dim（标注）、hatch（填充）六个图层。将 axis 图层颜色设为 8 号色,线型设为 dashdot,若看不出点划线,则修改线型比例;wall 图层颜色设为黄色;windoor 图层颜色设为青色;stair 图层颜色设为蓝色;dim 图层颜色设为绿色;hatch 图层颜色设为 252 号色。

2. 图形绘制

（1）设置 axis 为当前层，然后绘制轴线，水平轴线从 A 至 H 八条，B、C 轴线之间还有轴线 1/B，因此共九条；竖向轴线中 1、4、7 轴线贯穿整个图形，2、5 轴线和 3、6 轴线则不是贯穿的，需根据需要进行裁剪。布置好的轴网如图 2-9-3 所示。

（2）将 wall 设为当前层，绘制墙线、墙内构造柱以及阳台线，然后将 hatch 设为当前层，对构造柱进行填充，填充图案为 solid。

（3）将 windoor 设为当前层，绘制单个的标准窗、单扇门和卧室通往阳台的推拉门，如图 2-9-4 所示。然后将窗和门分别定义成块，在适当位置进行插入，注意按尺寸的不同修改比例，以及进行旋转和翻转。然后绘制飘窗。

图 2-9-3

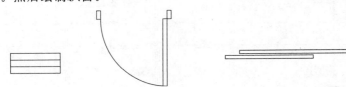

图 2-9-4

（4）楼梯的详图参见实验 8，将二层楼梯平面图定义成块进行插入。

（5）将 dim 设为当前层，先设置文字样式，共设置两种。样式 1 的字体为仿宋，宽度比例 0.6；样式 2 的字体为黑体，宽度比例 0.7；将样式 1 置为当前。

（6）绘制一个标高图案，并标上文字，字高 400。然后复制到需要的位置，再用文字编辑 DDEDIT 命令对文字内容进行修改。

（7）输入楼梯处的说明文字，字高 400。

（8）将文字样式 2 置为当前，输入"书房"、"卫生间"等文本，字高 500。

（9）在一根轴线的端点处画直径 800 的圆，然后在圆内注写轴线编号，字高 500。用复制和文字编辑命令对所有轴线注写编号。

（10）这样就得到了如图 2-9-1 所示的左边一户的平面图。用镜像命令，以轴线 7 为对称轴进行镜像复制。

（11）修改多重引线标注属性，其中文字样式为样式 1，字高 400。文字内容为"玻璃雨篷"。

（12）修改尺寸标注属性，其中文字样式为样式 1，字高 400。然后进行所有尺寸的标注。

（13）删除由于镜像复制产生的多余的标高和文字

（14）注写图名和比例，汉字为宋体，字高 1000，比例的字高应比汉字字高小一号。完成如图 2-9-2 所示的平面图绘制。

3. 打印输出

（1）打开"打印—模型"对话框，选择打印机/绘图仪，如果没有安装打印机，可以选择"DWG To PDF.pc3"，如图 2-9-5 所示。

（2）图纸尺寸选择"ISO A3(420.00×297.00 毫米)"。

（3）打印范围选择"窗口"，然后在屏幕上点击需打印图形的左下角和右上角选定窗口。

（4）打印偏移选择"居中打印"。

建筑部分

（5）打印比例选择"1∶100"，单位为毫米。

（6）单击预览，得到如图 2-9-6 所示的预览图。若无需再修改，则确定进行打印输出。

图 2-9-5

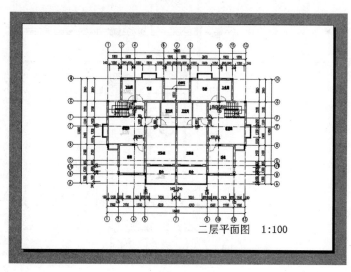

图 2-9-6

习 题

（1）按 1∶100 的比例绘制图 2-9-7 所示的双拼别墅中左边一户的一层平面图。

（2）应用图层功能将轴线及编号、墙、门窗、楼梯、标注和填充等分别置于相应的图层内。

（3）用镜像命令，以 7 轴为对称轴得到完整的平面图。

（4）标出所有轴线编号、标注和文字。注意除零散尺寸外，平面图四周应有三道完整的尺

213

寸线。

(5) 绘好后将文件命名为"exer9"进行保存。

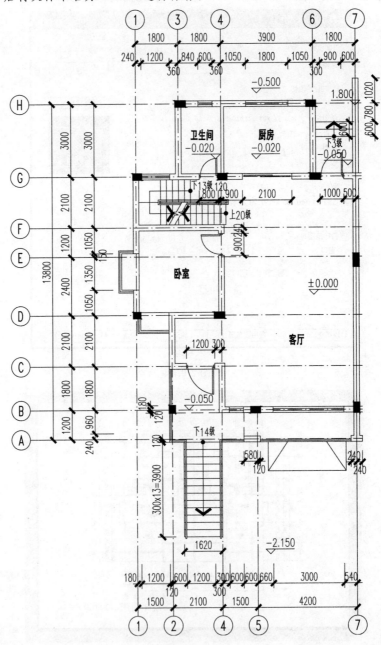

图 2-9-7

实验 10　综合应用——建筑立、剖面图

🔘 实 验 目 的

（1）理解和掌握绘制建筑立面图和建筑剖面图的一般步骤。

（2）熟悉各种软件功能及命令的用法。

🖌 实验内容和要求

1. 内容

（1）绘制图 2-10-1 所示的双拼别墅的北立面图。

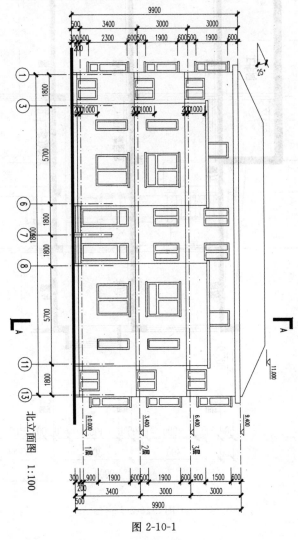

图 2-10-1

（2）绘制图 2-10-2 所示的 A-A 剖面图。

（3）标出所有轴线编号、标注和文字。

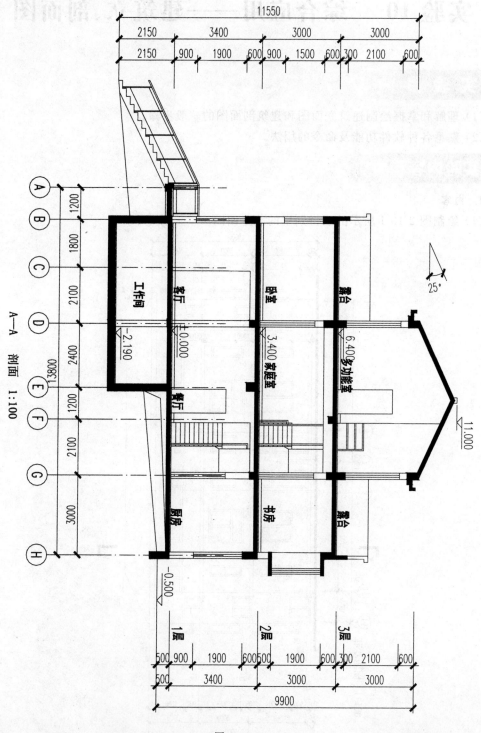

图 2-10-2

2. 要求

(1) 两图并列,各按 1∶100 的比例绘制。

(2) 应用图层功能将轴线及编号、墙、门窗、楼梯、标注和填充等分别置于相应的图层内。

(3) 绘好后将文件命名为"test10"进行保存。

实验指导

1. 绘图前先进行以下设置

(1) 为了用图形的实际尺寸数值进行绘图,必须将图幅放大为 A3 图纸尺寸的 100 倍,然后宽度再翻倍。因此,设置图幅尺寸为 84 000×29 700。

(2) 按要求定义 axis(轴线及编号)、wall(墙)、windoor(门窗)、stair(楼梯)、dim(标注)、hatch(填充)六个图层。将 axis 图层颜色设为 8 号色,线型设为 dashdot,若看不出点划线,则修改线型比例;wall 图层颜色设为黄色;windoor 图层颜色设为青色;stair 图层颜色设为蓝色;dim 图层颜色设为绿色;hatch 图层颜色设为 252 号色。

2. 北立面图绘制

(1) 设置 axis 为当前层,然后绘制轴线,水平轴线共 4 条;竖向轴线 1、3、6、7、8、11、13 轴,共 7 条。

(2) 将 wall 设为当前层,绘制墙边线、装饰线、屋顶以及阳台线,然后将 hatch 设为当前层,对构造柱进行填充,填充图案为 solid。

(3) 将 stair 设为当前层,绘制台阶踏步。

(4) 将 windoor 设为当前层,绘制窗和门,如图 2-10-3 所示。然后将窗和门分别定义成块,在适当位置进行插入。注意按尺寸的不同修改比例,并且把被阳台挡住的部分裁去。

(5) 将 dim 设为当前层,先设置文字样式,共设置两种。样式 1 的字体为仿宋,宽度比例 0.6;样式 2 的字体为黑体,宽度比例 0.7;将样式 1 置为当前。

(6) 绘制一个标高图案,并标上文字,字高 400。将其定义成块,然后复制到需要的位置,再用文字编辑 DDEDIT 命令对文字内容进行修改。

(7) 将文字样式 2 置为当前,输入楼层标示文字,字高 500。

(8) 绘制剖面符号,注写剖面编号,字高 500。

(9) 在一根轴线的端点处画直径 800 的圆,然后在圆内注写轴线编号,字高 500。用复制和文字编辑命令对所有轴线注写编号。

(10) 修改尺寸标注属性,其中文字样式为样式 1,字高 400。然后进行所有尺寸的标注。

(11) 绘制表示屋面斜度的角符号并标上角度。

(12) 注写图名和比例,汉字为宋体,字高 1 000,比例的字高应比汉字字高小一号。完成如图 2-10-1 所示的北立面图绘制。

3. A-A 剖面图绘制

(1) 设置 axis 为当前层,然后绘制轴线,水平轴线共 4 条;竖向轴线从 A 到 H,共 8 条。

(2) 将 wall 设为当前层,绘制墙线、楼层、梁、屋顶、檐口以及阳台线,还要画出楼板结构与面层的交界线,以及踢脚线。然后将 hatch 设为当前层,对剖到的楼面、屋面、梁和地下室墙进行填充,填充图案为 solid。

(3) 将 stair 设为当前层,绘制楼梯和扶手,室外楼梯放大图如图 2-10-4 所示。

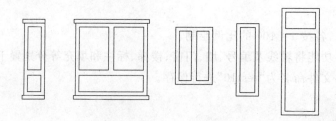

图 2-10-3

(4) 将 windoor 设为当前层,绘制窗和门。

(5) 将 dim 设为当前层,将标高块插入到需要的位置,再用文字编辑 DDEDIT 命令对文字内容进行修改。

(6) 将楼层标示文字从图 2-10-1 复制到图 2-10-2。

(7) 用复制和文字编辑命令对所有轴线注写编号。

(8) 复制表示屋面斜度的角符号和角度标注。

(9) 注写图名和比例,完成图 2-10-2 的 *A-A* 剖立面图绘制。

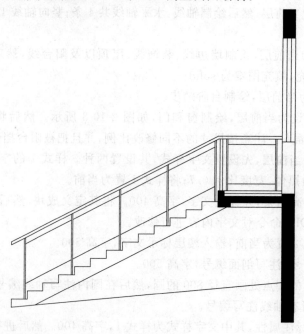

图 2-10-4

习 题

(1) 按 1 : 100 的比例绘制图 2-10-5 所示的双拼别墅东立面图。

(2) 应用图层功能将轴线及编号、墙、门窗、楼梯、标注和填充等分别置于相应的图层内。

(3) 标出所有轴线编号、标注和文字。注意除零散尺寸外,平面图四周应有三道完整的尺寸线。

(4) 绘好后将文件命名为"exer10"进行保存。

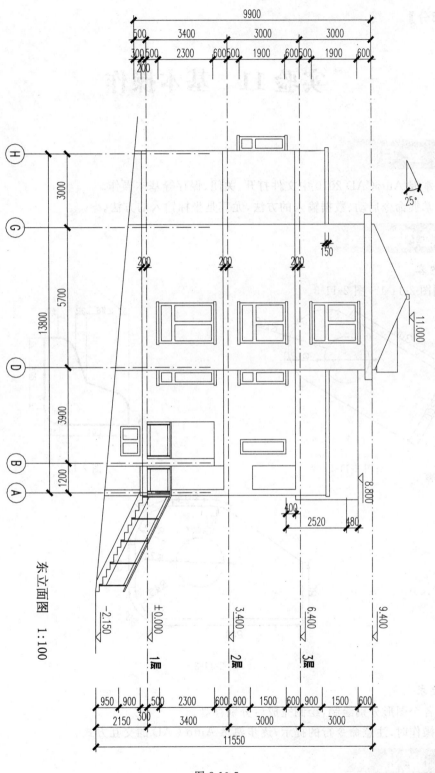

东立面图 1:100

图 2-10-5

【机械部分】

实验 11　基本操作

实 验 目 的

(1) 掌握 AutoCAD 2010 中文件打开、关闭、保存等基本操作。

(2) 掌握命令启动、数据输入的方法,尤其是坐标输入的方法。

实验内容和要求

1. 内容

绘制图 2-11-1～图 2-11-3。

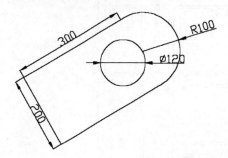

图 2-11-1

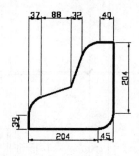

图 2-11-2

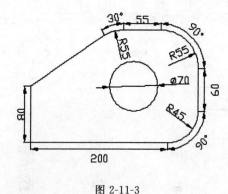

图 2-11-3

2. 要求

(1) 各个图形分别绘制,绘制完成后分别存盘。

(2) 操作时,注意命令行的提示,逐步熟悉 Auto CAD 的交互方式。

实 验 指 导

1. 开始一张新图的步骤

方法一:下拉式菜单

选择下拉式菜单 ▲ →[新建]→[图形],在弹出的窗口中有四个按钮,分别对应四种操作:"打开图形"、"缺省设置"、"使用样板"、"使用向导"。如果此处选择"缺省设置"按钮,选择"公制(M)"选择钮,然后按下"确定"按钮。

方法二:命令式

在命令行状态下,从键盘键入命令 NEW,之后弹出窗口,窗口中的操作同方法一。

2. 保存一张图的步骤

选择下拉式菜单 ▲ →[保存],在弹出的窗口中首先选择正确的文件路径,然后键入文件名字,最后选择文件的存盘格式,一切设置好之后,按下"保存"按钮。

3. 退出 AutoCAD 2010 的步骤

选择下拉式菜单 ▲ →[关闭],则退出 AutoCAD 2010。

4. 操作提示

当出现操作错误时,按下 Esc 键取消前面的命令,在"命令:"状态下键入 U 回车,将取消前一条命令的操作。

5. 绘制图 2-1-1

开始一张新图。

命令:_LINE 指定第一点:1 000,500 ↓
　　指定下一点或[放弃(U)]:@300,0 ↓
　　指定下一点或[放弃(U)] ↓(得到图 2-11-4)

命令:_LINE 指定第一点:1 000,500 ↓
　　指定下一点或[放弃(U)]:@0,-200 ↓
　　指定下一点或[放弃(U)]:@300,0 ↓
　　指定下一点或[闭合(C)/放弃(U)]:(得到图 2-11-5)

命令:_ARC 指定圆弧的起点或[圆心(C)]:1 300,500 ↓
　　指定圆弧的第二个点或[圆心(C)/端点(E)]:1 400,400 ↓
　　指定圆弧的端点:1 300,300 ↓(得到图 2-11-6)

命令:_CIRCLE 指定圆的圆心或[三点(3P)/两点(2P)/切点、切点、半径(T)]:1 250,400 ↓
　　指定圆的半径或[直径(D)]<50.0000>:60 ↓(得到图 2-11-7)

命令:_ROTATE
　　UCS 当前的正角方向: ANGDIR=逆时针　ANGBASE=0
　　选择对象:指定对角点:(选择 5 个图形)
　　指定基点:1 000,500 ↓
　　指定旋转角度,或[复制(C)/参照(R)]<30>:30 ↓

6. 绘制图 2-11-2

开始一张新图。

命令:_LINE 指定第一点:100,50 ↓
　　指定下一点或[放弃(U)]:@204,0 ↓
　　指定下一点或[放弃(U)]: ↓

命令:_ARC 指定圆弧的起点或[圆心(C)]:304,50 ↓

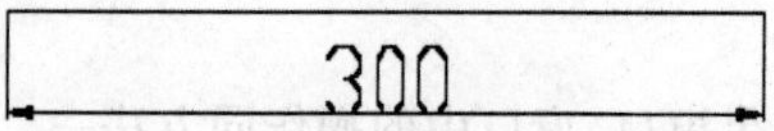

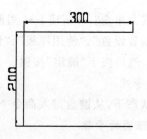

300

200

图 2-11-4

图 2-11-5

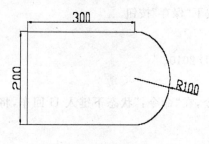

300

200

R100

图 2-11-6

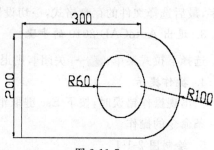

300

200

R60

R100

图 2-11-7

指定圆弧的第二个点或［圆心(C)/端点(E)］:C 指定圆弧的圆心:@0,45↓

指定圆弧的端点或［角度(A)/弦长(L)］：A 指定包含角:90↓

命令：_LINE 指定第一点:鼠标左击圆弧上端点；

　　指定下一点或［放弃(U)］:@0,204↓

　　指定下一点或［放弃(U)］:@0,−40↓

　　指定下一点或［放弃(U)］：↓(得到图 2-11-8)

命令：_ARC 指定圆弧的起点或［圆心(C)］:(鼠标左击 40 线段左端)；

　　指定圆弧的第二个点或［圆心(C)/端点(E)］:C 指定圆弧的圆心:@0,−60↓

　　指定圆弧的端点或［角度(A)/弦长(L)］：A 指定包含角:60↓

命令：_LINE 指定第一点:(鼠标左击 60°圆弧下端点)；

　　指定下一点或［放弃(U)］:@−24,−104↓

　　指定下一点或［放弃(U)］：↓(得到图 2-11-9)

命令：_LINE 指定第一点:(鼠标左部上部线段端点)；

　　指定下一点或［放弃(U)］:@−104,−24↓

命令：_ARC 指定圆弧的起点或［圆心(C)］:(鼠标左击上部线段端点)；

　　指定圆弧的第二个点或［圆心(C)/端点(E)］:c 指定圆弧的圆心:160,90↓

　　指定圆弧的端点:100,40↓

命令：_LINE 指定第一点:100,40↓

　　指定下一点或［放弃(U)］:100,50↓

　　指定下一点或［放弃(U)］：↓(得到图 2-11-2)

7. 绘制图 2-11-3

开始一张新图。

命令:_LINE 指定第一点:500,500↓

　　指定下一点或［放弃(U)］:@200,0↓

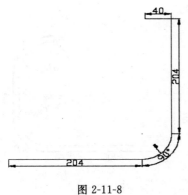

图 2-11-8　　　　　　　　　　　　　　图 2-11-9

指定下一点或［放弃(U)］：↓

命令：_LINE 指定第一点：500,500 ↓

　　指定下一点或［放弃(U)］：@0,80 ↓

　　指定下一点或［放弃(U)］：↓

命令：_ARC 指定圆弧的起点或［圆心(C)］：700,500 ↓

　　指定圆弧的第二个点或［圆心(C)/端点(E)］：C ↓

　　指定圆弧的圆心：@0,45 ↓

　　指定圆弧的端点或［角度(A)/弦长(L)］：A ↓

　　指定包含角：90 ↓（得到图 2-11-10）

命令：_LINE 指定第一点：745,545 ↓

　　指定下一点或［放弃(U)］：@0,60 ↓

　　指定下一点或［放弃(U)］：↓

命令：_ARC 指定圆弧的起点或［圆心(C)］：745,605 ↓

　　指定圆弧的第二个点或［圆心(C)/端点(E)］：C ↓

　　指定圆弧的圆心：@−55,0 ↓

　　指定圆弧的端点或［角度(A)/弦长(L)］：A ↓

　　指定包含角：90 ↓（得到图 2-11-11）

命令：_LINE 指定第一点：690,660 ↓

　　指定下一点或［放弃(U)］：@−55,0 ↓

　　指定下一点或［放弃(U)］：↓

命令：_ARC 指定圆弧的起点或［圆心(C)］：635,660 ↓

　　指定圆弧的第二个点或［圆心(C)/端点(E)］：C ↓

　　指定圆弧的圆心：@0,−55 ↓

　　指定圆弧的端点或［角度(A)/弦长(L)］：A ↓

　　指定包含角：30 ↓

命令：_LINE 指定第一点：607.5,652.6 ↓

　　指定下一点或［放弃(U)］：500,580 ↓

　　指定下一点或［放弃(U)］：↓（得到图 2-11-12）

命令：_CIRCLE 指定圆的圆心或［三点(3P)/两点(2P)/切点、切点、半径(T)］：650,580 ↓

指定圆的半径或 [直径(D)]：35↓（得到图 2-11-3）

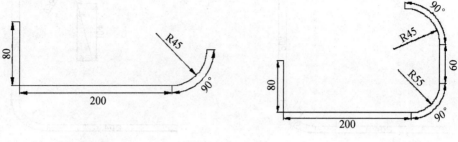

图 2-11-10　　　　　　　　　　　　图 2-11-11

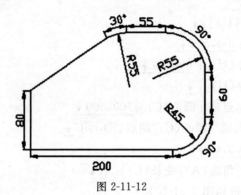

图 2-11-12

习　题

（1）绘制如图 2-11-13 所示的图形，正方形的边长为 100。

（2）使用 LINE 和 ARC 命令绘制如图 2-11-14 所示的四分之一圆，半径为 100。

（3）绘制如图 2-11-15 所示的标记。

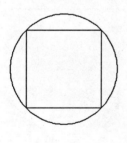

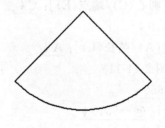

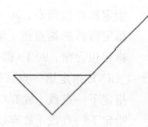

图 2-11-13　　　　　　　　图 2-11-14　　　　　　　　图 2-11-15

实验 12　绘图编辑命令(一)

实验目的

(1) 进一步熟悉 AutoCAD 的命令输入方式和坐标输入方法。
(2) 掌握 LINE、ARC、CIRCLE 等绘图命令的操作方法。
(3) 学习极轴捕捉方式进行绘图。
(4) 学习格栅方式进行画图。

实验内容和要求

1. 内容

采用不同的坐标输入方式绘制图形 2-12-1～图 2-12-3。

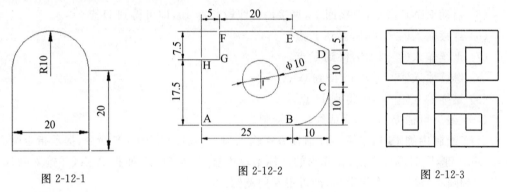

图 2-12-1　　　　　　　图 2-12-2　　　　　　　图 2-12-3

2. 要求

(1) 各个图形分别绘制,绘制完成后分别存盘,进一步熟悉文件的相关操作。
(2) 操作时注意命令行的提示,进一步熟悉 AutoCAD 的交互方式。

实验指导

1. 通过多种坐标输入方式绘制图 2-12-1

(1) 开始一张新图,采用 LIMITS 命令设置图幅为 40×40,然后采用 ZOOM/All 将图幅满屏。

(2) 启动 LINE 命令,输入 5,5 为左下角点,作为起点。后面按照逆时针方向进行图形绘制。

(3) 采用直角坐标系的相对坐标,输入 @20,0 为下方线段右侧端点。

(4) 采用极坐标系下的相对坐标,输入 @20<90 为右侧线段的上方端点,按回车键结束 LINE 命令。

(5) 启动 ARC 命令,命令行提示输入起点时,直接回车,采用连续法绘制圆弧,采用极轴法输入左侧端点,向左侧移动鼠标,出现水平极轴时,输入 20,即可得到上方半径为 10 的半圆。

(6) 启动 LINE 命令,并直接回车,采用连续法绘制直线,输入 20 即可得到右侧的线段。

(7) 存盘。

本图中各点的输入,可采用各种方法。如果绘制过程中断,可能导致不能按照连续方法绘制后面的圆弧和线段,此时应采用 3 个参数的方法绘制圆弧,方法很多,应灵活掌握。

2. 绘制图 2-12-2

该图的起点位置为 A(10,8),按照两个阶段绘制:外圈绘制顺序 A、B、C、D、E、F、G、H、A。绘制外圈按照相对坐标的方法绘制即可,关键是内圈的圆心位置,本练习采用实体捕捉中的"基点 From"方式来解决。

(1) 开始一张新图,采用 LIMITS 命令设置图幅为 140×100,然后采用 ZOOM/All 将图幅满屏。

(2) 启动 LINE 命令,外圈起点为 A,输入 10,8。

(3) 向右侧移动鼠标,出现极轴时,输入 25,即为 B 点,即可得到下方的水平线。

(4) 启动 ARC 命令,直接回车,输入 @10,10,得到 C 点,绘制右下角圆弧。

(5) 启动 LINE 命令,直接回车,直接输入线段长度 10,即可得到 D 点。

(6) 继续输入 @-10,5,得到 E 点。

(7) 继续输入 @-20,0,得到 F 点。

(8) 继续输入 @9,-7.5,得到 G 点。

(9) 继续输入 @-5,0,得到 H 点。

(10) 最后可捕捉 A 点,完成线段的绘制。

(11) 绘制内侧圆时,采用"自"捕捉方式输入圆心。启动 CIRCLE 命令,提示指定圆心时,按住 Shift 键,同时鼠标右击,在弹出的光标菜单中选择"自(F)",捕捉 A 点,并输入 @16.25,12.5 得到圆心,输入 5 作为半径,即可得到内侧圆。

(12) 存盘。

3. 绘制图 2-12-3

(1) 开始一张新图,采用 LIMITS 命令设置图幅为 200×200,然后采用 ZOOM/All 命令将图幅满屏。

(2) 设置捕捉和格栅的间距为 20×20。可在状态栏栅格按钮上单击鼠标右键,弹出的快捷菜单中,选择"设置...",如图 2-12-4 所示。

(3) "草图设置"窗口中,进入"捕捉和格栅"页,选择"启用捕捉",并把"捕捉 x 轴间距"和捕捉"y 轴间距"都设置成"20",再选择"启用格栅",并把"栅格 x 轴间距"和"栅格 y 轴间距"都设置成"20",最后按下"确定"按钮。

(4) 调用 LINE 命令,将移动光标在格栅上定点,通过一个 LINE 可绘制图 2-12-5。

(5) 用同样的方式绘制内侧的线段,如图 2-12-6 所示。

(6) 有兴趣的读者可尝试使用修剪(TRIM)命令修剪掉多余的线段,即可得到图 2-12-3 所示的图形。为修剪方便,关掉栅格的捕捉。如不用修剪命令,可对照图 2-12-3 直接用 LINE 命令绘制多条线段。

(7) 存盘。

图 2-12-4

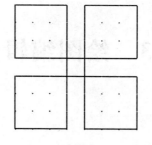

图 2-12-5

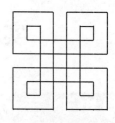

图 2-12-6

习 题

（1）绘制图 2-12-7 所示的矩形与圆，尺寸任意。

（2）绘制图 2-12-8 所示图形，尺寸任意。

（3）利用网格，绘制图 12-9 所示图形，尺寸任意。

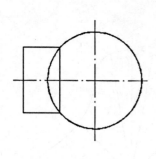

图 2-12-7

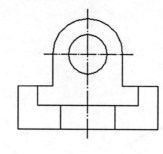

图 2-12-8

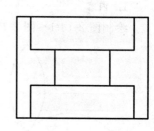

图 2-12-9

实验 13　绘图编辑命令(二)

实 验 目 的

(1) 掌握 AutoCAD 2010 中 DIVIDE、MEASURE、PLINE、PEDIT 等基本编辑命令的操作和绘制方法。

(2) 掌握 AutoCAD 2010 中的对象选择方法。

(3) 练习视图控制命令 ZOOM、PAN 等。

(4) 练习层的设置与使用。

实验内容和要求

1. 内容

绘制图 2-13-1～图 2-13-3。

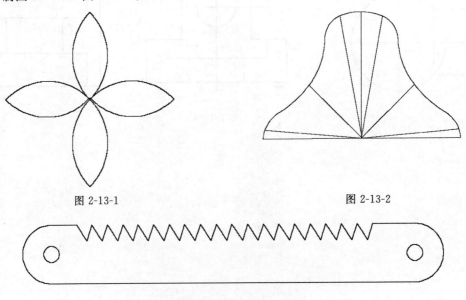

图 2-13-1　　　　　　　　　　　　　　　图 2-13-2

图 2-13-3

2. 要求

(1) 各个图形分别绘制,完成单独存盘。

(2) 在每个文件中新建图层,图层名字为各个图号。

(3) 操作时,注意学习命令的启动方式和交互过程,观察每一步的操作结果。

实验指导

1. 绘制图 2-13-1

（1）开始一张新图，采用 LIMITS 命令设置图幅为 70×70，然后采用 ZOOM/All 命令将图幅满屏。

（2）建立图层"图 2-13-1"，并使该层成为当前层，设置该层的线宽为 0.25，颜色为绿色。

（3）在屏幕的合适位置绘制一个直径为 50 的圆。

（4）设置点样式：进入下拉式菜单[格式(O)]→[点样式(P)...]，在弹出的点样式窗口中，选择点的形状和大小，如图 2-13-4 所示。

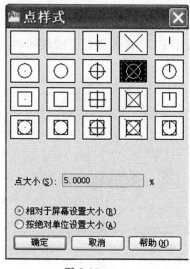

图 2-13-4

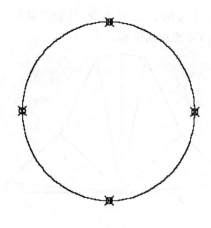

图 2-13-5

（5）采用 DIVIDE 命令将这个直径为 50 的圆等分为 4 份，如图 2-13-5 所示。

（6）设置自动实体捕捉模式：进入下拉式菜单[工具(T)]→[草图设置(A)...]，在弹出的草图设置窗口中，去除其他选项，选择"圆心(C)"和"节点(D)"，并勾选"启用对象捕捉模式"，最后按下"确定"按钮。

（7）采用 ARC 命令绘制圆弧，采用指定起点、端点和半径的方式绘制圆弧。第一点：一个等分点；第二点：直径为 50 的圆的圆心，半径为 18，如图 2-13-6 所示。

（8）重复第七步的操作，一共绘制 8 条圆弧，然后删除大圆，得到如图 2-13-1 所示的图形。

（9）存盘。

本图中等分得到的 4 个点即为圆的象限点，可用象限点直接捕捉。如用其他数等分，就须用节点进行捕捉。

2. 绘制图 2-13-2

（1）开始一张新图，采用 LIMITS 命令设置图幅为 150×150，然后采用 ZOOM/All 命令将图幅满屏。

（2）建立图层"图 2-13-2"，并使该层成为当前层，设置该层的线宽为 0.25，颜色为红色。

（3）将屏幕的合适位置作为起点，然后按照各线段的长度和角度绘制 9 条线段，得到如图 2-13-7 所示的图形。

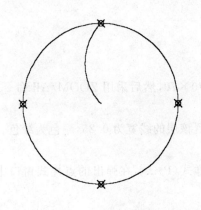

图 2-13-6   图 2-13-7

（4）采用 PLINE 命令，设置自动捕捉端点方式，用 PLINE 连接各个线段的端点，得到如图 2-13-8 所示的图形。

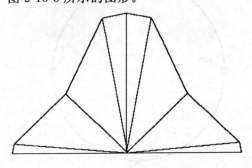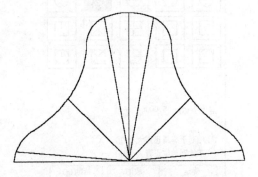

图 2-13-8   图 2-13-9

（5）采用 PEDIT 命令，用 FIT 方式拟合第 4 步生成的 PLINE，得到一条光滑曲线，如图 2-13-9 所示。

（6）存盘。

3. 绘制图 2-13-3

（1）开始一张新图，采用 LIMITS 命令设置图幅为 150×100，然后采用 ZOOM/All 命令将图幅满屏。

（2）建立图层"图 2-13-3"，并使该层成为当前层，设置该层的线宽为 0.25，颜色为洋红。

（3）参照图，在屏幕的合适位置绘制三根平行线，尺寸如图 2-13-10 所示。

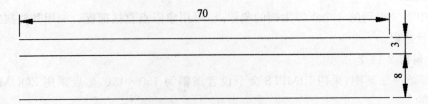

图 2-13-10

（4）设置点样式：进入下拉式菜单[格式（O）]→[点样式（P）...]，在弹出的点样式窗口中，

选择点的形状和大小。

（5）采用 MEASURE 命令，对上面两根线进行分段，从左向右，按照 3mm 一段进行等分，如图 2-13-11 所示。

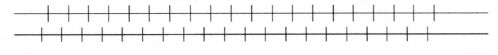

图 2-13-11

（6）设置自动实体捕捉模式：在"草图设置"对话框中，选择"节点（D）"，并勾选"启用对象捕捉模式"。

（7）采用 PLINE 命令，进行连线，注意连接的是各个等分点，如图 2-13-12 所示。

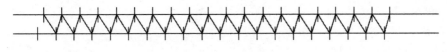

图 2-13-12

（8）删除两条齿根线，以及线上的等分点，并以最外侧两条平行线间距离为直径在平行线两端各画一个半圆，然后以半圆的圆心为圆心，分别画两个直径为 1.5mm 小圆，得到图2-13-3。

（9）存盘。

习 题

1. 利用多段线命令绘制图 2-13-13，绘制为一条闭合多段线。

2. 绘制图 2-13-14 所示图形，尺寸任意。

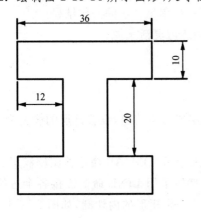

图 2-13-13

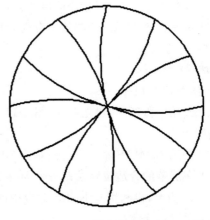

图 2-13-14

实验14   绘图编辑命令(三)

实验目的

（1）掌握 AutoCAD 2010 中 RECTANG、POLYGON、ELLIPSE、SOLID、ERASE、OOPS、MOVE、COPY、OFFSET、MIRROR、ARRAY、BREAK、TRIM 等绘图和编辑命令的操作和绘制方法。

（2）掌握 AutoCAD 2010 中的点过滤方式以及使用方法。

实验内容和要求

1. 内容

绘制图 2-14-1～图 2-14-3。

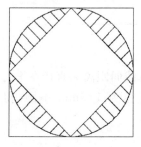

图 2-14-1

图 2-14-2

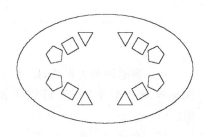

图 2-14-3

2. 要求

（1）各个图形分别绘制，绘制完成后单独存盘。

（2）操作时，注意学习命令的启动方式和交互过程，观察每一步的操作结果。

（3）编辑命令对提高绘图效率有很大帮助，应多加练习灵活掌握。

实验指导

1. 绘制图 2-14-1

（1）开始一张新图，建立图层"图 2-14-1"，并使该层成为当前层，设置该层的线宽为 0.25，颜色为绿色。

（2）采用 LIMITS 命令设置图幅为 70×70，然后采用 ZOOM/All 命令将图幅满屏。

（3）在屏幕的合适位置绘制一个 50×50 的矩形，然后采用 LINE 命令连接各个边的中点绘制第二个矩形，再利用 CIRCLE 命令中的三点式画第一个矩形的内切圆，如图 2-14-4 所示。

（4）设置点样式。

（5）采用 DIVIDE 命令将内部矩形的一条边等分为 10 份，如图 2-14-5 所示。

（6）设置极轴捕捉角度为 315°：进入下拉式菜单［工具（T）］→［草图设置（A）...］，在弹出

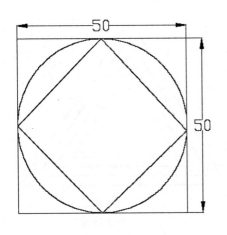

图 2-14-4

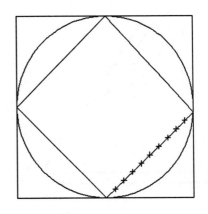

图 2-14-5

"草图设置"窗口中,选择"极轴追踪"页,勾选"附加角"选框,然后在其下的区域增加捕捉角度"315°",然后勾选"启用极轴追踪"选框,最后按下"确定"按钮。

(7) 采用 LINE 命令,捕捉第 4 步生成的等分点,采用极轴方式沿 315°方向绘制直线,得到图 2-14-6。

(8) 采用 TRIM 命令修剪各条直线,得到图 2-14-7。

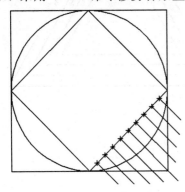

图 2-14-6

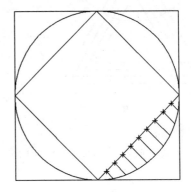

图 2-14-7

(9) 采用 ARRAY 命令,环形阵列第 8 步生成的图形,数目为 4 个,阵列中心为矩形的几何中心,采用点过滤方式获取(·X 和·YZ)得到图 2-14-1。

(10) 存盘。

2. 绘制图 2-14-2

(1) 开始一张新图,采用 LIMITS 命令设置图幅 70×70,然后采用 ZOOM/All 命令将图幅满屏。

(2) 建立图层"图 2-14-2",并使该层成为当前层,设置该层的线宽为 0.25,颜色为黄色。

(3) 采用 PLINE 命令绘制等边三角形,变长为 55,如图 2-14-8 所示。

(4) 采用 OFFSET 命令,向内平行绘制三条边框,间距为 2.5,如图 2-14-9 所示。

(5) 以外框的定点为圆心,半径 25 绘制圆,并用 LINE 连接圆与外框的交点,如图 2-14-10 所示。

(6) 删除(ERASE)圆,将第 5 步生成的直线向上绘制平行线(OFFSET),间距为 2.5,如

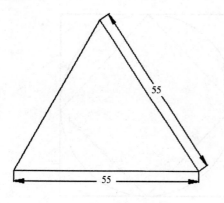

图 2-14-8

图 2-14-9

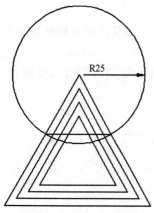

图 2-14-10

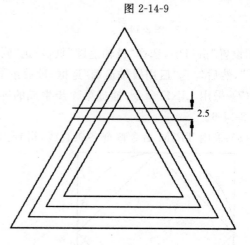

图 2-14-11

图 2-14-11 所示。

（7）修剪图形，得到如图 2-14-12 所示。

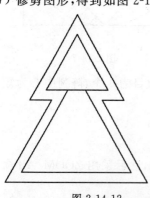

图 2-14-12

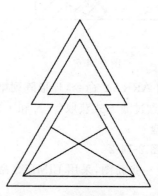

图 2-14-13

（8）采用 LINE 命令，连接三角的底边两个定点和对边的垂足，得到图 2-14-13。

（9）采用 ARRAY 命令，以第 8 步生成的两条线的交点为中心，环形阵列第 7 步生成的图形的上半部分，数量为三个，得到图 2-14-14。

（10）采用 TRIM 命令修剪得到的图形，并删除（ERASE）第 8 步生成的两条线，得到图2-14-15。

图 2-14-14

图 2-14-15

（11）用 SOLID 命令填充上步得到图中的三个小三角形，完成绘制。

（12）存盘。

3. 绘制图 2-14-3

（1）开始一张新图，用 LIMITS 命令设置图幅为 70×70，采用 ZOOM/All 命令将图幅满屏。

（2）建立图层"图 2-14-3"，并使该层成为当前层，设置该层的线宽为 0.25，颜色为洋红色。

（3）用 ELLIPSE 命令画一个长轴为 40，短轴为 24 的椭圆，如图 2-14-16 所示。

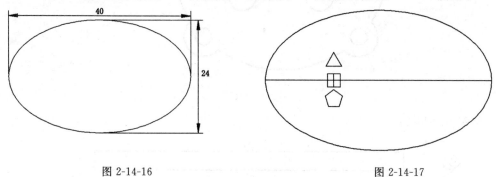

图 2-14-16   图 2-14-17

（4）用 POLYGON 命令分别绘制正三角形、正方形、正五边形［采用 from 捕捉，三个正多边形的中心距离椭圆中心分别为 $(-8,4)$、$(-8,0)$、$(-8,-4)$］，采用内接圆方式，圆的半径为 2，并用 LINE 命令连接椭圆左、右两个象限点和正方向上、下两条边的中点相交于正方形的中心，如图 2-14-17 所示。

（5）用 ROTATE 命令，以两直线交点为基点把三个正多边形旋转 $-60°$，得到图 2-14-18。

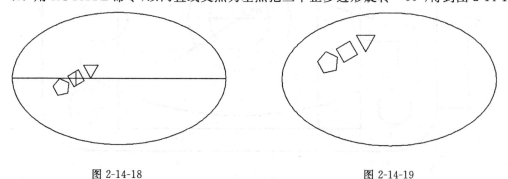

图 2-14-18   图 2-14-19

（6）用 MOVE 命令将旋转后的三个正多边形向上移动 5，并用 ERASE 删除两条直线，得到图 2-14-19。

（7）两次使用 MIRROR 命令，分别以以椭圆中心为中心的直角坐标的横竖坐标为对称轴镜像，得到最后图 2-14-3。

（8）存盘。

（1）绘制图 2-14-20 所示图形。

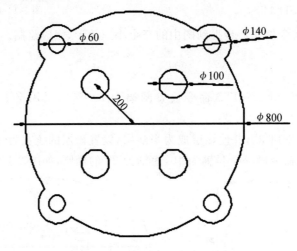

图 2-14-20

（2）绘制图 2-14-21 所示图形。

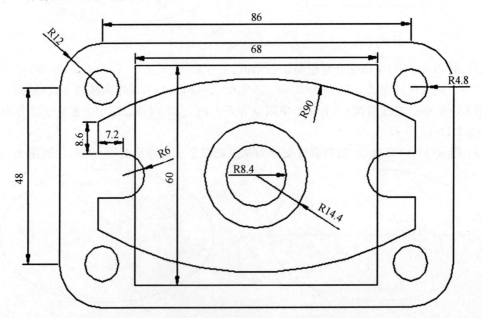

图 2-14-21

实验 15 绘图编辑命令(四)

实验目的

(1) 掌握 AuotoCAD 2010 编辑命令 MIRROR STRETCH、EXTEND、SCALE、FILLET、CHAMFER、ARRAY 等编辑命令的操作和绘制方法。

(2) 熟悉 AuotoCAD 2010 中对象选择及参数输入等常用交互方式。

实验内容和要求

1. 内容

绘制图 2-15-1～图 2-15-3。

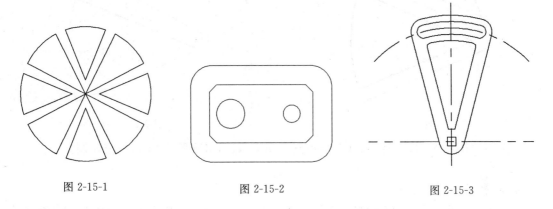

图 2-15-1　　　　　　　图 2-15-2　　　　　　　图 2-15-3

2. 要求

(1) 各个图形分别绘制,绘制完成后单独存盘。

(2) 操作时,注意学习命令的启动方式和交互过程观察每一步的操作结果。

实验指导

1. 绘制图 2-15-1

(1) 开始一张新图,采用 LIMITS 命令设置图幅为 70×70,然后采用 ZOOM/All 命令将图幅满屏。

(2) 建立图层"图 2-15-1",并使该层成为当前层,设置该层的线宽为 0.25,颜色为黄色。

(3) 在屏幕合适位置用 CIRCLE 命令画一个直径为 50 的圆,并在圆中任意方向以圆心为顶点画一个 $45°$的角,如图 2-15-4 所示。

(4) 用 OFFSET 命令将两条边向内侧偏移各 2 单位,并修剪多余部分,得到图 2-15-5。

(5) 用 MIRROR 命令以一条边为对称轴镜像出另一个扇形,得到图 2-15-6。

(6) 用 STRETCH 命令拉伸其中一个扇形的顶点到原来圆心位置,并删除原来的 $45°$角,得到图 2-15-7。此处注意拉伸命令的叉选只选中上方扇形的两条边。

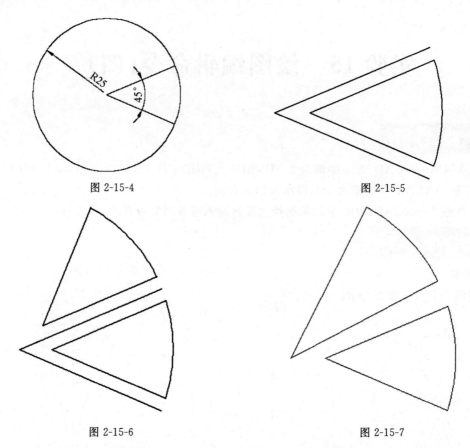

图 2-15-4 图 2-15-5

图 2-15-6 图 2-15-7

(7) 用 ARRAY 命令环形列阵上步得到的图形,最后得到图 2-15-1,完成绘制。

(8) 存盘。

2. 绘制图 2-15-2

(1) 开始一张新图,采用 LIMITS 命令设置图幅为 70×70,然后采用 ZOOM/All 命令将图幅满屏。

(2) 建立图层"图 2-15-2",并使该层成为当前层,设置该层的线宽为 0.25,颜色为绿色。

(3) 在屏幕的合适位置绘制一个 60×40 的矩形。

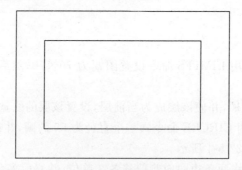

图 2-15-8

(4) 用 OFFSET 命令偏向内偏移出一个相似的小矩形,偏移距离为 8,如图 2-15-8 所示。

(5) 用 CIRCLE 命令绘制一个半径为 6 的圆,圆心的基点用 From 方式捕捉,圆心距离小矩形左边中心(9,0),如图 2-15-9 所示。

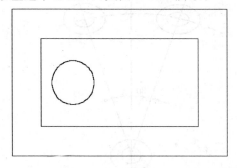
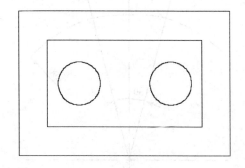

图 2-15-9   图 2-15-10

（6）用 COPY 命令把圆复制到中心轴对称的位置,如图 2-15-10 所示。

（7）用 SCALE 命令把复制得到的圆以圆心为基点,以缩放因子 0.6 进行缩小,如图 2-15-11所示。

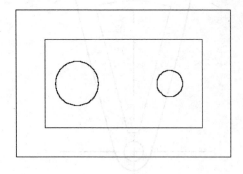
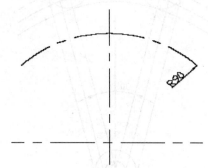

图 2-15-11   图 2-15-12

（8）先用 EXPLODE 命令将两个矩形分别分裂成四条线段,然后用 CHAMFER 命令给小矩形倒直角(选用距离方式),用 FILLET 命令给大矩形倒圆角。完成绘制,得到图 2-15-2。

（9）存盘。

3. 绘制图 2-15-3

（1）开始一张新图,采用 LIMITS 命令设置图幅为 150×150,然后采用 ZOOM/All 命令将图幅满屏。

（2）建立图层"图 2-15-3",并使该层成为当前层,设置该层的线宽为 0.25,颜色为红色。

（3）新建一个"中心线"图层,线型设置为 center,线宽为 0,颜色为黄色,并设置为当前层。

（4）在屏幕合适位置用 LINE 命令画两条相互垂直的线段,并以两线段的交点为圆心画一段半径为 90 的圆弧,如图 2-15-12 所示。

（5）将图层"图 2-15-3"设为当前层,用 LINE 命令画两条射线,相对于竖坐标对称,之间夹角为 30°,如图 2-15-13 所示。

（6）分别在坐标原点和射线于圆弧的交点三个位置各画两个半径为 5 和 10 的圆,如图 2-15-14所示。

（7）采用 OFFSET 命令将圆弧向内外各偏移两次(5 个单位),将直线向外偏移两次(5 个单位),得到图 2-15-15。

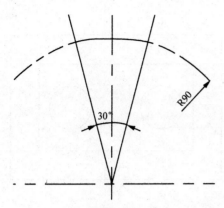

图 2-15-13

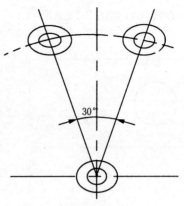

图 2-15-14

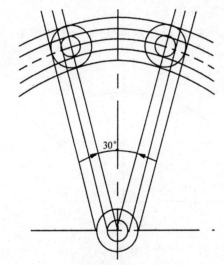

图 2-15-15

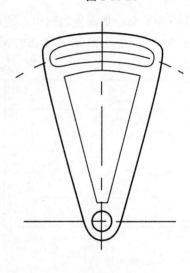

图 2-15-16

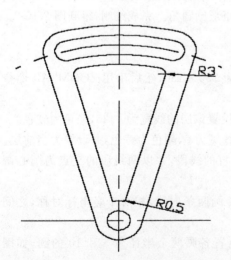

图 2-15-17

（8）采用 TRIM 命令对上步得到的图进行修剪，如果修剪过多，可用 EXTEND 命令补上缺口，得到图 2-15-16。

（9）采用 FILLET 命令得到两个 R3 和两个 R0.5 圆弧，如图 2-15-17 所示。

（10）用 POLYGON 命令，以轴线交点作半径为 5 的圆的内接正四边形，并将圆用删除，完成绘制。

（11）存盘。

习 题

(1) 绘制如图 2-15-18 所示的图形。

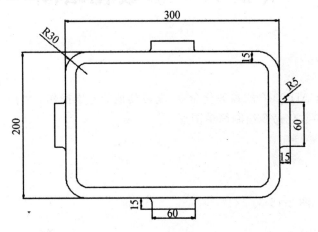

图 2-15-18

(2) 绘制如图 2-15-19 所示的图形。

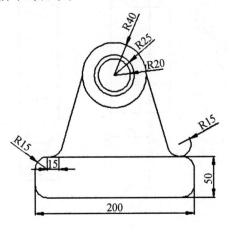

图 2-15-19

实验 16　参数化绘图

实 验 目 的

（1）掌握 AutoCAD 2010 的参数化命令，复习其他的基本操作。

（2）练习使用参数化命令绘制简单图形。

实验内容和要求

1. 内容

绘制图 2-16-1～图 2-16-3。

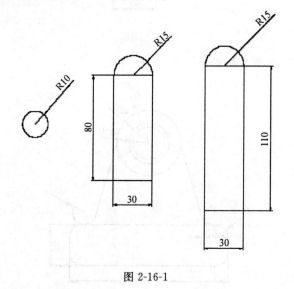

图 2-16-1

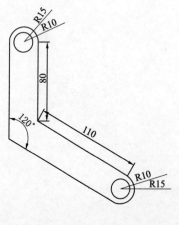

图 2-16-2

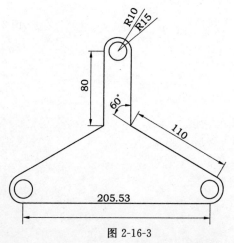

图 2-16-3

2. 要求

（1）图形绘制在同一图形文件中，绘制完成后存盘。

（2）操作时，注意学习命令的启动方式和交互过程，观察每一步的操作结果。

（3）绘制完成后可修改部分约束，观察图形的变化，体会约束的作用。

实验指导

1. 绘制图 2-16-1

（1）开启一张新图，绘制如图 2-16-4 所示图形。圆半径为 10，矩形长和宽为 30 和 80。

（2）以矩形上一边的中心为圆心，边长为直径画圆，得到图 2-16-5 所示图形。

（3）使用 TRIM 命令，对下半圆弧进行修剪，得到图 2-16-6 所示图形。

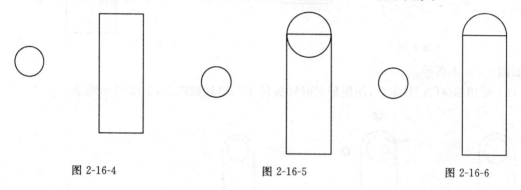

图 2-16-4   图 2-16-5   图 2-16-6

（4）对图形进行复制，得到图 2-16-7 所示图形。

（5）使用 STRETCH 命令将右侧矩形向下延长，得到图 2-16-8 所示图形。

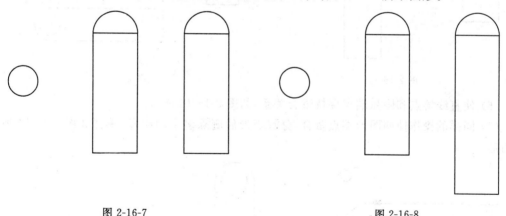

图 2-16-7   图 2-16-8

2. 绘制图 2-16-2

（1）将图 2-16-1 图形使用 COPY 命令复制在同一图形文件中。

（2）复制圆，以其圆心为基点，分别移动到两个矩形上，圆心与矩形上边的中点重合，如图 2-16-9 所示。

（3）选择参数化工具栏，点击"同心"图标，选择圆弧和圆，使其始终保持同心的关系，操作过程中注意选择对象的前后顺序，如图 2-16-10 所示。

（4）选择竖线与半圆弧，使其保持相切关系，同样的操作，使此圆弧与另一直线也始终相

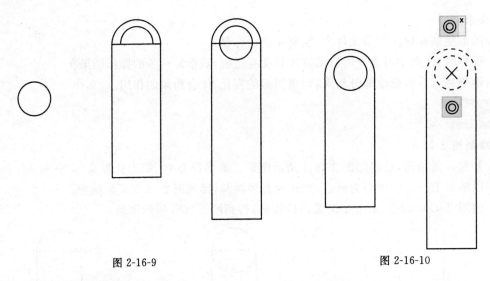

图 2-16-9   图 2-16-10

切,如图 2-16-11 所示。

（5）使用 ROTATE 命令,使图形顺时针旋转 90°,得到如图 2-16-12 所示图形。

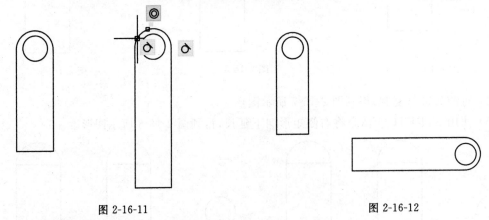

图 2-16-11   图 2-16-12

（6）使直线端点和圆弧端点保持重合关系,如图 2-16-13 所示。

（7）同样的操作使两图形端点重合,分解矩形后删除多余的线段,得到如图 2-16-14 所示的图形。

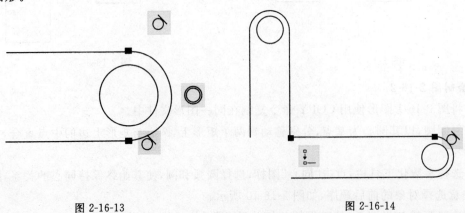

图 2-16-13   图 2-16-14

（8）点击参数化中的角度图标（DimConstraint），参数化两直线之间的角度，如图 2-16-15 所示。

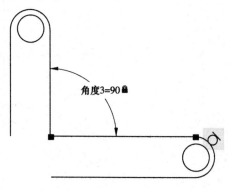

图 2-16-15

（9）双击图形上角度位置，改变角度大小，输入"120"，得到如图 2-16-16 所示图形。

（10）补全图形，如图 2-16-17 所示。可用 FILLET 命令，将半径设为 0。

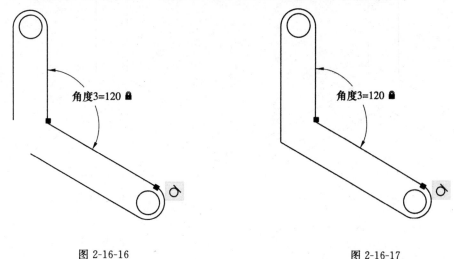

图 2-16-16   图 2-16-17

3．绘制图 2-16-3

（1）将图 2-16-17 使用 COPY 命令复制一份在同一图形文件中。

（2）打开正交模式，输入 LINE 命令，画一条过圆弧最高点和圆心的直线，如图 2-16-18 所示。

（3）使用 MIRROR 命令，对直线右边的图形进行镜像，镜像的对称直线即为上一步骤所画直线，得到图 2-16-19 所示图形。

（4）对图形进行修剪，删除多余部分，得到如图 2-16-20 所示图形。

（5）在图形底部使用 LINE 命令画一水平直线，直线长度超过图形左右边缘，如图2-16-21 所示。

（6）使用参数化中的相切命令（_TANGENT），选中圆弧和直线，使其始终保持相切的关系，得到如图 2-16-22 所示的图形。

（7）使用 TRIM 命令对图形进行修剪，得到图 2-16-23 所示的图形。

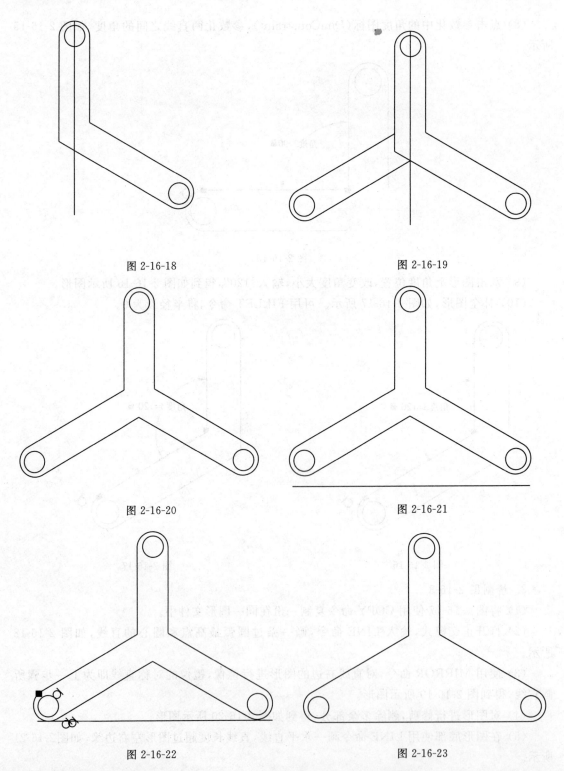

图 2-16-18

图 2-16-19

图 2-16-20

图 2-16-21

图 2-16-22

图 2-16-23

（8）绘制完成，存盘。

　　此图形并未全约束，可尝试修改部分尺寸或拉伸部分图形，观察图形的变化。并尝试添加其他约束，如对称约束等，使其全约束，再观察对图形的修改，体会约束的作用。

习　题

　　绘制如图 2-16-24 所示图形,尺寸任意。添加约束,如图 2-16-25 所示,以矩形长度为基准变量,修改其中的一些约束,体会约束定义的作用。

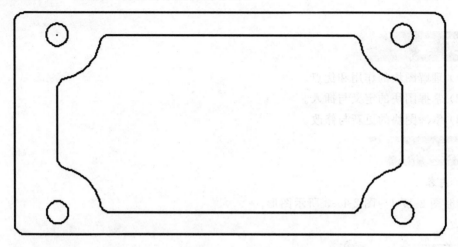

图 2-16-24

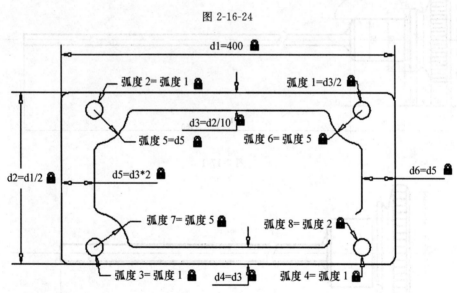

图 2-16-25

实验 17　图 形 块

实 验 目 的

（1）理解图块的作用和优点。

（2）掌握图块的定义与插入。

（3）掌握图块的更新与修改。

实验内容和要求

1. 内容

绘制图 2-17-1～图 2-17-3 所示图形。

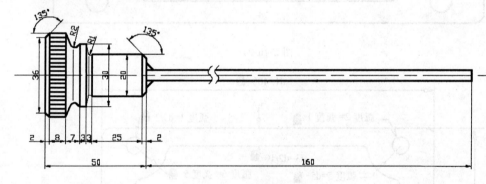

图 2-17-1

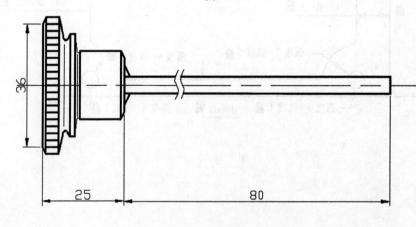

图 2-17-2

2. 要求

（1）按图形尺寸及位置，把图 2-17-1～图 2-17-3 画在同一个文件上。

（2）图形绘制后存盘。

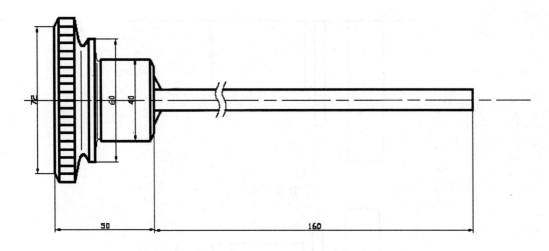

图 2-17-3

（3）各图按线形类别分层绘制。

实验指导

1. 按下列步骤绘制图 2-17-1

该图形是一个轴对称的图形，主要是有几个直径不同的圆柱组成，其主要绘制步骤如下。

（1）启动 AutoCAD 2010，新建一个文件。

（2）创建"中心线"层为当前图层，使用 LINE 命令，在图形中适当的位置绘制一条中心线，如图 2-17-4 所示，作为图形的位置界定。

图 2-17-4

（3）创建"粗实线"层为当前图层，从左边开始绘制，使用 RECTANGLE 命令，以中心线上某一点作为角点，绘制一个线宽为 0.5 、大小为 10×40 的矩形，如图 2-17-5 所示。

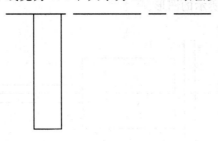

图 2-17-5

（4）在图形中绘制出两个矩形，其大小分别为 3×30 和 27×20，3 个矩形的水平方向的间距为 7 和 3，如图 2-17-6 所示。

（5）使用 MOVE 命令，分别将 3 个矩形向上移动，使水平中心线通过 3 个矩形的对称轴，其位置如图 2-17-7 所示。

（6）使用 RECTANGLE 命令，在图形中绘制一个大小为 160×5 的矩形，并将其移动到如图 2-17-8 所示位置。

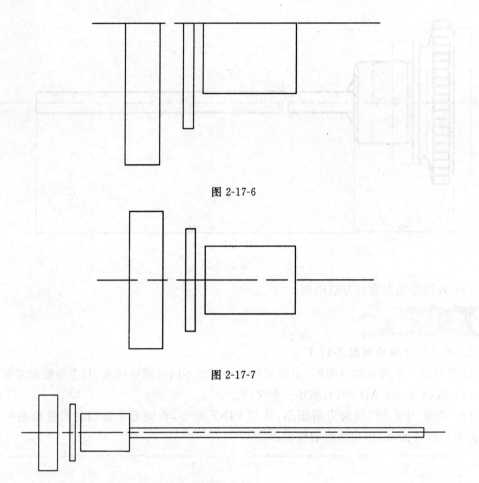

图 2-17-6

图 2-17-7

图 2-17-8

（7）对图形进行适当的缩放，使用 CHAMFER 命令，对图形最左侧的矩形进行倒角，倒角距离为 2，得到如图 2-17-9 所示的图形。

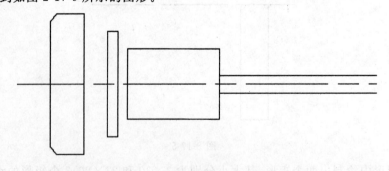

图 2-17-9

（8）使用 PLINE 命令，连接矩形倒角后的两个顶点，如图 2-17-10 所示。

（9）沿左侧矩形倒角后的边绘制一条水平直线，并使用 MOVE 命令，将其向上方移动两个图形单位，如图 2-17-11 所示。

（10）使用 ARRAY 命令得到滚花的图案，如图 2-17-12 所示。

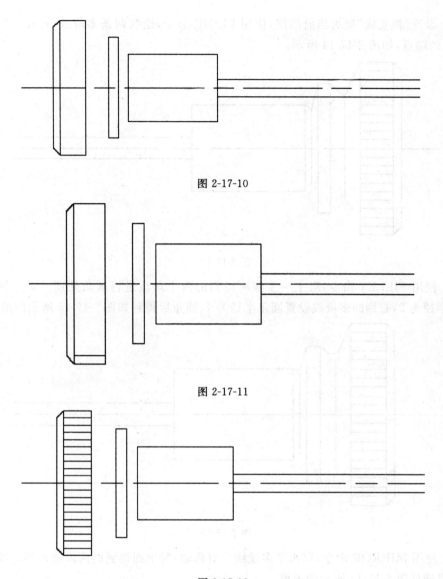

图 2-17-10

图 2-17-11

图 2-17-12

（11）创建"辅助线"层为当前层。在相邻举行的中间绘制两条长为 24 和 18 的垂直直线，使其中点落在水平中心线上，得到如图 2-17-13 所示图形。

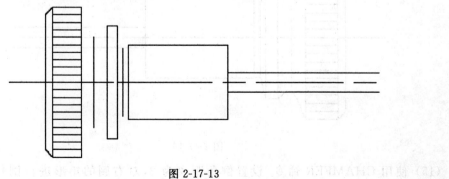

图 2-17-13

（12）设置"粗实线"层为当前图层，使用 PLINE 命令，绘制两条多段线，连接矩形的角点和辅助线的端点，如图 2-17-14 所示。

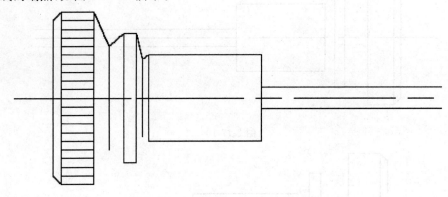

图 2-17-14

（13）使用 FILLET 命令，对上一步骤所得到的两个角点进行圆角处理。对左侧的多段线，圆角半径为 2，右侧的多段线设置圆角半径为 1，圆角后得到如图 2-17-15 所示图形。

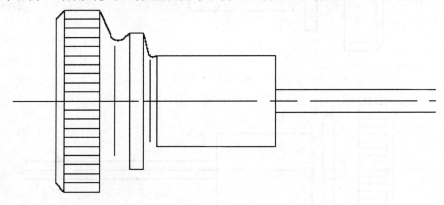

图 2-17-15

（14）使用 MIRROR 命令，以水平多段线为对称轴，对上面得到的两段圆角多段线进行镜像操作，得到如图 2-17-16 所示的图形。

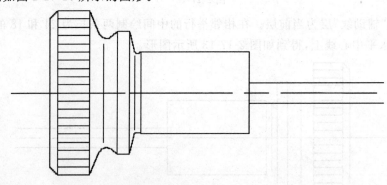

图 2-17-16

（15）使用 CHAMFER 命令，设置倒角距离为 2，对右侧的矩形进行倒角，得到如图

2-17-17所示的图形。

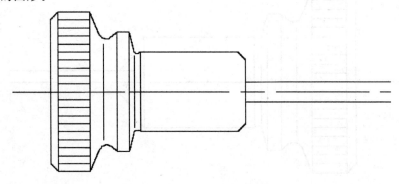

图 2-17-17

（16）使用 POLINE 命令，连接矩形倒角后的顶点，得到如图 2-17-18 所示的图形。

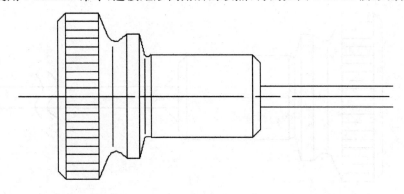

图 2-17-18

（17）使用 PLINE 命令，以矩形倒角后的顶点为起点，绘制一条与水平线夹角为 $-45°$ 的多段线。然后使用 MOVE 命令将其向下移动 2 个图形单位，得到如图 2-17-19 所示的图形。

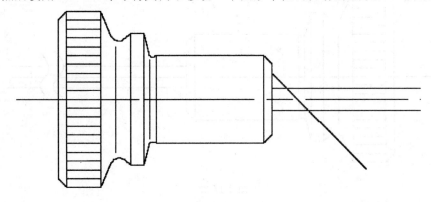

图 2-17-19

（18）使用 TRIM 命令对生成的多段线进行修剪，将其过矩形边界的部分剪去。然后使用 MIRROR 命令，以水平中心线为对称轴，对修剪后的多段线进行镜像操作，得到如图 2-17-20 所示的结果。

（19）设置"细实线"层为当前图层。使用 SPLINE 命令，在图形中绘制两条样条曲线，用

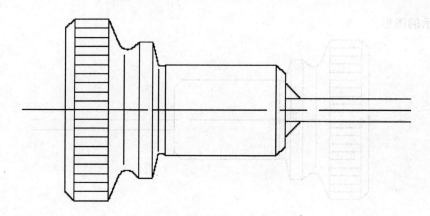

图 2-17-20

来绘制圆柱的截断线,如图 2-17-21 所示。

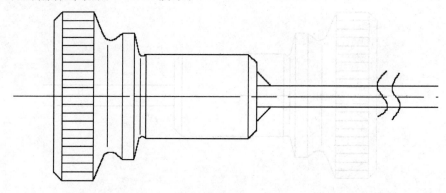

图 2-17-21

(20) 使用 TRIM 命令,对图形进行适当的修剪,得到如图 2-17-22 所示的效果。

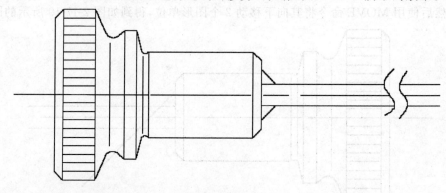

图 2-17-22

(21) 对图形进行标注,该图涉及到得标注包括线性标注、半径标注和引线标注。

2. 将图 2-17-1 定义成块

(1) 使用 BLOCK 命令,将绘制的图形定义为图块。

(2) 如需要再其他图形中使用该图块,就需要将该图块保存为图形文件,也就是进行写块操作。使用 WBLOCK 命令,定义外部图块。

3. 插入图块

使用 INSERT 命令插入已存在的图块,其中,X、Y、Z 的比例分别设置为 1、0.5、1,便得到图 2-17-2;X、Y、Z 的比例分别设置为 2、1、1,便得到图 2-17-3。

 习 题

(1) 绘制如图 2-17-23 所示的螺母,并定义为块,以不同的比例或不同的角度插入该块,观察所得结果。

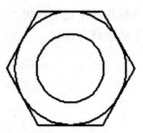

图 2-17-23

(2) 绘制如图 2-17-24 所示的图形,并定义为块,并将其中的字符定义为属性,默认值为 A,以不同的比例或不同的角度插入该块,观察所得结果。

图 2-17-24

实验 18　尺寸标注、文本创建与编辑、图案填充

实　验　目　的

(1) 学习标注样式的设定和尺寸标注的生成与编辑。

(2) 学习文字样式的设定和文字的生成与编辑。

(3) 学习图案的填充与编辑。

实验内容和要求

1. 内容

绘制图 2-18-1 和图 2-18-2。

2. 要求

(1) 各个图形分别绘制,绘制完成后分别存盘。

(2) 操作时,注意学习命令的交互方式,观察每一步的操作结果。

(3) 标注样式设定的参数较多,应多加练习。

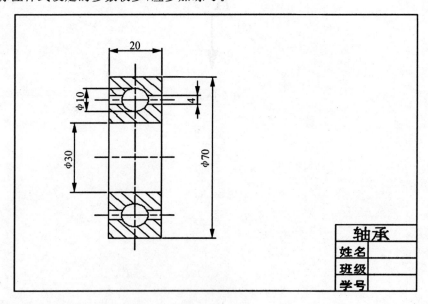

图 2-18-1

实验指导

1. 绘制图 2-18-1

(1) 新建图层"图框",绘制 150×120 的矩形,并在右下角综合使用 LINE、OFFSET、TRIM 等命令绘制图 2-18-1 所示的标题栏,使用 DTEXT 命令在其中添加命令。

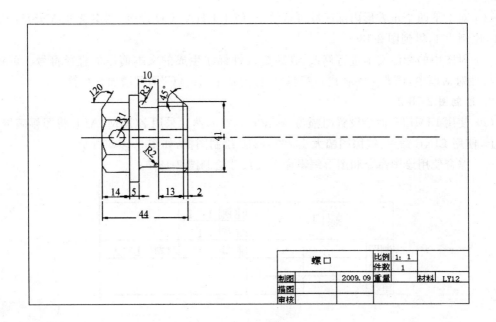

螺口		比例	1：1
		件数	1
制图		2009.09	重量		材料	LY12
描图						
审核						

图 2-18-2

（2）新建图层"ZC"，按图 2-18-3 所示尺寸进行绘制。

（3）新建图层"center"，设置线型为"ACAD_ISO08W100"，绘制图 2-18-4 中的中心线，线型比例为 0.4。

（4）如图 2-18-4 所示，在其中一个正方形中心绘制一个半径为 5 的圆，并在中线两侧绘制两条距离为 4 的直线，修剪后，镜像得到另一个正方形内的图形。

（5）按照图 2-18-4 所示，进行尺寸标注。标注前将标注式样中文字高度设为 2.5。

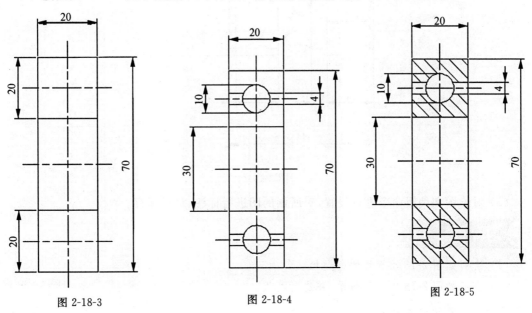

图 2-18-3　　　　　　　　图 2-18-4　　　　　　　　图 2-18-5

（6）对上下两个正方形内部区域进行填充，使用 DHATCH 命令，图案选择 ANSI31，角度为 90，比例为 1，得到图 2-18-5。

（7）对图中的标注文本进行修改，在原先线性标注生成的文本前添加直径符号。可在标注的特性对话框中，修改文字替代，在测量单位前加上"％％C"即可增加直径符号。

2. 绘制图 2-18-2

（1）使用 LIMITS 命令设置图幅为 A4：297×210，然后采用 ZOOM/ALL 将图幅满屏，在 0 层上，使用 LINE 命令，按照图幅大小 297×210 绘制图框，如图 2-18-6 所示。

（2）综合使用绘图命令和图形编辑命令按尺寸绘制图 2-18-7。

螺口			比例	1：1		
			件数	1		
制图			重量		材料	LY12
描图						
审核						

图 2-18-6

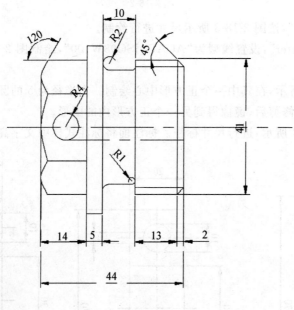

图 2-18-7

（3）对绘图和编辑命令进行设置，对所画的图进行标注，最后保存。

习 题

（1）绘制如图 2-18-8 所示的标题栏。

（2）绘制如图 2-18-9 所示图形，并进行标注。

设计		（日期）	材料	HT200	阀 盖
校核					
审核			比例	1：1.5	
班级					
学号			共 1 张　第 1 张		

图 2-18-8

（1）在 AutoCAD 5H.0 中将（绘制线条）线型加载到 M180（中），

（2）进入到 JVA 到 CAD 200（209）（）的

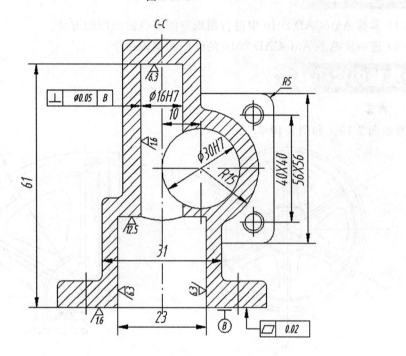

图 2-18-9

（1）在 Word 中用 SOLIDWORKS 等大型软件（绘制原理图）。

（2）将打入的图形用工具栏当中的工具按钮操作进行处理，在 SOLIDWORKS 中

在 图形区中一张，进入到的界面，按下工具按钮，在 SOLIDWORKS 中

中（AutoCAD）等机。

（4）用（COPY）命令，将图形的主要轮廓进行绘制完成，以绘制图形的，绘制完成的

图形。

将（RCT）命令，将图形的 AutoCAD，进行绘制成或者进行操作，将图形的绘制为

为 图形的（上，进行设定，等于绘制成用平移。

实验 19 图纸空间与多视窗出图

实验目的

(1) 掌握 AutoCAD 2010 中进行图纸空间多视窗出图的方法。

(2) 进一步熟悉 AutoCAD 2010 的绘图和编辑命令。

实验内容和要求

1. 内容

绘制图 2-19-1 和图 2-19-2。

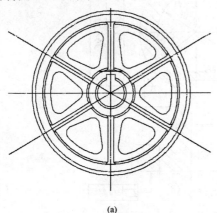
(a)

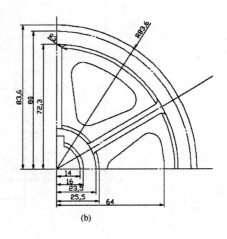
(b)

图 2-19-1

2. 要求

(1) 两个图形绘制在同一个图形文件中,绘制完成后存盘。

(2) 操作时,注意各命令的提示方式和输入方法,观察每一步的输入结果。

实验指导

1. 绘制图 2-19-1

(1) 启动 AutoCAD 2010,选择从模板建立新图形模式。

(2) 在命令行中键入 LAYER 并按下 Enter 键,弹出图层管理器对图层进行设置。

(3) 利用图层工具栏,设置"辅助线"层为当前图层。使用 LINE 命令,在图形中绘制中心线,如图 2-19-3 所示。

(4) 使用 COPY 命令,将左侧的垂直中心线向右复制,得到两条中心线,如图 2-19-4 所示。

(5) 使用 ROTATE 命令,将复制得到的两条中心线进行旋转,一条沿逆时针旋转 60°,另一条沿顺时针方向旋转 60°,得到如图 2-19-5 所示图形。

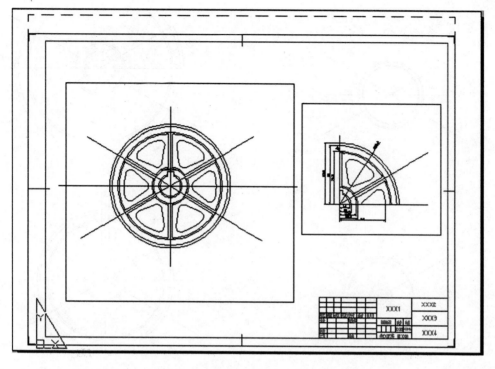

图 2-19-2

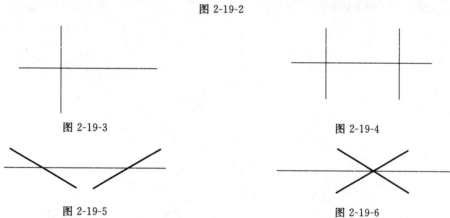

图 2-19-3　　　　　　　　　　　　　　　　　　图 2-19-4

图 2-19-5　　　　　　　　　　　　　　　　　　图 2-19-6

（6）使用 MOVE 命令,将两条中心线移动到如图 2-19-6 所示位置上,三条中心线交于一点。

（7）利用图层工具栏,设置"粗实线"为当前图层。使用 CIRCLE 命令,以图形中心线交点为圆心,绘制三个圆形,其半径分别为 83.6、72.3 和 70.3,得到图 2-19-7。

（8）利用图层工具栏,设置"中心线"层为当前图层。使用 CIRCLE 命令,在图形中绘制一个半径为 80 的圆形。对图形进行适当缩放,使用 CIRCLE 命令,在图形中绘制 4 个同心圆,其半径分别为 23.5、25.5、16 和 14,如图 2-19-8 所示。

（9）使用 LINE 命令,一小圆的下切点为起点,绘制一条直线。使用 MOVE 命令,将直线向右侧移动 4.5 个图形单位,然后使用 MIRROR 命令,以垂直中心线为对称轴将其镜像,得到图 2-19-9 所示图形。

（10）使用 TRIM 命令,对图像进行适当的修剪操作,得到如图 2-19-10 所示图形。

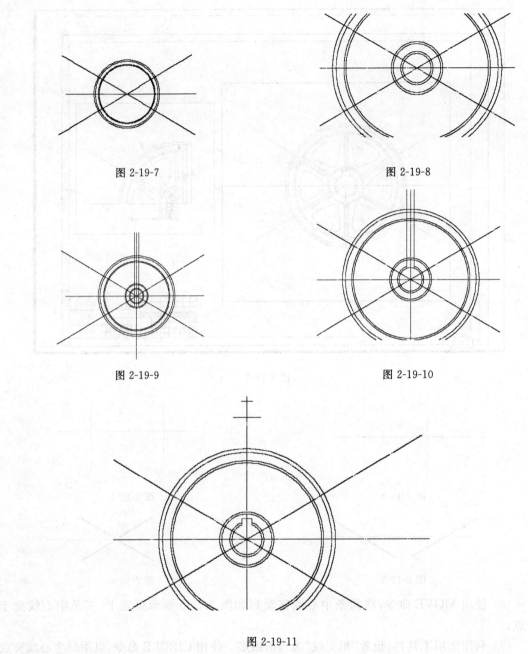

图 2-19-7　　　　　　　　　　　　　　　　图 2-19-8

图 2-19-9　　　　　　　　　　　　　　　　图 2-19-10

图 2-19-11

（11）使用 LINE 命令在两条直线之间绘制一条水平直线，并使用 TRIM 命令对图形进行修剪操作，得到图 2-19-11。

（12）对图形进行适当的缩放，使用 LINE 命令，在图形中绘制两条长为 10 和 26 的直线，并使用 MOVE 命令将其移动到中心线上，如图 2-19-11 所示。

（13）使用 LINE 命令，以上一步绘制的辅助线端点为起点，绘制一条垂直的直线。然后使用 MOVE 命令，将水平的直线移动到垂直直线与外圆的交点上，如图 2-19-12 所示。

（14）使用类似的操作，将另一条长为 26 的直线移动到小圆上。然后将两条垂直直线删除，如图 2-19-13 所示。

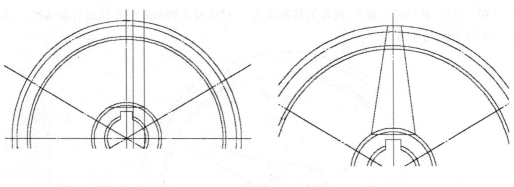

图 2-19-12　　　　　　　　　　图 2-19-13

（15）利用图层工具栏，设置"粗实线"为当前图层。使用 LINE 命令连接两条水平线的同侧端点，然后使用 MIRROR 命令，以垂直中心线为对称轴，对得到的直线进行镜像操作。

（16）对上一镜像操作得到的图像的左半部分竖直线进行旋转，旋转基点为圆心，旋转角度为 $-60°$，完成操作后得到如图 2-19-14 所示图形。

（17）使用 CIRCLE 命令，选择中心线的交点为圆心，在图形中绘制一个半径为 64 的圆形，如图 2-19-15 所示。

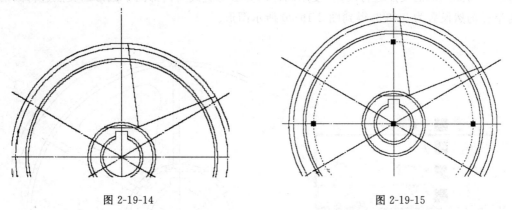

图 2-19-14　　　　　　　　　　图 2-19-15

（18）使用 FILLET 命令，设置圆角半径为 7，分别对图形中圆形和两条直线所组成的 3 个交点进行圆角操作，得到图 2-19-16 所示图形。

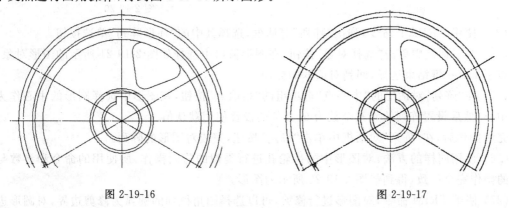

图 2-19-16　　　　　　　　　　图 2-19-17

（19）使用 TRIM 命令，对参与圆角的圆形进行适当的修剪，得到如图 2-19-17 所示的图形。

（20）使用 OFFSET 命令，设置偏移距离为 3，对视窗中的两条中心线进行偏移操作，得到图 2-19-18 所示的图形。

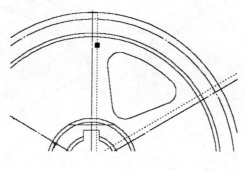

图 2-19-18

（21）使用光标在图形中选择偏移后的两条直线，然后从图层工具栏中选择"粗实线"层，如图 2-19-19 所示。这样，将这两条直线转移到"粗实线"层上，这是改变对象特性的一种简单方法。

（22）再次使用 FILLET 命令，设置圆角半径为 3 和 2，对图形中得到的两条直线与圆以及直线与内侧圆形的交点进行圆角，使用同样的方法对直线与内部两个圆形的交点进行圆角，圆角半径仍然设置为 2 和 3，得到图 2-19-20 所示图形。

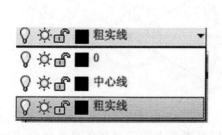

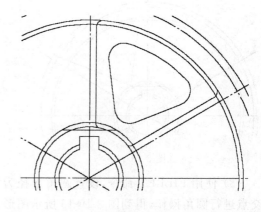

图 2-19-19   图 2-19-20

（23）使用 ARRAY 命令，弹出"阵列"对话框，选择其中的"环形阵列"单选按钮。

（24）在对话框中单击"选择对象"按钮，在图形窗口中选择如图 2-19-21 所示的图形对象，然后按下 Enter 键结束选择，回到对话框的界面。

（25）在"阵列"对话框的"中心点"选项组的"拾取点"按钮，在图形中选择圆形的中心作为阵列中心，然后设置阵列的元素个数为 6，其他的设置使用默认值。

完成操作后，在"阵列"对话框中单击"确定"按钮，完成对图形的阵列。

（26）使用同样的方法，对图形中的齿轮孔进行类似的阵列操作，所使用的命令和参数与上面的操作完全一致，得到如图 2-19-22 所示的图形。

（27）使用 TRIM 命令，对图形进行修剪，可以选择圆角得到的圆弧为修剪边界，对圆形进行修剪，如图 2-19-23 所示。

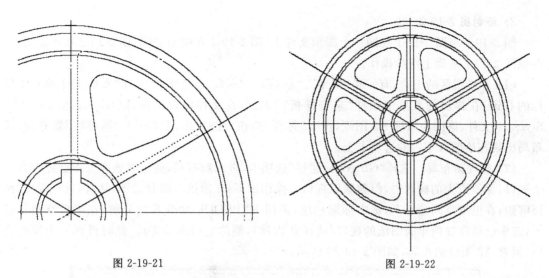

图 2-19-21   图 2-19-22

（28）使用类似的方法对图形进行修剪处理，对两个圆形的各个交点进行修剪，得到如图 2-19-24 所示的图形。

（29）对于图 2-19-24 的右上角部分采用 COPY 命令复制一份如图 2-19-25 所示图形，放到图纸的其他部分，得到图 2-19-1 的(a),(b)两个图。

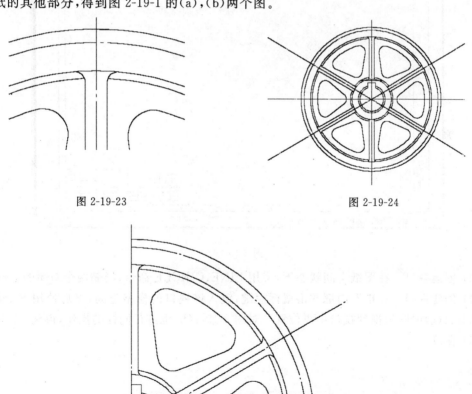

图 2-19-23   图 2-19-24

图 2-19-25

2. 绘制图 2-19-2

图 2-19-2 与图 2-19-1 在同一个图形文件上，图 2-19-1 在模型之间，图 2-19-2 在图纸之间。在原图 2-19-1 基础上继续操作。

（1）在绘图区的下边，有一条"模型"、"布局 1"、"布局 2"的分页条，在"布局 1"上面按下鼠标的右键，在弹出的菜单中选择"来自样板（T）…"，在文件窗口中选择"Gb_a2-Named Plot Style …"文件，该图为国标 A2 图纸，按下"打开"按钮，此时，出现"Gb A2 标题栏"新布局，该布局出现在绘图区下边的选项卡上。

（2）整理新布局。选择"Gb A2 标题栏"选项卡，进入新布局，此时在该布局中已经存在一个视口，保留原先的标题栏，但删除原视口。操作如下：在图纸空间状态下，将"图框—视口"图层解锁；在图纸空间状态下，选中标题栏块，采用 EXPLODE 命令将之分解；在图纸空间状态下，选中已经存在的布满图纸的视口（选择其边界），删除它（ERASE）。此时得到一个没有视口，但有 A2 图框的布局，如图 2-19-26 所示。

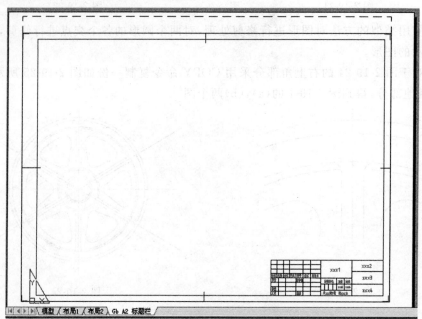

图 2-19-26

（3）创建视口。在图纸空间状态下，采用 LINE、CIRCLE 命令，绘制两个封闭的矩形。

（4）创建视图。在矩形内部双击鼠标左键，键入该视口的模型空间，然后使用 PAN 命令将图 2-19-1(a)的图形拖到视口中央位置。对图 2-19-1(b)也进行同样的操作，得到图2-19-27。

（5）存盘。

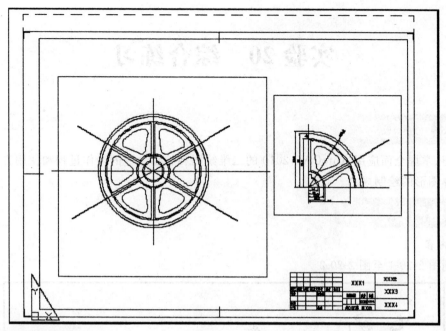

图 2-19-27

习　题

　　打开 AutoCAD 2010 安装目录下…\AutoCAD 2010\Sample\DesignCEnter 目录下的
Plant Process.dwg 文件,选择其中 4 个模型在一个图纸空间中进行打印输出。

实验 20　综合练习

实验目的

　　复习、掌握全面应用 AutoCAD 2010 的二维绘图和编辑命令的操作过程和使用方法,学习对于具体图形的绘制规划。

实验内容和要求

1. 内容

绘制图 2-20-1 至图 2-20-2 。

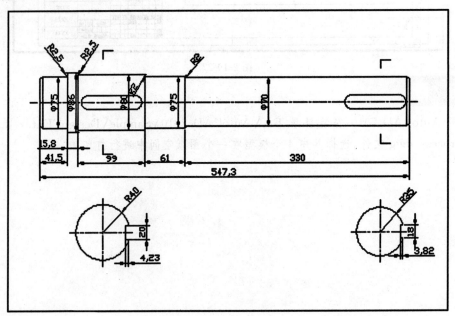

图 2-20-1

2. 要求

（1）各个图形绘制在同一个图形文件中,按照一个图形文件存盘。

（2）注意按照要求对每一个图形的内容进行块定义和块存盘,已备后用。

实验指导

1. 绘制图 2-20-1

（1）开始一张新图,对图层进行规划。

（2）利用图层工具栏,设置"中心线"层为当前图层,使用 LINE 命令,在图形中适当区域绘制一条中心线,作为侧视图的对称轴,如图 2-20-3 所示。

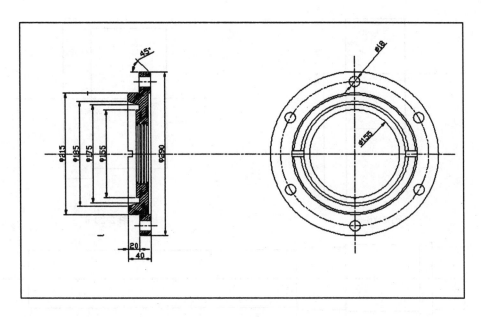

图 2-20-2

（3）对图形进行适当的缩放操作，然后在命令行中键入 RECTANGLE 并按下 Enter 键，调用绘制矩形命令，绘制 41.5×75 的矩形。

（4）使用 MOVE 命令，调用移动图形对象命令，按照命令提示进行操作，得到图 2-20-4 所示图形。

图 2-20-3   图 2-20-4

（5）使用 RECTANGLE 命令，选择图形中前一矩形右边的中点作为第一个角点，利用相对坐标法绘制一个大小为 18.5×86 的矩形，位置如图 2-20-5 所示。

（6）使用 MOVE 命令，使用对象捕捉的功能，选择矩形的左边中点为基点。然后再指定上一矩形右边的中点为移动的目标点，得到如图 2-20-6 所示的图形。

（7）使用相同的方法，在图形中绘制出几个连续的矩形，并将各个矩形移动到中心线上，连续三个矩形的大小分别为 90×80、61×75 和 330×70，首尾相接，如图 2-20-7 所示。

（8）调用 CHAMFET 命令，对图形进行倒角，得到如图 2-20-8 所示图形。

（9）调用绘制多段线命令，设置线宽为 0.5，连接倒角后的两个顶点，得到如图 2-20-9 所示的图形。

（10）以两个矩形的相接处为起点，使用极轴追踪的功能，绘制一段垂直的多段线，要保证这段多段线的长度超出矩形的顶点。使用相同的操作，在另一个交点处绘制另一段多段线，如图 2-20-10 所示。

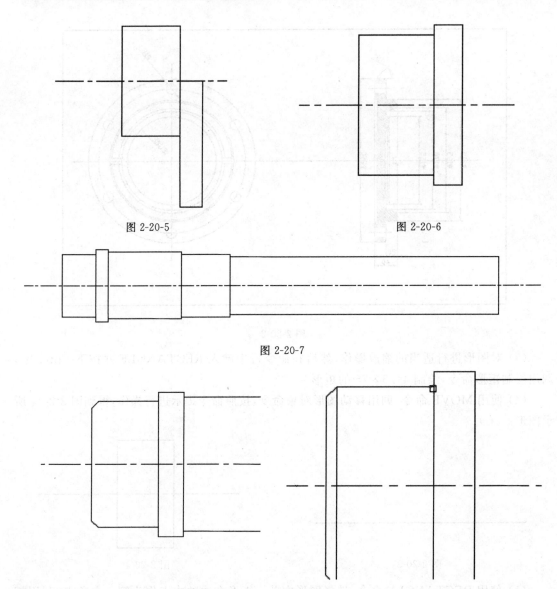

图 2-20-5　　　　　　　　　　　　　　图 2-20-6

图 2-20-7

图 2-20-8　　　　　　　　　　　　　　图 2-20-9

(11) 调用圆角命令，对两条多段线以及相对应的矩形进行相同的操作，得到如图 2-20-11 所示的图形。

(12) 使用光标在图形中选择圆角后的多段线，图形中会出现多段线的若干夹点，将光标移动到多段线端点处的夹点上，单击，该夹点就会变成可移动的状态，如图 2-20-12 所示。

将光标移动到图形中圆弧部分的切点上，使用对象捕捉的功能拾取该切点。然后单击，能将该多段线缩短。使用同样的操作，对另一段多段线进行长度的改变操作，得到如图 2-20-13 所示的图形。

(13) 调用镜像编辑命令，绘制如图 2-20-14 所示的图形。

(14) 使用同样的操作，对另外两个相接的顶点，进行半径为 2 的圆角操作，并将其镜像复制到中心线下面的区域，得到如图 2-20-15 所示的结果。

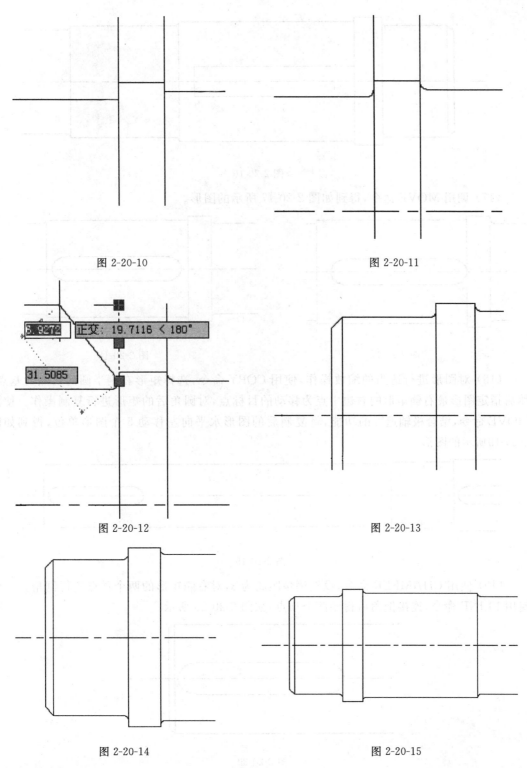

图 2-20-10

图 2-20-11

图 2-20-12

图 2-20-13

图 2-20-14

图 2-20-15

（15）绘制一个大小为 90×20 的矩形，使用 MOVE 命令将其移动到中心线上，如图 2-20-16所示。

（16）调用对图形进行圆角的命令，生成矩形两端半径为 10 的圆角，如图 2-20-17 所示。

271

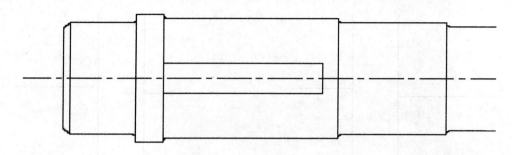

图 2-20-16

（17）调用 MOVE 命令，得到如图 2-20-17 所示的图形。

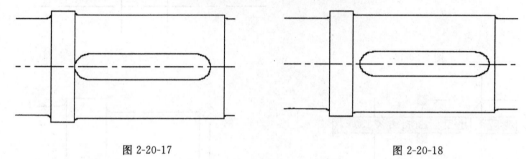

图 2-20-17   图 2-20-18

（18）对图形进行适当的缩放操作，使用 COPY 命令，选择矩形右侧半圆的切点为基点。然后指定图形最右侧矩形的右边中点为移动的目标点，对圆角后的矩形进行复制操作。使用 MOVE 命令，结合极轴追踪的功能，将复制后的图形水平向左移动 5 个图形单位，得到如图 2-20-19所示的图形。

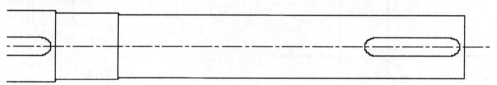

图 2-20-19

（19）使用 CHAMFER 命令，设置倒角距离为 3，对右侧矩形的两个顶点进行倒角。然后使用 PLINE 命令，连接倒角后得到两个顶点，如图 2-20-20 所示。

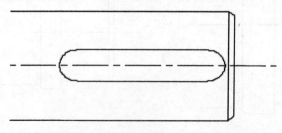

图 2-20-20

（20）从动轴的侧视图绘制完毕，对图形进行缩放，得到如图 2-20-21 所示的图形。

（21）侧视图参照图 2-20-22～图 2-20-27 绘制。

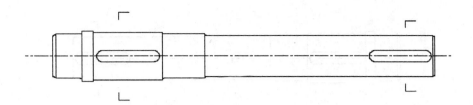

图 2-20-21

（22）将整个文件存盘。

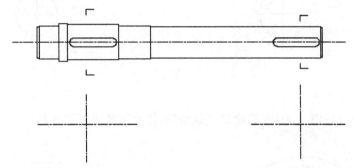

图 2-20-22

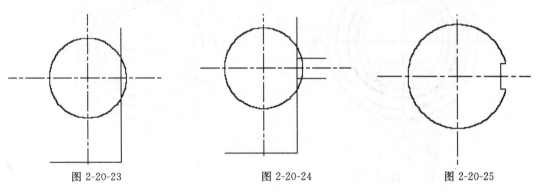

图 2-20-23   图 2-20-24   图 2-20-25

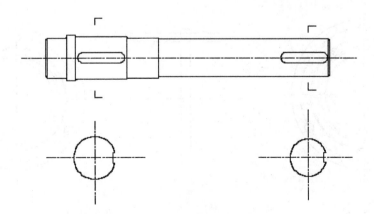

图 2-20-26

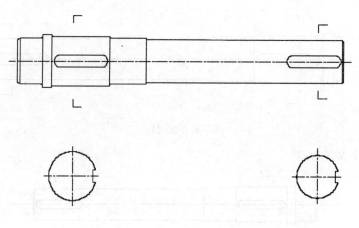

图 2-20-27

2. 绘制图 2-20-2

参考图 2-20-28～图 2-20-36 的绘制过程绘制，注意需要进行尺寸标注。

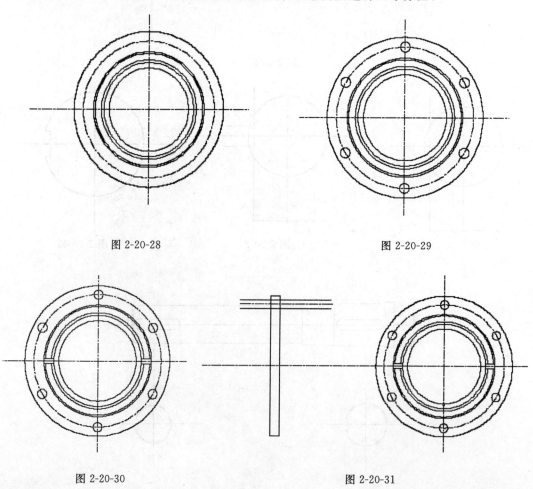

图 2-20-28   图 2-20-29

图 2-20-30   图 2-20-31

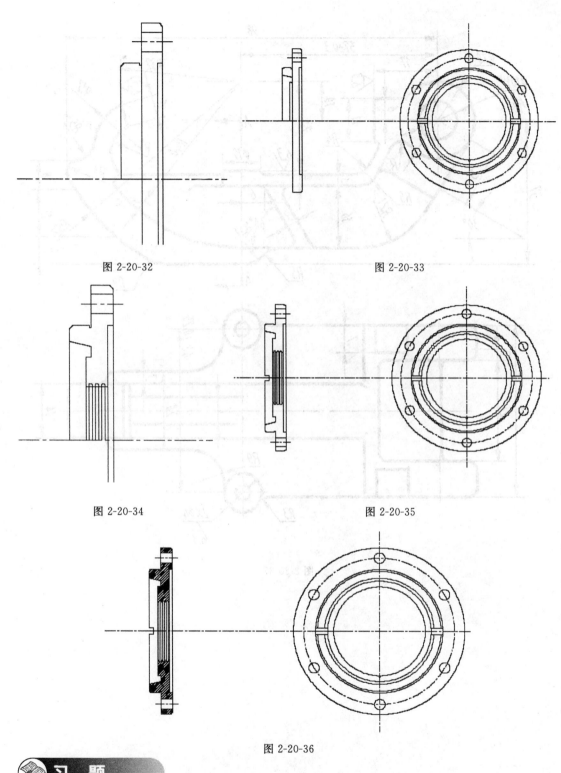

图 2-20-32   图 2-20-33

图 2-20-34   图 2-20-35

图 2-20-36

习 题

绘制如图 2-20-37 所示的图形,并自定义标题栏,在图纸空间中进行打印输出。

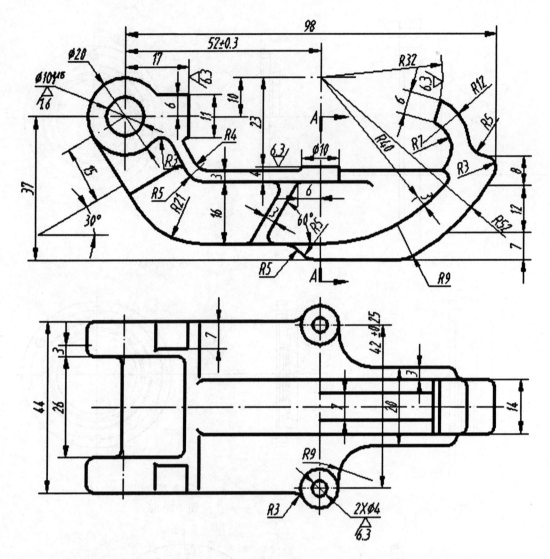

图 2-20-37

参考文献

[1]　李启炎，李光耀，郝泳涛，等．计算机绘图（初级）AutoCAD 2008 版［M］.上海：同济大学出版社，2008.

[2]　李启炎，李光耀，郝泳涛，等.计算机绘图（初级）习题与上机指导手册 AutoCAD 2008 版［M］.上海 同济大学出版社，2008.

[3]　王晓强，刘佳丽.AutoCAD 2008 建筑设计图全攻略［M］.北京：电子工业出版社，2007.

[4]　崔晓利，杨海如，贾立红.中文版 AutoCAD 工程制图（2010 版）［M］.北京：清华大学出版社，2009.

[5]　李文冶，唐惠琴，蒋丹.现代机械工程图学习题集［M］.北京：高等教育出版社，2006.

参考文献

[1] 杨伟，李光耀，陈明华等．三维模具设计与AutoCAD 2008学习．上海：同济大学出版社，2008．

[2] 李红光，王瑞鹏等．计算机辅助设计项目教程(基于AutoCAD 2008软件)．北京：机械工业出版社，2008．

[3] 张玉，刘甲坤．AutoCAD 2008中文版实用教程．北京：北京理工大学出版社，2008．

[4] 曹建和，杨海如，王兰等．AutoCAD 工程制图(CAD一体化)．北京：清华大学出版社，2008．

[5] 李明，贾雪艳，杨洋．机械制图与工程制图手册(第2版)．北京：清华大学出版社，2008．